船の誕生 ―進水式

船の誕生は進水式である。船台上で建造された船は，多くの関係者や見学者の前で滑り降りて水面に浮かぶ。

神戸と宮崎を結ぶ宮崎カーフェリーの「フェリーろっこう」が内海造船 因島工場で進水する様子。（提供：宮崎カーフェリー）

三菱重工 下関造船所で進水して海上に浮かんだ阪九フェリーの「やまと」。タグボートに押されて艤装岸壁に移動中の姿。

船の種類

(1) クルーズ船

船で周遊しながらする観光がクルーズで，1970 年代から北米で急速に発展して一般大衆のレジャーとしても定着し，急速に大型化が進むと共に，いろいろなタイプのクルーズ客船が出現した。

2022 年に建造された世界最大のクルーズ客船「ワンダー・オブ・ザ・シーズ」は，236,857 総トンで，最大 6,988 名の乗客を乗せる。全長は 362 m，幅 47 m，喫水 9.2 m。船内は 18 層。ディーゼル電気推進で，ポッド推進器 3 基で 22 ノットの航海速力である。（提供：Royal Caribbean International）

2020 年に建造された極地探検クルーズ客船「ナショナル・ジオグラフィック・エンデュランス」。12,786 総トンで，旅客定員 126 人。南極等の極地，アマゾン等のクルーズを行う。（提供：National Geographic Expeditions）

(2) カーフェリー

旅客と車両を運ぶ貨客船で，車両はランプウェイと呼ばれる可動式スロープから自走で船内に入る。数層の車両甲板の上に，旅客用の甲板があり，レストラン，ラウンジ，宿泊用客室等が整備されている。日本ではフェリーというとカーフェリーを指すことも多く，英語圏では ROPAX（ロパックス）と呼ばれることが多い。

2021 年に新設された横須賀と新門司の航路を一晩で結ぶ東京九州フェリーの高速カーフェリー「それいゆ」。15,515 総トン，全長 222.5 m，幅 25 m。乗客 268 人と，トラック 154 台と乗用車 30 台を積載する。航海速力は 28.3 ノット。

函館と青森を結ぶ津軽海峡フェリーの「ブルーハピネス」の船首ランプウェイから船内に入る車両。8,851 総トン，全長 144 m，幅 23 m。583 人の乗客と，トラック 71 台または乗用車 230 台を積載。航海速力は 20 ノット。

(3) 高速旅客船

一般的に 20 ノットを超える旅客船を高速旅客船と呼ぶ。高速になると船には大きな水の抵抗が働くため，軽い船体と大出力エンジンの搭載が必要となり，エネルギー効率が悪くなる。このため様々な技術的な工夫がされている。

水中に没した翼に働く揚力で船体を浮上させて抵抗を小さくして高速で走行する全没翼型水中翼船「ロケット」。米ボーイング社で開発されたジェットフォイル型の一隻で，40 ノットの高速で疾走して，波の中でもほとんど揺れない優秀な高速船。日本の離島航路に多く就航している。

高速時に船底に働く揚力で船体を浮上させて抵抗を下げて高速航行を可能にした半滑走型の旅客船「さがのしま丸」。五島列島の嵯峨ノ島への離島航路客船。19 総トン，48 名定員，航海速力 22 ノット。

車両も積める高速カーフェリー「オーシャンアロー」は，熊本フェリーが熊本〜島原間の有明湾横断航路で運航。1,678 総トン。全長 72 m，幅 12.9 m。430 名の乗客と乗用車 51 台を積載し，30 ノットの航海速力。

(4) コンテナ船

1950 年代に米シーランド社によって始められた海上コンテナ輸送は，荷役効率の高さから瞬く間に世界に普及して，主要ハブ港間を大型船で効率よく運び，周辺港には小型のフィーダー船で運ぶというハブ & スポークシステムが採用された。ハブ港間を結ぶコンテナ船は，2022 年には 24,000 個（TEU）を積む巨大船が出現している。

1 万個積以上のコンテナ船は，ブリッジと機関室に上部構造をもつツインアイランド型が一般的だ。

4,000 〜 6,000 個積みの大型コンテナ船。

フィーダー航路の小型コンテナ船。どの港でも荷役ができるように船上クレーンをもっている。

(5) 一般貨物船

雑貨等を運ぶ貨物船は一般貨物船と呼ばれて，幹線航路の花形船であったが，コンテナ船の出現でその座を退いた。その後は，コンテナに積載ができない長尺貨物，重量貨物等の輸送に使われている。コンテナ船との外見上の大きな違いは，船上に荷役用のクレーンやデリックを持つこと。

一般貨物船「ダイヤモンド・スター」。クレーン 2 基とデリック 2 基を船上に持つ。9,980 総トン，13,238 載貨重量トン。全長 125 m，幅 21 m。パナマ船籍。

(6) RORO 貨物船

トラック及びシャーシーに乗せたコンテナ等を，ランプウェイから自走で積載して運ぶのが RORO 貨物船であり，単に RORO 船と呼ぶこともある。国内航路や近距離国際航路に多数就航している。構造はカーフェリーと類似しているが，ドライバーを乗せる場合でも 12 名以内となる。

琉球海運の RORO 貨物船「わかなつ」は，東京～大阪～那覇の間に就航するために建造された。10,185 総トン。全長 168.7 m，幅 23 m。最大速力 21.5 ノット。「シップ・オブ・ザ・イヤー 2006」を受賞。

RORO 貨物船の中には，完成車や中古車を専門に運ぶ自動車運搬船（PCC または PCTC）もある。フジトランスの「きぬうら丸」は，12,691 総トン，全長 165 m，幅 27.6 m。航海速力 21 ノット。

(7) ばら積み貨物船

穀物，石炭，鉱物等の貨物を梱包せずに，船倉内にばら積みする貨物船で，船上に設けた開口（ハッチ）から荷役をする。商船の中では最も数が多く，世界中で貨物を運んでいる。最も大型の船では 40 万重量トンの鉱石運搬船が，鉄鉱石の輸送にあたっている。

20 万載貨重量トンのばら積み貨物船「ケープ・グリーン」。全長 300 m，幅 50 m。航海速力 15 ノット。

荷役中の大型ばら積み貨物船「リガリ」。アンローダーと呼ばれる港の船用機械で穀物を荷揚げして，サイロビンと呼ばれる貯蔵庫に収納する。75,583 載貨重量トン。

パナマ運河の旧閘門を通ることができるぎりぎりの幅の船をパナマックス型と言う。「サブリナ・ベンチャー」はパナマックスのばら積み貨物船で，5 つの船倉と 4 基のクレーンを持つ。25,982 総トン。

(8) タンカー

液体貨物をタンクに入れて運ぶタンカーには，原油タンカー，プロダクトタンカー，ケミカルタンカー，LNG 運搬船，LPG 運搬船などがある。

東京湾内の川崎沖合に設置された専用バースに着岸中の 30 万載貨重量トンの大型原油タンカー「YAKUMOSAN」。5 隻のタグボートが着岸支援を行っている。

–162 度に冷却して液化した天然ガス LNG を輸送する LNG 運搬船「LNG BARKA」。防熱した球形タンクに LNG を積載して運ぶ。121,514 総トン，全長 289 m，幅 49 m。

日本国内で液化石油ガス（プロパンガス）を運ぶ LPG タンカー「第八ぷろぱん丸」。749 総トン，全長 67.9 m，幅 4.8 m，航海速力 12 ノット。

(9) 各種作業船

港では各種の作業を行う様々な船が活躍している。その中の代表として，大型船の離着岸の補助やバージを曳航するタグボート（曳船）と，港内航路の深さを維持するための浚渫船を紹介する。

タグボート「いしん」。LNG を燃料として稼働する最新鋭船で，247 総トン。全長 43.6 m，幅 9.2 m。2,200 馬力のエンジン 2 基を搭載して，最大速力は 16.4 ノット。日本栄船が運航する。

新潟港は河口に造成された港なために，土砂が溜まり，常に航路の深さを維持するために浚渫が必要となる。その浚渫をするのが，国土交通省が運航する「白山」だ。浚渫は海底に降ろしたホースで土砂を吸い上げるドラグサクション式。4,185 総トン，全長 94 m，幅 17 m。油回収装置ももつ兼用船だ。

(10) 国民を守る船

国を守る海上自衛隊の自衛艦艇，海上の治安維持・安全を守る海上保安庁の巡視船艇，海上警察のパトロール船，密輸などを監視する税関艇，密猟を取り締まる漁業監視艇などさまざまな船が国を守り，治安維持のために日夜稼働している。

護衛艦「しまかぜ」。基準排水量 4,600 トン，全長 150 m，幅 16.4 m，速力 30 ノット。

輸送艦「くにさき」。基準排水量 8,900 トン，全長 178 m，幅 25.8 m，速力 22 ノット。

潜水艦。海上自衛隊には基準排水量 2,900 トン～2,450 トンまで 20 隻余りが在籍している。

国際信号旗

マストに各種の旗を掲揚することで情報を周りに知らせるのが国際信号旗で，A から Z までの文字旗 26 枚，数字旗 10 枚，代表旗 3 枚，回答旗 1 枚の 40 枚で，万国共通の意味を伝達することができる。

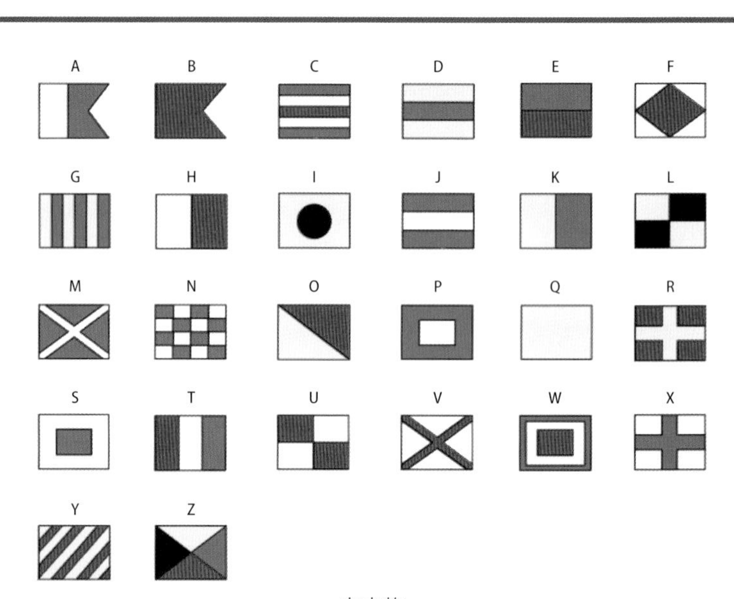

文字旗

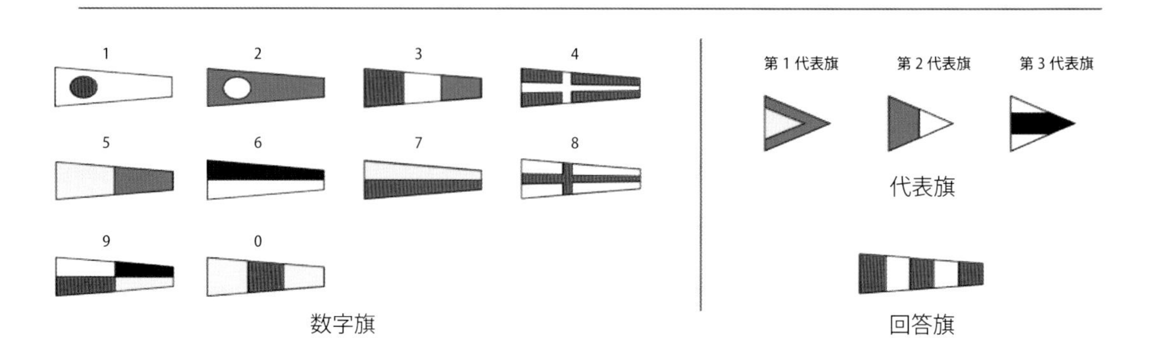

数字旗

代表旗

回答旗

船の基本

船のスペシャリストを目指す人のための入門書

池田 良穂 著

KAIBUNDO

はじめに

船の世界に魅せられて半世紀余り，仕事も趣味も船にどっぷりと浸かった人生を歩んできた。筆者を，この船の世界に誘ってくれた一冊が，上野喜一郎著の「船の知識」（海文堂）であった。手元にある初版は昭和37年発行だから，著者はまだ12歳であった。いつこの本を購入して読み始めたかは定かではないが，中学の高学年の頃であったと思う。

その後大学で船舶工学を学び，大学院を出てから大学で船舶・海洋工学の研究と教育に携わった。そして，これまで10冊余りの一般向けの船の啓蒙書を出版したが，いつか，この「船の知識」のような，船の建造や運航の専門家を目指す人々のための入門書を書きたいと思っていた。

新型コロナウイルス禍が全世界に猛威を振るう中，自宅での仕事が多くなった令和3年になって，一念発起して，海文堂に出版の相談したところ了解が得られ，本書の執筆にとりかかった。基本的構成は上野氏の「船の知識」に準じたものの，さすがに半世紀前に書かれた本だけに，骨格は残すもののほぼ全てを新規に書き直すことになった。それでも船の基本的な部分では不変の部分が多くあった。すなわち，古代から続く普遍の原理が，現代の船の土台にもなっていることが再確認できたが，反面，驚くほど船は進化もしていた。

初版の「船の知識」では，大型タンカーとして20万重量トンの「出光丸」が最大船として紹介され，コンテナ船，大型クルーズ客船，LNG船もまだ登場していない。そして，1970年代の2回のオイルショックによる油価格の高騰を受けて，船舶の性能は急速に向上した。また，舶用エンジンも，大気汚染対策としてのクリーン化，地球温暖化対策としてのグリーン化が求められて急速に進化している。船舶運航も様変わりしている。地球上のどこにいても自船の位置がGPSによって把握できるようになり，IT化・DX化の波が押し寄せていて自動運航船の開発も進んでいる。そうして進化した最新鋭の船舶技術の紹介も本書には含めることができた。

グローバル化が進む中，今でも，少ないエネルギーで大量の物資を運ぶという船舶の重要な役割は変わっていない。また在来型エネルギー資源の開発や輸送，各種の再生可能エネルギー資源の開発，水素やアンモニアといったグリーンエネルギーの世界的な供給にも船舶による輸送は欠かせない。このように，地球上の人々が安全で健全な生活を維持するための国連の目標であるSDGsの達成に，船舶は欠かせない要素のひとつである。

本書に接して，船舶の魅力に触れて，船の世界に飛び込んでくれる方が現れれば望外の幸せである。

2023年8月

池田 良穂

目　次

はじめに　iii

第 1 章　船とは　*1*

（1）船という言葉　*1*
（2）船の技術的意義　*1*
（3）浮力の原理と効用　*2*

第 2 章　船の分類　*3*

（1）用途上の分類　*3*
（2）船体構造材料による分類　*3*
（3）船体の支持方法による分類　*4*
（4）大きさによる分類　*4*
（5）船体形状による分類　*4*
（6）推進方法による分類　*5*
（7）法規上の分類　*5*
（8）運航上形態による分類　*5*
（9）その他の分類　*5*

第 3 章　船の用途　*7*

3-1　純客船　*7*
3-2　貨客船　*12*
3-3　一般貨物船・コンテナ船　*14*
3-4　ばら積み貨物船　*18*
3-5　RORO 貨物船　*19*
3-6　専用貨物船　*20*
3-7　特殊船　*28*
3-8　軍艦　*39*

第 4 章　船の材料　*41*

4-1　船体材料の歴史　*41*
4-2　アルミ合金船　*43*
4-3　FRP 船　*44*

4-4　その他の新材料　*44*
4-5　船内を作る材料　*45*

第 5 章　船の形態　*47*

5-1　船の形　*47*
5-2　水面上の船体形状　*50*
5-3　船体マーク　*52*
5-4　水面下の船体形状　*54*
5-5　機関室の位置　*56*
5-6　上部構造物および船橋の位置　*56*

第 6 章　船の構造　*59*

6-1　船体強度　*59*
6-2　船体構造の造り方　*61*
6-3　船首形状と構造　*61*
6-4　船尾形状と舵　*65*
6-5　舵の構造　*67*
6-6　甲板　*68*
6-7　隔壁　*68*
6-8　タンク　*69*
6-9　機関室の構造　*70*

第 7 章　船の推進　*73*

7-1　船の動力源　*73*
7-2　推進機関　*76*
7-3　推進器　*81*

第 8 章　船の設備　*91*

8-1　概要　*91*
8-2　居住区施設　*91*
8-3　航海設備　*101*
8-4　通信設備　*107*
8-5　停泊設備　*107*
8-6　貨物設備　*110*
8-7　脱出・救命設備　*113*
8-8　防火・消防設備　*116*

第 9 章　船の建造　*119*

9-1　日本の造船の歴史　*119*
9-2　造船所の施設・設備　*120*
9-3　建造設備　*124*
9-4　船ができるまで　*127*
9-5　造船産業の特性　*137*
9-6　日本の造船業の変遷　*137*
9-7　世界の造船業　*144*

第 10 章　船のメンテナンスと修繕　*145*

10-1　腐食　*145*
10-2　物理的な損傷　*146*
10-3　海難救助　*146*

第 11 章　船の一生　*149*

（1）船の誕生　*149*
（2）登記と登録　*149*
（3）船級と検査　*150*
（4）安全検査　*150*
（5）船の寿命　*150*
（6）損傷と修理　*151*
（7）解撤　*152*

第 12 章　船の理論　*153*

12-1　船の強さ　*153*
12-2　船型開発　*154*
12-3　輸送効率と EEDI　*163*
12-4　実海域性能　*164*
12-5　操縦性　*165*
12-6　復原性　*169*
12-7　耐航性　*172*
12-8　振動　*175*
12-9　水密区画　*176*

第 13 章　船舶の法規　177

(1)　国際法規　177
(2)　国内法規　178
(3)　船の税金と容積トン数　179
(4)　総トン数と純トン数　179
(5)　船の重さを表すトン数　180
(6)　船の積み荷の重さを表すトン数　181
(7)　満載喫水線　181
(8)　航行区域　182
(9)　漁船の従業制限　182
(10)　最大搭載人員　183
(11)　旗国による船舶検査　183
(12)　検査の代行をする船級協会　184

第 14 章　船の速力　185

(1)　船の速力の単位　185
(2)　船の速力の計測法　185
(3)　船の速力の種類　186
(4)　速力記録　186
(5)　ブルーリボン　193

参考文献　194
索引　195

第 1 章　船とは

(1)　船という言葉

人や貨物を乗せて水上を移動する乗り物を表す「船」という言葉は，水槽や大きな容器を表す古語「ふね（槽）」とも共通しており，英語でも ship だけでなく，器を表す vessel も用いられている。漢字では，同じ「ふね」という発音で「船」と「舟」があり，「舟」は主に小型船を表す時に使われる。また「船舶」という言葉もよく使われるが，「舶」だけで「船」を表すために使うことは少ないが，大型船で海外から来た品を「舶来品」，また船舶用の機器は舶用（はくよう）機器といい，「舶」だけでも船と同じ意味をもつ。

また「船舶」という言葉は，改まった時に使われることが多く，法律の「船舶安全法」や学問分野の「船舶工学」などに使われている。

小型船を表す言葉としては「艇」があり，「舟」と結び付けて「舟艇（しゅうてい）」という言葉が，「船舶」と同様に，改まった時に使われる。

英語では，ship または vessel が一般的だが，ボート（boat）という言葉も使われる。ボートは，元々は，甲板をもたない小型船を表す用語だったが，最近は「パッセンジャーボート」（passenger boat）や「フェリーボート」（ferry boat）のように大型船にも使われるようになっている。また漁船を表す craft（クラフト）という英語も，今は小型船全体を表すのに使われている。

英語では，ship は女性名詞とみなされ，代名詞には she が使われるが，ドイツ語では中性名詞，フランス語では男性名詞，イタリア語では女性名詞と，世界的には必ずしも統一されたものではない。

軍用船は軍艦と呼ばれ，船を表すのに「艦（かん）」という漢字が用いられる。

(2)　船の技術的意義

船としての要件は，①水に浮かびうる性質（浮揚性），②水上を移動できる性質（移動性），③人や荷物を積載しうる性質（積載性）または何らかの役割を果たす性質（作業性）の 3 つに要約できる。

① 水の浮力を利用して自重を支えるもので，水面に浮かぶ一般的な船舶の他，水中に潜って水の浮力を利用して移動できる潜水船や潜水艦も含まれる。ただし，船舶技術が進んで，水中翼に働く揚力で水面上の自重を支える水中翼船や，空気圧で自重を支えるエアークッション・ビークル（ACV，ホバークラフト）などの静的な浮力以外の動的圧力で自重を支える乗り物も船に含まれるようになった。

② 自ら備えた推進装置によるか，または外部からの力によるかは問わず，移動ができる能力を有していること。水上にあっても，杭などで水底に固定されたものは海洋建築物と見なされて船とは言わない。ただし，アンカー等で水面上に拘束されていても，それを外せば移動のできるものは船の分類に入る場合もある。

③ ただ水面に浮いても船とはいわず，浮揚する器の中に物を積んだり，その上で作業をしたりす

る機能があるというのが「船」の条件となっている。例えば，船の航路の安全を守るための灯火を海上に設置するものも無人の物は，灯標またはブイ（buoy）と呼び船には入らないが，人が乗って作業をするものは灯台船（lightship）と呼ばれて船に入る。

ただし，日本の船舶法規においては，推進器を有しない浚渫船や台船（バージ）は船舶法の対象としない等，法規の対象範囲を規定する際に船舶とはみなさないといった表現は存在するが，それでも浚渫船，台船というように「船」という言葉が使われており，船の一種であることに違いはない。

また，商法では進水式をもってはじめて船舶として扱われており，船台上にある間は船舶ではない。

したがって，本書では前述の①浮揚性，②可動性，③積載・作業性をもつ，水上および水中で使われる構造物を船舶として扱うことにする。

(3) 浮力の原理と効用

水面に浮かぶ船体は，その重さを浮力によって支えられている。浮力は，水の中の圧力によって生ずる鉛直上向きの力であり，主に船底への水圧によって働く。

浮力の大きさは，水中に沈んでいる物体の体積と同体積の水の重さ，すなわち物体が排除した水の重さに等しいことをアルキメデスが証明しており，これをアルキメデスの原理と呼ぶ。浮力の大きさは船の重さと等しくなるため，船の重さのことを排水量（displacement）と呼ぶ。

このように浮力（＝排水量）は没水体積に比例するため，船が大型化して重くなっても，大きさに比例して浮力が大きくなるため水面に浮かぶことができる。

この特性があるため船は大型化が容易であり，大型化に伴って経済性が向上する。

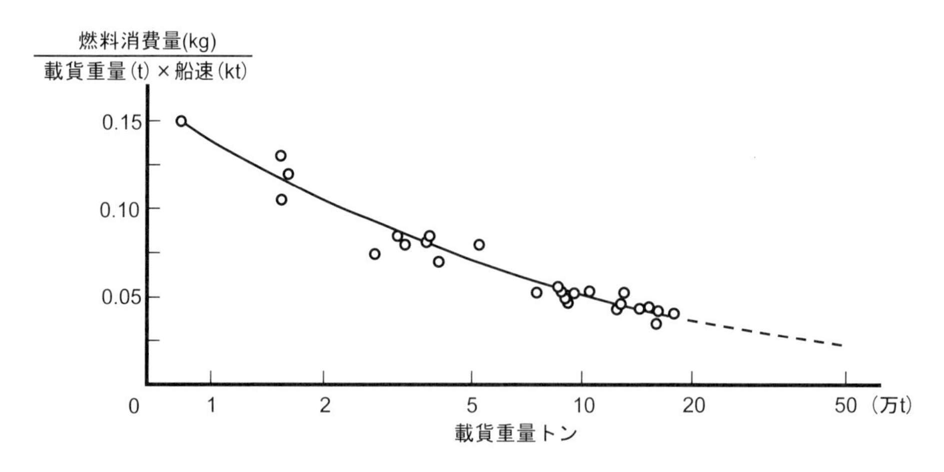

図 1-1　大型化に伴う燃料消費量の減少（関西造船協会会誌「らん」第 15 号（1992 年 4 月）を参照して作成）

第2章　船の分類

船には様々な分類法があり，それぞれの場合に使い分けられている。

(1)　用途上の分類

船を用途により分類する場合には，軍艦，商船，特殊船に分けることが一般的である。

①　軍艦（war ship）

軍艦は，軍用船の総称で，戦闘力を有する船だけでなく，非武装または軽武装の補給艦，輸送艦なども含まれる。日本の場合には自国防衛のための役割に限定されており自衛艦と呼ばれている。

かつては大口径の大砲を搭載した戦艦（battleship）がその中心だったが，現在は，航空機を積む航空母艦（aircraft carrier），ミサイルを搭載した巡洋艦（cruiser）やイージス艦（aegis warship），駆逐艦（destroyer），潜水艦（submarine）などが中心となり，さらに様々な作業をする補助艦からなっている。

②　商船（merchant ship）

人や荷物を運ぶことによって利益を得る船を商船という。日本の商法では，商行為を為す目的を以て航海の用に供するものと定義されている。

国際法上は，13名以上の旅客を積む船を客船または旅客船（passenger ship），貨物と12名以下の旅客を積む船を貨物船（cargo ship）と分けているが，一般的には旅客だけを積む純客船（pure passenger ship, only passenger carrying vessel），旅客と貨物を積む貨客船（passenger cargo ship），貨物と12名以下の旅客も積む船を貨物船（cargo ship, freighter）の3つに分けられている。

また，貨物船は乾貨物船（dry-cargo ship）と液体貨物船（liquid-cargo ship, tanker）に分けることもある。2019年時点で船が運ぶ貨物は世界で約118億トンで，品目別に示すと図2-1のような割合となり，それぞれの輸送トン数は，原油20億トン，石油製品10億トン，鉄鉱石15億トン，石炭13億トン，穀物5億トン，ガス4億トン，コンテナ20億トン，自動車12億トン，その他20億トンとなる。

図2-1　品目別海上貨物荷動き量（2019年）

③　特殊船（special purpose ship）

軍艦と商船以外の船を総称して特殊船と呼ぶことが多く，漁船，調査船，取締船，作業船，その他など多岐にわたり，さらに新しい社会的ニーズによって新しい船も次々と現れている。

(2)　船体構造材料による分類

船舶は，船体を形作る材料に基づいて分類されることもあり，「船質」と呼ばれている。最近は，大型船のほとんどは鋼（はがね）（steel）で作られており，150 m以下の中型・小型船ではより軽量のアルミニウム合金や強化プラスチック（FRP または GRP）で作られることもある。かつては，木材やコンクリートで建造されることもあったが，最近は少ない。また，炭素繊維強化プラスチック（CFRP）やチタンも船舶材料として使われているが，今のところまだ価格が高く試験的な使用に留まっている。

(3) 船体の支持方法による分類

① **排水量型船**：水の浮力によって船体重量を支持

② **半滑走艇**：水の浮力（静的圧力）と船底に働く揚力（動的圧力）によって船体重量を支持

③ **滑走艇**：大部分を船底に働く揚力（動的圧力）によって船体重量を支持

④ **水中翼船**：高速航走時には水面下の翼に働く揚力によって船体重量を支持

⑤ **エアークッション船（ホバークラフト）**：水面に空気を噴出して，その空気圧によって船体重量を支持

(4) 大きさによる分類

① 載貨重量の大きさによる分類

非常に大きな貨物船については，VL（very large）や UL（ultra large）という接頭語をつけていることがある。VL は載貨重量（DWT）が 20 ～ 30 万トン，UL は 30 万トン以上であり，例えばタンカーでは VLCC（Very large crude-oil carrier）とか ULCC（ultra large crude-oil carrier）と呼ぶ。

② 運河，海峡，港による分類

運河，海峡，港によって最大寸法が決まっている場合には，その最大寸法の船には「マックス」（max）を付けて呼ぶことがある。パナマックス（パナマ運河旧閘門），ネオパナマックス（パナマ運河新閘門），スエズマックス（スエズ運河），マラッカマックス（マラッカ海峡），チャイナマックス（中国の主要港湾），シーウェイマックス（セントローレンス運河）などがある。

③ 船の長さによる分類

日本の海上交通安全法では，全長が 200 m 以上の船を「巨大船」と定義して，日本の一部水域において航行制限を設けている。瀬戸内海の来島海峡，備讃瀬戸では巨大船の夜間航海が禁止されており，浦賀水道，伊良湖水道，明石海峡などでは霧などで見通しが悪くなると航路外での待機が求められる。このため，特に，定期運航されるカーフェリー等では全長を 199 m までに抑えている船が多い。一方，巨大船が狭水道を航行している時には，他船はその進路を妨害してはならないことになっている。

(5) 船体形状による分類

船を，船体形状，船首尾形状，上部構造や機関室の位置などで分類することもある。

① **船体形状**：痩せ型船／細長船や肥大船

② **船首形状**：クリッパー型船首，傾斜船首，垂直（直立）船首，球状船首，砕氷型船首

③ **船尾形状**：カウンター型船尾，クルーザー型船尾，トランサム型船尾

④ **船楼の数と位置**：平甲板船，三島型船（船首・中央・船尾に船楼），船首船楼船，船首尾船楼船

⑤ **機関室の位置**：中央機関船，船尾機関船，セミアフト機関船（中央よりやや船尾寄りに機関室）

(6)　推進方法による分類

① **推進機関の有無による分類**：動力船，無動力船（台船（バージ）），手漕ぎ船，足漕ぎ船，帆船

② **推進機関の種類による分類**：蒸気タービン船，ガスタービン船，ディーゼル船，電動船（ディーゼル発電，燃料電池発電，バッテリー等），原子力船，ガソリン機関船，船外機船

③ **燃料の種類による分類**：重油炊き船，軽油炊き船，LNG 炊き船，LPG 炊き船，水素燃料（燃料電池発電，水素炊きディーゼル）船，アンモニア炊き船，石炭炊き船

④ **推進器の種類による分類**：スクリュープロペラ船（1 軸船，2 軸船，3 軸船など），外車（輪）船，フォイトシュナイダー・プロペラ船，ウォータージェット船，サーフェースプロペラ船，空中プロペラ船

(7)　法規上の分類

① **国籍（船籍）による分類**：日本船（邦船）と外国船

② **航路**：内航船（国内航路のみ）と外航船（国際航路船）

③ **航行区域**：遠洋区域船，近海区域船，沿海区域船，平水区域船

(8)　運航上形態による分類

① **運用方法**：自社所有船と用船（charter）

② **運航形態**：定期航路船と不定期航路船

(9)　その他の分類

① **ばら積み船のサイズ（DWT は載貨重量トンの略）**

・ハンディ（2.8 ～ 4 万 DWT）

・ハンディマックス（4 ～ 6 万 DWT）

・ケープサイズ（スエズ運河が通れずアフリカ大陸南端のケープ岬回りとなる船。10 ～ 20 万 DWT）

・VLOC（Very large Ore Carrier）（20 万 DWT 以上）

② **タンカーのサイズ**

・スーパータンカー	3 万 DWT 超	1952 年頃出現
・マンモス	6 万 DWT 超	1955 ～ 56 年頃出現
・モンスター	10 万 DWT 超	1959 年頃出現
・VLCC	20 ～ 32 万 DWT	1966 年頃出現
・ULCC	32 万 DWT 超	1968 年頃出現

これまでに建造された最大のタンカーは「シーワイズ・ジャイアント」Seawise Giant （1979 年建造，1980 年船体延長）で，載貨重量 564,763 トン，全長 458.5m，幅 68.8m，喫水 24.6m である。

③ **速力による分類**

35 ノット以上の船を超高速船，20 ノット以上を高速船と呼ぶことが多い。ただし，速力による分類には厳密な定義はなく，かつて日本の国土交通省海事局で高速料金の徴収が認められていた 22

ノット以上の船を高速船と呼ぶこともある。またIMO（国際海事機関）の高速船規則HSCコード（International Code for High-Speed Craft）では，同規則の適用範囲を7.22 × 満載排水量（ton）$^{0.1667}$以上と定義している。

また，流体力学的視点ではフルード数（＝ 船速／$\sqrt{(重力加速度\times船長)}$：単位は国際単位系）によって高速の定義されるのが一般的で，0.35以上になると排水量型船舶の中の高速船とみなされ，0.65 ～ 1.6は半滑走型高速船，1.6以上は滑走型高速船として扱われる。

④　船齢による呼称

新船，中古船，老齢船と呼ばれることもあるが，厳密な定義はなく，日本では減価償却期間の15年を基準にして10年以内を新船，10 ～ 20年を中古船，20年以上を老齢船と呼ぶことが多い。

第3章　船の用途

本章では，用途別に船を分類して紹介する。

3-1　純客船

法律上の定義にはないが，一般的に，旅客だけを乗せる船を純客船（pure passenger ship）という。かつては大洋を渡るほとんどの大型船は旅客と共に貨物も運ぶ貨客船だった。しかし，次第に旅客だけを高速で運ぶ需要の増加に伴って大型の純客船が増えたが，航空機が発展して長距離航路の純客船は 1970 年代には姿を消した。

一方，短距離航路ではフェリー（渡船，ferry）と呼ばれる純客船が古くから世界各地で稼働していたが，自動車の普及と共にカーフェリー化が進み純客船から貨客船に姿を変えた。しかし，こうした航路では旅客輸送のスピード化のニーズが生まれて，様々なタイプの小型高速旅客船が生まれ，その多くが純客船である。

また輸送目的と一線を画して洋上を観光することを目的とする観光船は，クルーズ客船（cruise ship）とも呼ばれており，そのほとんどが純客船である。

(1)　定期航路の純客船

定期客船とは，公表されたスケジュールに従って，決まった航路を定期的に運航される客船で，遠距離航路では大西洋，太平洋，インド洋等の大洋を渡る航路，アジア域内やヨーロッパ域内の中距離航路，川や海峡を渡る短距離航路，離島への離島航路などに大小さまざまな純客船が使われてきた。

大洋を渡る長距離航路の客船は，民間の旅客機が現れるまでは海を渡る唯一の交通機関であり，特に大西洋航路では大型化と高速化が進み，まさに各国の技術の結晶として建造され，海の女王とも呼ばれた。1930 年代には 8 万総トンで 30 ノットの航海速力を誇る大型高速客船が次々と登場した。フランスの「ノルマンディー」（1935 年建造，83,423 総トン），イギリスの「クイーンメリー」（1936 年竣工，80,774 総トン）と「クイーンエリザベス」（1940 年竣工，83,673 総トン）などがその代表であり，定期客船の黄金時代を築いた。

日本の定期客船としては，戦前に建造された「浅間丸」（1929 年竣工，16,947 総トン）を第 1 船とする 3 姉妹が最大であるが，厳密には貨客船である。

第 2 次世界大戦後も，大型定期客船の建造は続き，アメリカの「ユナイテッド・ステーツ」（1952 年竣工，53,329 総トン，最大速力 38.32 ノット），フランスの「フランス」（1962 年竣工，66,348 総トン），イタリアの「ラファエロ」「ミケランジェロ」姉妹などが大西洋航路に登場した。最後の定期客船ともいわれるイギリスの「クイーンエリザベス 2」が建造された 1960 年代末には，世界の航空機網が発達して，大洋を船で渡る旅客需要は激減して，同船は建造中にクルーズ仕様に変更されて完成した。

フランスの大西洋横断客船「ノルマンディー」。1935 年建造，完成時 79,280 総トン，改造後 83,423 総トン，最大速力 32.2 ノット。

イギリスの大西洋横断客船「クイーンメリー」。1936 年建造，80,774 総トン，最大速力 32 ノット。

イギリスの大西洋横断客船「クイーンエリザベス」。1940 年建造，83,673 総トン，最大速力 32 ノット。

図 3-1　第 2 次大戦前に建造された大西洋航路用の 8 万総トンを超える大型定期客船

アメリカの大型定期客船「ユナイテッド・ステーツ」。当時世界最速の大型客船。1952 年竣工，53,329 総トン，試運転では速力 40 ノット超を記録。

イタリアの大西洋定期客船「ラファエロ」。1965 年竣工，45,933 総トン，速力 30.5 ノット。

フランスの大西洋横断客船「フランス」。1962 年竣工，66,348 総トン，速力 35 ノット。

イギリスの「クイーンエリザベス 2」は建造途中にクルーズ仕様に変更された。1968 年竣工，65,863 総トン，速力 32.46 ノット。

図 3-2　第 2 次世界大戦後に建造された大型定期客船

(2)　短距離航路の純客船

短距離航路に就航する純客船は，狭い海峡を横断する航路，河川の横断航路などで残っており，日本では渡船（とせん）または渡（わた）し船（ぶね），英語ではフェリー（ferry）と呼ばれる。また，車を自走で乗下船させるカーフェリー（car ferry）が就航していた航路に橋がかかった後に，旅客輸送だけのための純客船が運航されるようになった所もある。いずれも小型船である。

また，船以外の代替輸送機関のない離島航路や海峡横断航路においては，カーフェリーの導入が進んだが，これと併用で旅客だけを高速で運ぶ純客船がたくさん活躍するようになった。

香港のスターフェリーの運航するフェリーは旅客だけを運ぶ純客船。九龍半島と香港島の間の海峡を5分で横断する。

かつては車も運ぶカーフェリーが就航していた若戸航路の渡船は，架橋後に，旅客だけを運ぶ純客船に変わった。

富山伏木港の入口には橋が架かったが，旅客だけを運ぶ渡船が残っている。カーフェリーのように見えるが旅客と自転車だけを乗せる純客船だ。

大阪市内の河川には多くの渡船が運航されている。市営で運賃は無料の水上道路としての役割を果たしている。

図3-3　狭水道・河川横断航路の純客船型フェリー

那覇と座間味島を結ぶ双胴高速船「クイーンざまみ」

新潟港と佐渡の津港を結ぶジェットフォイル「つばさ」

石垣島と八重山諸島の島々を結ぶ単胴高速船「うみかじ」

ギリシアのピレウス港とエーゲ海の島々を結ぶ水中翼船「エーゲアン・フライング・ドルフィン」

図3-4　カーフェリーと併用して運航される高速純客船

(3) クルーズ客船

クルーズ客船（cruise ship）またはクルーズ船とは，旅客の移動を目的とするのではなく，船上および寄港地で楽しむことを目的として海上を周遊（cruise）する客船である。クルーズ客船には，宿泊機能を有して，1泊から世界一周のような100泊近いクルーズに従事する船と，デイクルーズ客船と呼ばれる宿泊機能がないレストラン船や遊覧船がある。

宿泊施設をもつクルーズ客船には，数百人までの乗客を乗せる小型クルーズ客船から，6,000人以上の旅客を乗せる20万総トンを超える大型クルーズ客船まで様々なタイプの船がある。

1960年代にカリブ海に誕生した現代クルーズは，同じ港から定期的に発着し，クルーズ期間も短く，価格も安いことから大衆化に成功して大型化が進み，北米，欧州，オセアニア，アジア水域で，4,000～6,000人の旅客を乗せる10万総トンを超える大型船がたくさん就航するようになった。また，富裕層向けの高級クルーズ客船は1,000人以下の旅客を乗せる1～5万総トンの中小型船が中心となっている。この他，5,000～2万総トンの探検クルーズ客船，帆装クルーズ客船，河川でのクルーズを行うリバークルーズ客船などもある。

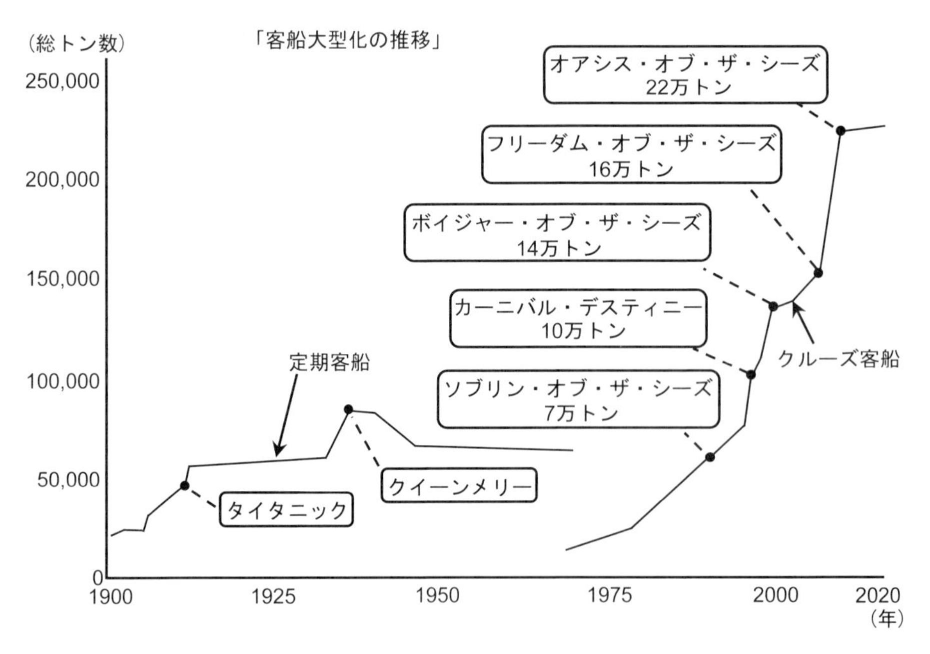

図3-5　客船の大型化は定期客船とクルーズ客船でそれぞれの歴史をたどった。長距離航路の定期客船は8万総トンが最大で1970年代までに姿を消した。一方クルーズは1970年代から急成長して，使用船は1990年代には10万総トンを超えて，2022年現在は，23万総トン型まで大型化が進んでいる。

2021 年現在，世界最大級の 22 万総トンクルーズ客船「オアシス」クラスの第 1 船「オアシス・オブ・ザ・シーズ」。最大 6,400 人の乗客を乗せる。（写真提供：RCI）

日本籍のクルーズ客船として最も大型の「飛鳥 II」は，51,142 総トンで 872 人の旅客を乗せる。

高級クルーズ市場では，5 万総トン以下の中小型クルーズ客船を使い，乗客定員を少なくして，最高級のサービスを乗客に提供しており，ラグジュアリ・クルーズと呼ばれている。写真は「シルバー・クラウド」は 16,927 総トンで，旅客定員は 296 名。

南極等の極地や，なかなか訪れることの難しい土地の観光をする探検クルーズには，3 万総トン以下の小型クルーズ客船が用いられている。写真は「ブレーメン」で，6,752 総トン，旅客定員は 155 名。（写真提供：市栄正樹）

探検クルーズ客船「シルバー・ディスカバラー」。5,218 総トンで，旅客定員は 124 名。

帆を張るマストをもち，風のあるときには風の力だけで航海することもあるのが帆装クルーズ客船で，大型船は世界で 10 隻ほど稼働している。写真は完全自動の帆をもつ「クラブメッド」。14,983 総トンで，旅客定員は 392 名。（写真提供：Club Med Cruises）

河川のクルーズを行うリバークルーズ客船は，狭い水路や閘門を通るため細長い船型をしており，ナローボートとも呼ばれている。

景勝地の中を数日航海する小型クルーズ客船も各地で稼働している。写真はベトナムのハロン湾の小型クルーズ客船。

図 3-6　宿泊型クルーズ客船

東京港のレストラン船「シンフォニー・モデルナ」。
食事と海上遊覧を楽しめるデイクルーズ船。

北海道の洞爺湖の遊覧船「エスポアール」。日本各地の湖，海の景勝地では各種の遊覧船が稼働している。

ハンブルグ港の港内遊覧船群。

図 3-7　デイクルーズ客船

3-2　貨客船

貨物と旅客を運ぶ客船（旅客定員 13 名以上）を貨客船（passenger cargo ship）と総称する。旅客定員が 12 名以下の船は貨物船に分類される。

貨物の荷役方法によって LOLO 型と RORO 型に分類される。LOLO 型は，Lift on Lift off 型の略で，船倉の上部の開口（ハッチ）から荷物をクレーン等で上下方向に釣り上げて荷役をするのに対して，RORO 型は，Roll on Roll off 型の略で，船首，船側，船尾にある開口から，折りたたんで船上に収容してあるランプウェイを展開して岸壁にかけ，自走する車両自体を積載するか，荷役車両（トラクターやフォークリフト）でコンテナ貨物等の積み下ろしをする。

LOLO 型の貨客船は次第に数を減らしているが，国内では，RORO 荷役の難しい港湾施設の伊豆諸島や小笠原島，大東島等の離島航路で活躍している。

RORO 型の貨客船には，鉄道連絡船やカーフェリーがある。鉄道車両を積載する鉄道連絡船は，架橋や海底トンネルの開通によって数を減らしていて，日本では関門海峡（下関と門司間），宇高航路（宇野と高松間），青函航路（青森と函館間）に就航していたが全て姿を消した。

カーフェリー（car ferry, vehicle ferry, RoPax（ロパックス））は，車と旅客を一緒に運ぶ貨客船で，日本での各種登録では「旅客船兼自動車渡船」と呼ばれている。ランプウェイを使った RORO 荷役で，乗用車，バイク，トラック，コンテナなどを積むことができる。乗用車やトラック等の積み込みおよび積み降ろしを，旅客が自ら運転して行う点が，港湾の荷役事業者が行う RORO 貨物船（後述）とは違っている。最初は，川や狭い海峡を渡る渡船として登場したが，次第に長距離の航路にも就航するようになった。日本では 300 km 以上の航路に就航するカーフェリーを長距離フェリー，100 km から 300 km 未満の航路に就航するカーフェリーを中距離フェリーと呼んでいる。長距離フェリーの多くは 1 〜 2 万総トンで，夕方もしくは夜に出港して，翌朝に目的地に着く夜行便として使われており，船内には宿泊施設，飲食施設，入浴施設などの施設があり，速力は 20 ～ 30 ノットである。

1990 年代になって，30 ノットを超えるアルミ合金製の高速カーフェリーが登場して，2021 年時点で世界では 150 隻余りが稼働しており，その多くは 30 ～ 45 ノットの高速を誇る。ただし，このタイプの高速カーフェリーの日本での成功例は，2023 年時点では，熊本と島原を結ぶ熊本フェリーの「オーシャンアロー」だけである。

一方，日本の離島航路では 19 総トン型のアルミ合金製の小型高速カーフェリーが稼働している。この 19 総トン型船は 1 ～ 4 台の車と乗客を積載する。また検査・監督は，日本政府ではなく，日本船舶検査機構が行っており，検査項目が限定されていることもあってメンテナンスコストが安くなる。

ランプウェイから車両を自走で乗降させたり，荷物をフォークリフトで荷役したりできることを，RORO 荷役といい，こうした荷役の旅客船をカーフェリーと呼ぶ。写真は那覇と久米島を結ぶ「フェリー海邦」。

下田と伊豆諸島を結ぶ「フェリーあぜりあ」は，船首の船倉では LOLO 荷役，船尾の船倉には RORO 荷役を行う複合荷役型貨客船だ。

東京と小笠原を結ぶ「おがさわら丸」は，船首に船倉をもち，デリックで上下に荷役をする LOLO 荷役の貨客船だ。

鹿児島～奄美諸島～沖縄を結ぶ定期航路船は，RORO と LOLO の併用型だが，船首で LOLO 荷役をするのはデッキ上のコンテナだけという特殊型だ。

図 3-8　RORO 型および LOLO 型貨客船

7 万総トンの世界最大のカーフェリー「カラー・ファンタジー」。ノルウェーのオスロとドイツのキールを 1 泊で結ぶ。

14,214 総トンのカーフェリー「らべんだあ」は新潟と小樽を 1 泊で結ぶ。総トン数は日本独特のもので，国際的な総トン数では約 3 万トンとなる。

図 3-9　長距離航路に就航する大型カーフェリー ①

6 万総トンのカーフェリー「シリヤ・シンフォニー」。スウェーデンのストックホルムとフィンランドのヘルシンキを 1 泊で結ぶ。

13,659 総トンのカーフェリー「さんふらわあさつま」は大阪南港と鹿児島の志布志を 1 泊で結ぶ。

図 3-9　長距離航路に就航する大型カーフェリー ②

カナリー諸島内航路に就航する速力 36 ノットの高速カーフェリー「ベンチジグア・イクスプレス」。8,973 総トン，1291 名の旅客と乗用車換算で 230 台の車を積む。3 胴型（トリマラン）。（写真提供：Austal ships）

日本で唯一の高速カーフェリーの成功事例（2022 年時点）は，熊本と島原を 30 分で結ぶ「オーシャンアロー」。1,674 総トン，速力 30 ノットで，430 名の旅客と 51 台の乗用車を積む。双胴型（カタマラン）。

図 3-10　アルミ合金製高速カーフェリー

日本初の 19 総トン型アルミ高速カーフェリー「ゴールドフェニックス」。1998 年に建造，90 名の旅客と 6 台の乗用車を積載し，最大速力 30 ノット。

石垣島起点の八重山諸島の貨物・旅客輸送に就航する「ゆいまる」。48 名の旅客と 6 台の乗用車を積載し，最大速力 26 ノット。

図 3-11　日本独特の 19 総トン型アルミ製高速カーフェリー

3-3　一般貨物船・コンテナ船

雑貨等の様々な荷物を梱包して船倉に詰めて運ぶ貨物船を「一般貨物船」（general cargo ship）と総称しており，中でも一定の航路にスケジュール通りに運航される場合には定期貨物船（cargo liner）

と呼ばれる。かつては一般貨物船の船倉にそれぞれに梱包された様々な貨物を積載して運んでいたが，荷役に時間がかかり荷役効率が悪かったため，一定の規格のコンテナに貨物を詰めて船に積載するコンテナ船（container ship）が一般貨物船に代わって世界中のほぼすべての幹線定期航路に就航するようになった。2020 年時点で就航するコンテナ船の総数は約 5,300 隻，総積載コンテナ数は約 2,400 万 TEU（TEU は 20 ft コンテナ換算の意）となっている。

コンテナとは，大きさの規格が決まった金属の箱で，外航航路で使われているのは ISO 規格で，長さが 20 フィート（ft）と 40 フィートのものに統一されている。20 ft コンテナは，長さが 5.898 m，幅が 2.35 m，高さが 3.39 m であり，40 ft コンテナは，長さが 12.035 m で幅と高さは 20 ft コンテナと同じである。両コンテナ共に，高さが 30 cm だけ高い背高コンテナもある。スチールで造られているものが多く，20 ft コンテナの自重は約 2 トンあり，最大重量 25 トンまでの荷物を詰めることができる。基本的には密閉型になっており，中には冷凍・冷蔵物用の温度調整のできるものもあり，四角のフレームの中にタンクを固定した液体貨物用のもの，天井や壁のないフラットラックコンテナなど輸送ニーズに合わせた様々なコンテナが開発されている。

コンテナ船が大西洋および太平洋横断航路に登場した 1960 年代には，その大きさは 700 ～ 1,000 TEU 積だったが，現在では 2 万 TEU を超えるコンテナを積む巨大なコンテナ船が，世界の主要幹線航路に就航している。風雨密のコンテナは，船倉内だけでなくデッキ上にも大量に積まれるようになっており，2 万 TEU 積みクラスでは最大 11 段にも及んでいる。デッキ上に積載するコンテナの固縛のためのラッシングブリッジと呼ばれる施設を設置した船が多い。

高速の一般貨物船はカーゴライナーと呼ばれ，1960 年代まで幹線航路に就航していた。写真は日本郵船の「加賀丸」。船上には荷役用のデリックを持つ。

1960 年代末から，太平洋横断航路に日本のコンテナ船が登場した。コンテナ積載数は 20 フィートコンテナで 700 ～ 1,000 個だった。荷役は港の専用クレーンで行うため，船上クレーンは姿を消した。写真は商船三井の「あめりか丸」。（写真提供：商船三井）

図 3-12　一般貨物船からコンテナ船へ

2006 年には 6,000 個積みのコンテナ船が現れた。エンジンは船体中央に移動して，ブリッジからの視界確保のため上部構造は背が高くなった。写真はマースクラインの「エママースク」。

コンテナ積載数が 1 万個を超えると，エンジン部とブリッジ部が分離して，2 アイランド型に変化した。写真は「マースク・マッキンレー・ミュラー」。

図 3-13　コンテナ船の大型化

コンテナ船の特徴の1つに，船倉内に設けられたセルガイドに沿って，上下方向にコンテナをクレーンで積み降ろしすることから，デッキ上の開口（ハッチ）の幅を広くする必要があり，残る狭い甲板には，船体のねじれに対抗するために非常に厚い鋼板を使わねばならないことがある。このねじれ対策と，ブリッジからの前方視界の確保のためもあって，1万 TEU を超える大型コンテナ船では，ブリッジを含む居住区構造を船体中央付近まで前に移動して，船体中央と船尾に上部構造物のある「2アイランド型」と呼ばれている船型が一般的になっている。2020年時点で最大のコンテナ船は，2020年に7隻建造された HMM Algeciras クラスで，23万総トンで，23,964 TEU 積み，全長 400 m，幅 61 m，喫水 16.5 m，出力が 60,380 kW のディーゼル機関で，速力は 22.5 ノットとなっている。

幹線航路の大型コンテナ船は，船上にはクレーン等の荷役装置を

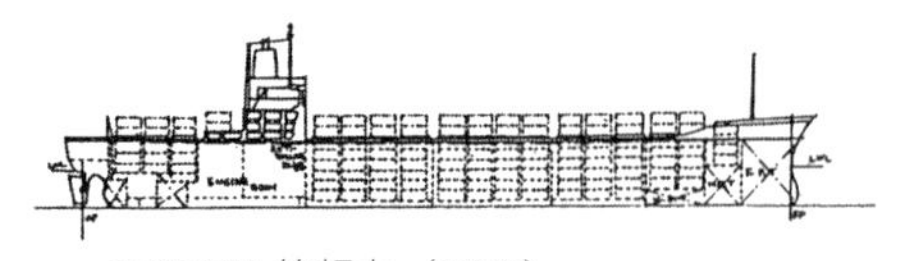

752 TEU 箱根丸（1968）

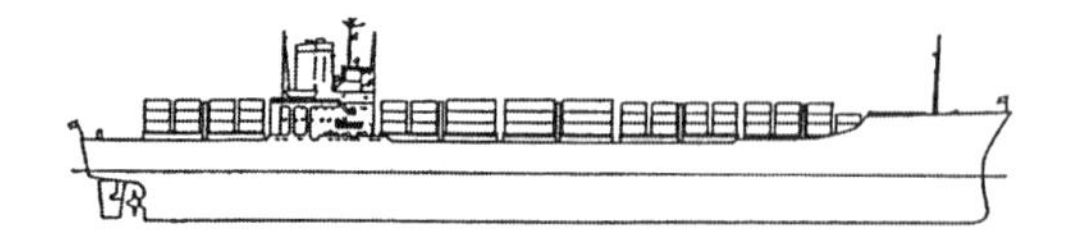

1,070 TEU しるばあああろう

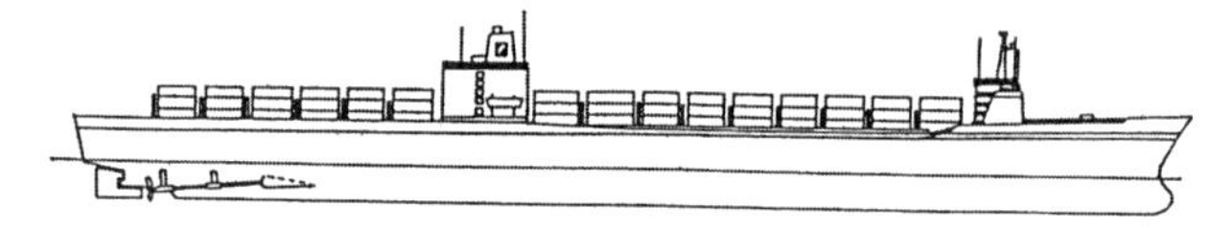

33 ノット，1,600 TEU シーランド・コマース（1973）

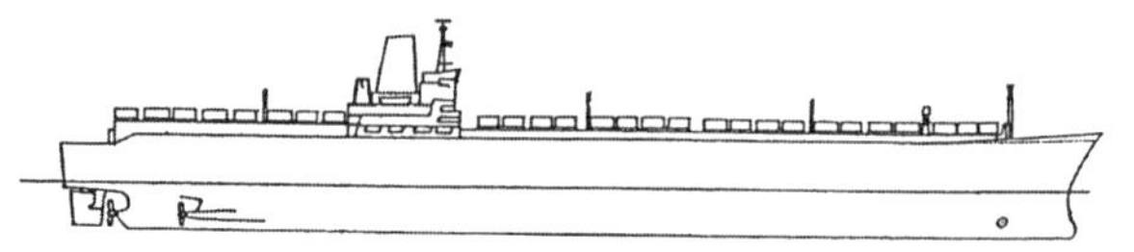

1,842 TEU えるべ丸（1972）

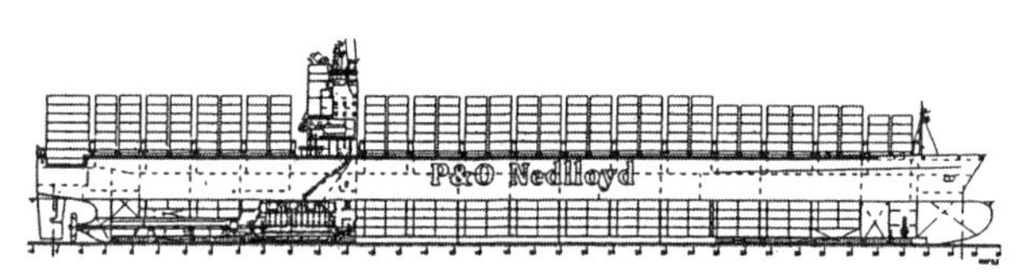

5,468 TEU P & O ネドロンド・タスマン（2000）

6,600 TEU P & O ネドロイド・コウベ（1998）

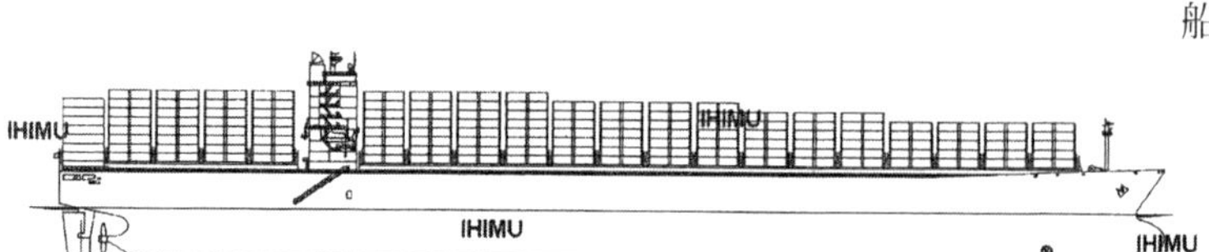

8,450 TEU P & O ネドロイド・モンドリアン（2004）

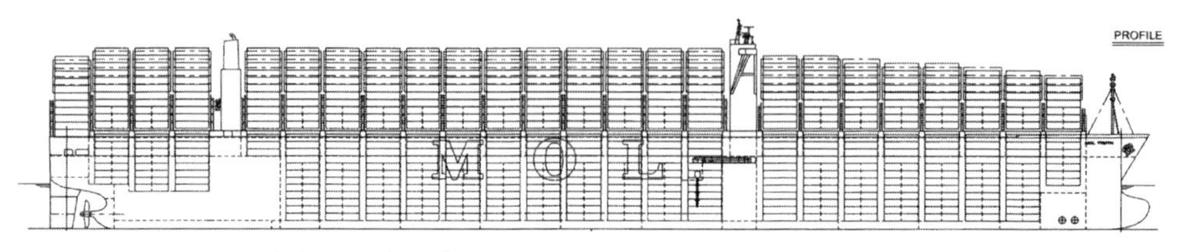

20,000 TEU MOL トルース（2017）

図 3-14　コンテナ船の大型化の経緯

もたず，陸上のコンテナ専用クレーンでLOLO荷役をするのが一般的だが，コンテナ荷役設備のない港に寄る船では，船上にクレーン等の荷役設備をもつものもある。一部RORO荷役を行うRORO型コンテナ船や，一部の船倉およびデッキ上のコンテナだけをRORO荷役するコンテナ船も存在する。

船倉に梱包した荷物を積む在来型の一般貨物船は，コンテナ船が普及する前は，世界の基幹航路に就航する花形船だったが，今はコンテナ貨物が十分な量にならない航路や，コンテナ化が難しい大型の貨物，重量物等を運ぶ不定期航路に就航しており，多目的貨物船（multi-purpose cargo ship）とも呼ばれるようになっている。船型としては一般的なばら積み貨物船に近いが，船倉に上下方向にコンテナを積み降ろしするためハッチの幅が広い船が多い。

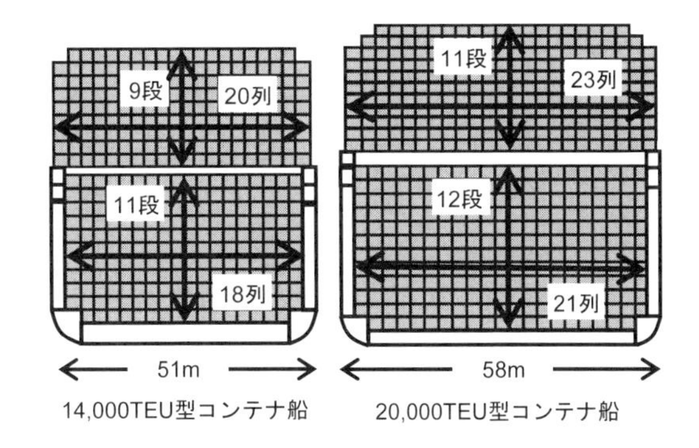

図3-15　大型コンテナ船の船内およびデッキ上のコンテナ積載パターン。（海事プレス増刊号「シップ・オブ・ザ・イヤー2017」を基に作図）

超大型のコンテナ船では荷役時間短縮のために多数のコンテナークレーンで同時にコンテナの積み下ろしをする。

デッキ上に積まれたコンテナ。コンテナの隙間にあるのがラッシングブリッジ。

図3-16　コンテナ船の荷役

甲板上に積載したコンテナを船首に打ち込む青波から守るために，比較的小型のコンテナ船では高い船首楼とブレークウォーターが必要となる。

超大型船のブレークウォーターは比較的低い壁構造となっている。

図3-17　コンテナを波から守るブレークウォーター

3-4　ばら積み貨物船（bulk carrier）

船倉に，穀物や鉱物など梱包せずにばら積みする船を総称してばら積み貨物船またはバルカーと呼び，非常に汎用性があり，世界で最も数の多い商船である。液体貨物をばら積みする船と区別するため，ドライバルク船と呼ばれることもある。なお，ばら積み船の中に，片道だけ荷物を積んで航海する船として，鉄鉱石だけを運ぶ鉱石運搬船，石炭だけを運ぶ石炭運搬船，木材チップだけを運ぶチップ船などがあり，それらはそれぞれに適するように設計されており「専用船」と呼ばれている。

これまでは，パナマックス型と呼ばれる旧パナマ運河閘門（長さ 320 m × 幅 33.5 m）を通過できるサイズ（幅 32.2 m）がひとつの規格になっており，載貨重量（DWT）が 6.5 ～ 10 万トンである。これ以上の船は，ケープ型と呼ばれていたが，2016 年にはパナマ運河の新閘門（長さ 427 m × 幅 55 m）が完成して，幅 49 m のネオパナマックス型まで通過できるようになった。

パナマ運河の旧閘門を通過できる最大サイズのパナマックス型バルクキャリア

パナマ運河の新閘門を通過できる最大サイズのネオパナマックス型バルクキャリア

図 3-18　パナマックス船とネオパナマックス船のパナマ運河通過時の様子

パナマックス型より小さい 1 ～ 4 万 DWT のばら積み貨物船は，ハンディサイズと呼ばれる。一般的に，船上クレーンをもち，輸送ロットの小さい多種多様な貨物を積んで，世界中のほとんどの港に入れるために「ハンディ」と名付けられている。

パナマックスバルカー「C.S.Dream」。5 つの船倉と 4 つのクレーンを有する。全長 183 m，幅 32 m，29,105 総トン，50,780 載貨重量トン。

ハンディサイズのバルカー「Oriental Emerald」。3 つの船倉と 3 基のクレーンを有する。全長 137 m，幅 23 m，11,289 総トン，16,955 載貨重量トン。

図 3-19　パナマックスとハンディ型バルクキャリア

一般的なばら積み船は，船尾に機関室をもち，その上にブリッジと居住区からなる上部構造をもつ。その前に複数の船倉（cargo hold）が設けられており，その天井にハッチと呼ばれる開口があり，そこから上下方向にクレーン等で荷役が行われる。航海中はハッチカバーで蓋がされ，雨や海水から貨物を守っている。

特殊なばら積み船として，北アメリカ大陸の五大湖に就航するレイカー（laker）と呼ばれる船があり，セントローレンス川を通るため，幅が狭い細長い船体をしており，船首にブリッジおよび居室をもつ。

北アメリカ大陸の五大湖とセントローレンス川で使われるばら積み船は，狭い川を通過するためたいへん細長い船型をしている。

さらに冬には五大湖が結氷するため耐氷構造にもなっている。

図3-20　特殊ばら積み船「レイカー」

ばら積み船の安全性で重要なのは，ばら積み貨物の偏り，すなわち荷崩れである。船倉いっぱいの貨物がなく，上部に空間があると，波によって船体が大きく揺れた時にばら積み貨物が片方の舷に片寄る荷崩れが起こって，船を傾け，転覆にまで至ることがある。特に穀物や石炭のように流動性が高い場合には特に危険である。これの防止のために，各船倉の上部には三角形状をしたトップサイドタンクを設けて貨物の物理的偏りを防止するほか，重心が下がりすぎて復原力が過大となって激しい横揺れを起こすことを防止のために，このタンク内に海水を入れて重心の調整を行う。

また，複数ある船倉の一部に貨物が積載されていないときにも，船体に局部的に大きな応力が働き，船体を折り曲げてしまう危険性が生ずる。

さらに，1980年代および1990年代に，ばら積み船が連続して重大海難を起こし，多くの船員の命が失われた。このため国際海事機関（IMO）および国際船級協会連合（IACS）によって，ばら積み船の安全性の向上が図られた。2006年に船級協会で取り入れられた共通構造規則（Common Structural Rules）では，腐食予備厚の考慮，北大西洋などの過酷な海象下での安全性，荷役中の動的応力の考慮等の安全性の強化が求められた。このため，船殻重量を軽減する必要性から高張力鋼の使用が増加しており，3万重量トンを超える船では船殻重量の6～8割を高張力鋼が占めるようになっている。

3-5　RORO貨物船

トラックを始めとする車両や，トレーラーヘッドに牽引されたコンテナシャーシを自走で，またコンテナを始めとするユニット貨物をフォークリフトで，ランプウェイを通って積み降ろしするRORO貨物船は，荷役時間が一般貨物船やコンテナ船に比べても短く，船速が速いためリードタイムが短いため，各種の雑貨輸送に使われている。欧州水域ではshort sea shippingとして定着しており，日本でも北海道や九州と本州各地，沖縄と本州各地，そして大都市圏と各地を結ぶ沿岸航路にRORO貨物船の定期航路が開設されている。また離島航路においては，旅客カーフェリーや高速旅客船と併用でRORO貨物船が運航されている。車のドライバー自身で積み降ろしができるカーフェリーとの違いは，荷役を各港湾の専門業者が行うことが義務付けられていることである。

日本国内で車両やコンテナ輸送を行うRORO貨物船「きぬうら丸」

多くの離島航路にも，カーフェリーと高速旅客船と併用でRORO貨物船が就航している。写真は対馬（島）と博多を結ぶ航路の「フェリーたいしゅう」

図3-21　RORO貨物船

RORO貨物船で運ばれるシャーシ

シャーシを牽引して船への荷下ろしをするトレーラーヘッド。トラクターヘッドとも呼ばれる。

図3-22　RORO船で運ばれるシャーシと，荷役をするトレーラーヘッド

3-6　専用貨物船

一般的に船舶の運航においては往復の貨物が均等にあると効率が良い。したがって，片荷の状態を嫌い，各種の兼用船が現れた。しかし第2次世界大戦後，世界的に貿易量が増大すると，単一の貨物を大量に輸送する方が，たとえ片道が積荷のない状態でも，全体としての効率がよくなる航路が増えた。こうして各種の専用貨物船が登場した。

たとえば原油タンカー，鉱石専用船，自動車専用船，LNG船，LPG船，チップ船，セメント専用船等である。コンテナ船も，コンテナだけを運ぶので一種の専用船と考えられるが，本書では「一般貨物船・コンテナ船」として別建てにしている。

(1)　原油タンカー（crude-oil tanker）

船体内の船倉が水密のタンクとなっていて，産出された原油を積載して消費国まで運ぶ船で，原油タンカーまたは原油油送船と呼ばれる。大型化するほど経済性がよくなるため，一時は大型化が急速に進み，マンモスタンカー（6～8万DWT），VLCC（Very Large Crude-oil Carrier：16～32万DWT），ULCC（Ultra Large Crude-oil tanker：32～55万DWT）と大型化し，一時は100万DWTのタンカーも計画された。しかし，通過できる海峡が制限（マラッカ海峡の最大喫水20.5 mなど）され，油の積み

降ろしをする港では大水深の港湾施設が必要となり，また，荷役時間が長くなる等の理由から，大型化はほぼ載貨重量 50 万 DWT までで止まり，現在は 30 万 DWT 級までが一般的になっている。

船体構造としては，1989 年の原油タンカー「エクソン・バルデス」の海難による油流出事故をはじめとする海洋汚染の多発から，船体の底および側面を二重化したダブルハル（二重船殻）が国際規則で義務化されている。

航海速力は 14 ～ 15 ノットと比較的遅く，船の大きさの割にエンジン出力は小さく，プロペラに近い船尾に設置され，その上にブリッジおよび居住区が乗る船尾機関船がほとんどである。

載貨重量 31 万トンクラスの VLCC の船体は，全長が 340 m，幅が 60 m，深さが 29 m，満載喫水が 21 m 程度で，船内は 17 個程度のタンクに分かれている。エンジン出力は 25 万 kW 程度で，航海速力は約 15 ノット，総トン数が 16 万トンなのに対して載貨重量が 31 万トンと，載貨重量に比べて総トン数は半分程度となっているのが特徴である。約 30 名の船員で運航されている。

大型タンカーは，中東で産出された原油を船内タンクに入れて日本まで運んでいる。現在は，載貨重量が 30 万 DWT 程度までの船が一般的なっている。（写真提供：日本郵船）

大型タンカーは油を一杯に積むと喫水が大変深くなるので，沖合に造った専用バースで荷役をする。左の船は到着した船で，右の船は油を陸揚げしたため船が浮き上がっている。（写真提供：日本郵船）

図 3-23　原油タンカー

(2)　プロダクトタンカー（product tanker）

原油を精製した各種の油を，船倉に入れて運ぶ船をプロダクトタンカー（product tanker）と呼ぶ。ケロシンやガソリン等の透明な油を運ぶ船は白油タンカーとも呼ばれる。

原油は最終消費地の近くで精製されることが多く，そこから周辺消費地に輸送するための比較的小型の船が多かったが，最近は産油国が精製して輸出することも多くなり，長距離輸送のための大型船も登場している。

プロダクトタンカーのデッキ上の配管

プロダクトタンカーのタンクハンドリング用パネル

図 3-24　プロダクトタンカー

船体構造および荷役方法は原油タンカーと基本的に同じである。

現在，最大規模の載貨重量 5.5 万トンのプロダクトタンカーは，全長 186 m，幅 32.2 m，型深さ 20 m，満載喫水 13 m，9,500 kW のディーゼル機関で，航海速力は約 15 ノットである。船内には，12 の油タンクと 2 つのスロップタンクの他，残留物タンクも有している。

(3) ケミカルタンカー（chemical tanker）

各種の化学薬品，油等の液体製品を船倉に入れて運ぶ船がケミカルタンカーである。種々の液体製品を運ぶため船内のタンク数が比較的多く，積載する液体貨物は，可燃性，毒性，汚染性，反応性などさまざまな特性があるため，その特性に応じたタンクおよび荷役設備の設計が必要となる。タンクは耐酸，耐アルカリ性に強いステンレス製もしくは軟鋼製に特殊塗料を塗ったものが多い。また，最近はステンレス鋼に軟鋼を張り合わせたステンレスクラッド鋼も用いられている。

外航航路に就航する大型ケミカル・プロダクト兼用船「Ocean Princess」

内航航路に就航する小型ケミカルタンカー「吉祥」

図 3-25　ケミカルタンカー

(4) 自動車運搬船（PCC，PCTC）

製品としての自動車や中古車を海上輸送するのが自動車運搬船で，自動車専用船とも呼ぶ。船内は幾層もの車両甲板になっており，ランプウェイを自走させて積み降ろしをする RORO 荷役を行い，船内にもランプウェイがあり各層に車両をぎっしりと積み込む。英語では PCC（pure car carrier）と呼ばれるが，トラック等の大型車も積載するようになって PCTC（pure car and truck carrier）と呼ばれるようになっている。これは，英語の car には，厳密にはトラックやバス等の大型車を含まないためである。揺れによる車両の転倒，接触をさけるための固縛装置（ラッシング），船内を走行する車両

広い車両甲板を確保するため船首に大きなフレアをもち，横から見ると真四角の形をしている。

図 3-26　自動車運搬船

の排気ガス排出のための大容量排気ファンなどが設置されている。船型としては，上部の車両甲板をできるだけ広くするために，船首フレアを大きくし，船首も角型にしている船が多い。荷主の自動車メーカーが環境保全に積極的なことから，自動車運搬船にも環境対策が求められており，燃料のLNG化が急速に進んでいる。

(5)　LNG運搬船（LNG tanker）

メタンを主成分とする天然ガスを－162℃に冷やして液化して体積を少なくしてタンクに入れて運ぶ専用船がLNG船（LNG carrier）で，LNGタンカーとも呼ばれる。LNGが極低温のため，タンク材料の断熱および温度による収縮による応力にいかに対応するかが大きな技術課題であり，アルミ球形のモス方式，薄板メンブレン構造の方形タンク，SPB方形タンク（Self-supporting Prismatic-shape IMO type B）がある。モス型および方形タンクでは，船体の動揺に伴ってタンク内でLNGが暴れてスロッシングと呼ばれる大きな衝撃圧を発生するという問題点があるが，SPB方形タンクはその問題がない。

球形のタンクのモス型のLNG船

角形のタンクをもつメンブレンタイプのLNG船

図3-27　LNG運搬船

(6)　LPG運搬船（LPG tanker）

ブタン，プロパン等のガスを液化した液化石油ガス（LPG）を輸送する船で，圧力を高めて液化する加圧式と，－42°程度までに冷却することで液化する冷却式の2つの方法がある。タンクは低温用鋼材で造られ防熱材で覆い，気化分は再液化装置でタンクに戻す。

外航航路に就航する大型船では低温式液化が採用され8万～10万m^3の積載能力があり，内航では700～990総トン級が主流となっていて加圧式が採用されている。

外航航路に就航する54,000 DWT級，8万m^3積載のLPG運搬船「ジェネシス・リバー」

内航航路に就航する996 DWTの小型LPG運搬船「上鷹丸」

図3-28　LPG運搬船

(7) 鉱石運搬船

ばら積み船の一種だが，比重が非常に大きい鉄鉱石を運ぶため，幅方向に船倉が3つに分かれており，中央の船倉にのみ鉄鉱石を積み，左右の船倉は空の状態で一種の浮力体となっている。

生産地から消費地に近い鉄工所に効率よく運ぶため，大型化が急速に進んでおり，ブラジルから東アジアに大量輸送するために載貨重量40万トン級のバーレマックス（VALEMAX）と呼ばれる超大型船まで登場している。日本のJMUで2020年に建造されたバーレマックスの「NSU BRAZIL」は，全長361 m，幅65 m，深さ30.2 m，喫水23 mで，載貨重量40万トンに対して，総トン数は20万トン。

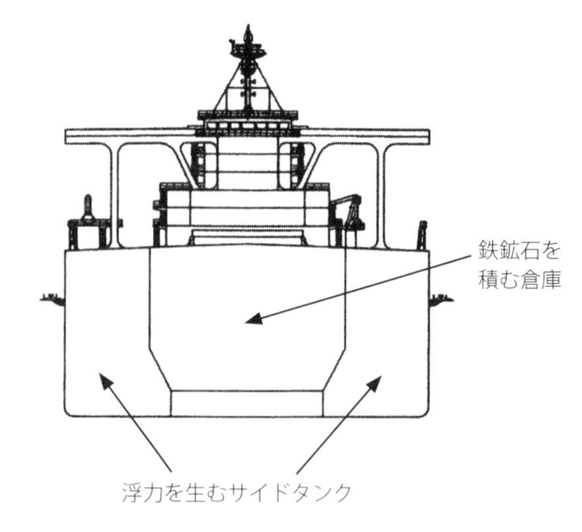

図3-29 鉱石運搬船の断面例

鉄鉱石運搬船は比重の重い鉄鉱石を船体中心線近くの船倉にのみ積載するため，ハッチが船幅に比べて小さいのが大きな特徴となっている。（写真提供：日本郵船）

製鉄所の岸壁で鉄鉱石を降ろす鉄鉱石運搬船。ハッチカバーが左右に移動して，倉口が開いている。（写真提供：日本郵船）

載貨重量40万トンのバーレマックス鉄鉱石運搬船「NSU Brazil」。（写真提供：JMU）

鉱石運搬船のハッチ

図3-30 鉄鉱石運搬船

(8)　チップ船（chip carrier）

主に紙の原料として大量に運ばれる木材チップは，軽くてかさばるために特別に船倉の体積を大きく設計されたばら積み貨物船であるチップ船（chip carrier）で運ばれる。一般的なばら積み船に比べて乾舷が高く，荷役用の船上クレーン，ホッパーと呼ばれる角錐型の荷役装置をもつ。グラブでつかんだチップをクレーンで持ち上げて，ホッパーに落とし，船側のベルトコンベアで船首部まで移送して，陸上のベルトコンベアへとつなげで陸揚げする。木材チップは，最近は，紙原料としてだけでなく，バイオ燃料としても注目を集めており，輸送量が増加している。

チップ船「GT Hera」。全長 199 m，幅 32 m。軽い木材チップを積むため乾舷が高い船型となっている。デッキ上には 5 つのハッチ，3 基のクレーン，4 基のホッパーがある。岩城造船建造。

荷役中のチップ運搬船。船倉からクレーンでホッパーに落とされたチップは，舷側のベルトコンベアで船首まで送られて，さらに岸壁のベルトコンベアで集積場に積まれる。

図 3-31　チップ船

(9)　セメントタンカー（cement tanker）

かつては袋詰めしたセメントを船倉に積み上げて輸送していたが，大量のセメントを船倉にばら積みする専用船が現れ，セメントタンカー（cement tanker）と呼ばれている。セメントは湿気を嫌うため，船倉は密閉したタンクとなっているのでタンカーとの名前がついている。国内航路に就航する小型船が多いが，アジア域内の外航航路に就航する中型船もある。それぞれの港のサイロおよび荷役設備に合わせて，船上の荷役装置の形状は多彩である。

セメントタンカー「海青丸」。湿気を嫌うセメントは密閉されたタンクに入れて運ぶためセメントタンカーと呼ばれる。

セメントタンカー「第 32 すみせ丸」

図 3-32　セメントタンカー

(10)　冷蔵・冷凍物運搬船（reefer）

魚，肉，野菜，果物等の生鮮食品を冷蔵または冷凍状態で運ぶ船は，総称して冷蔵・冷凍物運搬船（reefer, cold storage boat, refrigerated carrier）と呼ばれ，船倉自体が冷蔵庫または冷凍庫になっており，船倉ごとに温度調整が可能となっている。航海時間短縮のため比較的高速の船が多い。

最近は，冷蔵または冷凍コンテナ（reefer container）の普及により，次第にコンテナ船での輸送に移行しつつある。

（写真提供：旭洋造船）

各船倉の温度調整が可能で，冷凍物，冷蔵物をそれぞれの適温を保って運ぶことができる。

図 3-33　冷凍・冷蔵物運搬船（reefer）

（11）　木材運搬船

伐採された丸太や製材された木材を船倉内とデッキ上に積んで輸送するのが木材運搬船（lumber carrier）で，基本的構造はばら積み貨物船と変わらないが，デッキ上に大量の木材を積み上げるためスタンションと呼ばれる支柱によって左右を押さえワイヤーで固定して荷崩れを防ぐ。ほとんどの船が，木材を荷役するためのクレーンを有している。

図 3-34　木材運搬船

（12）　重量物運搬船

一般の船舶では運べない大きなプラント，船，海洋開発用構造物，クレーンなどを運ぶ船舶で，大容量のヘビーデリッククレーンを有した LOLO 荷役式多目的貨物船，船体の一部を水面下に沈めて輸送品をデッキ上に引き入れて浮上してから運ぶフロートオン・フロートオフ（FOFO）荷役式バー

ヘビーデリックをもつ重量物運搬船
（写真提供：日本郵船）

広い平甲板に重量物を積載するモジュール運搬船
（写真提供：日本郵船提供）

図 3-35　重量物運搬船 ①

デッキにコンテナクレーンを積んで輸送する RORO 重量物運搬船

船体を沈めてデッキを水面下に没し，大型構造物を引き入れて浮上して運ぶ FOFO 荷役式重量物運搬船

図 3-35　重量物運搬船 ②

ジ船，超浅喫水のバージ船型で運搬用台車を使って水平方向に荷役するモジュール運搬船など，ニーズに応じて様々な船舶が開発されている。

(13)　家畜運搬船

日本ではあまり見かけないが，生きた家畜を専門に運搬する船が運航されており，家畜運搬船（Livestock carrier）と呼ばれている。牛や羊を数千～数万頭積載して海を渡る。中でもニュージーランドやオーストラリアは多くの家畜を輸出しており，航海中に死亡する家畜が問題となっている。

たくさんの開口をもち，換気をよくした家畜運搬船。（写真提供：城戸裕晶氏）

密閉型の家畜運搬船は換気のための大きな通気塔を有している。（写真提供：城戸裕晶氏）

図 3-36　家畜運搬船

(14)　内航貨物船

日本国内の内航貨物船には，既に述べた一般貨物船，コンテナ船，RORO 貨物船，セメント運搬船，LNG 運搬船，LPG 運搬船などがあり，一般的には外航船に比べて大きさが小さいという特徴がある。内航貨物船は，ton・km 単位で国内物流の 40％余りを担う重要な交通機関であり，トラック輸送に比べると CO_2 排出量を大幅に削減できる。

第 2 次世界大戦直後の内航貨物船は，まだ機帆船に大きく頼った状態であった。機帆船とは，帆と小馬力の焼玉機関を搭載した木造船で，ほとんどが一杯船主と呼ばれる個人が船を 1 隻だけ持って荷物を運ぶことを生業としていた。家族で乗り組んで運航される場合も多かった。

戦後は，小型の木造機帆船に代わって鋼船が造られるようになり，船の大型化も進んだが，船員免許が取りやすく船員数も少ない 500 総トン未満の船が多く，なかでも 499 総トン以下の船が大量に建造されて海上トラックと呼ばれた。中でも，愛媛を中心とする小型造船所では499型の海上トラックが大量に建造され，これには一般船主が買いやすいように月賦販売も行われた。499総トンの内航貨物船は，約1,600トンの重さの貨物が積載できるため，トラック100台以上の貨物運搬が可能だ。内航貨物船では，499トン型以外に，199トン型と699トン型も数多く活躍している。基本的に，あらゆる種類の貨物を運ぶが，鋼材運搬，石油，セメント等の産業基幹物資の輸送に不定期に携わっている。

499総トン型一般貨物船「東広丸」

499総トン型ケミカルタンカー「ゆうき」

図3-37　499総トン型内航貨物船

3-7　特殊船

軍用船，商船以外の船舶を特殊船と呼ぶ。

(1)　漁船（fishing vessel）

漁業に従事する船舶は漁船（fishing vessel）と呼ばれ，実際に魚やその他の海産物をとる漁猟船，洋上で海産物の加工を行う工船，沖合から水産物を運ぶ運搬船，水産物の調査に当たる調査船，指導や取り締まりを行う漁業取締船，水産系の学校で学生の練習を行うための練習船などがある。商船は国土交通省の所管であるが，漁船は農林水産省もしくは地方自治体の所管と，監督官庁に違いがある。

①　漁猟船（ぎょろうせん）

鯨を捕獲するキャッチャーボート，底引き網漁船，かつお一本釣り漁船，さんま棒網漁船，はえ縄漁船等，捕獲する海産物の種類や水域によって多種多様な漁船が使われている。安全規則も，国，水域によっても船型が大きく違っているため，共通の国際規則は発効していない。

鯨を捕獲するキャッチャーボート「勇新丸」

北海道の漁船

図3-38　漁猟船①

大型旋網（まきあみ）漁船「第7わかば丸」

瀬戸内海の沿岸漁船

日本海の旋網漁船

スペインの漁船

沖縄の漁船「第8末丸」

ギリシアの漁船

図3-38　漁猟船②

②　工船

かつては，日本は遠洋漁業が盛んであり，大型の母船と水産物を採る小型漁船からなる船団で，長期間にわたる漁業が行われていた。大型の漁船は，船内に缶詰などに加工する工場を持っており工船（こうせん）と呼ばれた。例えば南氷洋まで鯨を捕りに行くための捕鯨船団の捕鯨母船，北氷洋の海でかにをとって船上で缶詰等に加工する「かに工船」やさけ・ますをとり加工する「さけ・ます工船」などがあったが，今は，各国の排他的経済水域（EEZ：Exclusive Economic Zone, 沿岸から200海里内の水域）での漁業規制等が厳しくなり，ほとんど姿を消した。

図3-39　捕鯨母船「日清丸」

③　漁業調査船

国立研究開発法人 水産研究・教育機構が所有する9隻の漁業調査船が全国各地の港に配置されて日本の周辺海域および遠洋域の水産資源の調査を行っている。大型の900総トン型の「北光丸」は，研究者10名を含めて37名が乗り組み，各種の海洋観測機器を用いて水産資源量推定のための海洋観測を行う。小型船は60総トンクラスで，漁礁の効果や，漁具や調査機器の開発試験を行っている。

水産庁の所有する漁業調査船「開洋丸」。2,942総トン，乗員65名。

水産庁の漁業取締船「照洋丸」。就航時は漁業調査船であったが取締船に転用された。2,581総トン，乗員49名。

図3-40　漁業調査船

④　漁業取締船

密漁などの取り締まり，漁船の保護，水産資源の保護のために水産庁が所有もしくは用船する船で，漁業監督官が乗船し，司法警察権による取り締まりをする。また外国漁船の違法操業に対して拿捕などの主権行使を行うことができる。ファンネルには水産庁の「水」のファンネルマークが描かれている。

漁船が高速化していることから，ウォータージェット推進のアルミ製高速漁業取締船が漁業取締本部地方支部に配備されている。

また沿岸域の漁業権の管理を行う都道府県も，小型高速の漁業取締船を所有または用船して，監督員が乗船して取り締まりを行っている。

非武装のため，逃走した場合等には警察および海上保安庁に通報して対処を依頼している。

水産庁の漁業取締用船には499総トン型が9隻ある。そのうちの一隻「みはま」。

大阪府の漁業取締船「はやなみ」

図3-41　漁業取締船

⑤　漁業練習船

水産系の大学，水産高校の学生の航海，漁業，海洋調査の実習に用いられる船で，沿岸での実習に用いられる3～19総トンの小型船から，遠洋航海のできる300～2,000総トン大型船まである。40

余りある水産もしくは海洋系の高校は 300 ～ 700 総トンの練習船を所有している。大学の練習船は，東京海洋大学が 4 隻，長崎大，鹿児島大，北海道大がそれぞれ 2 隻所有している。最も大型なのは東京海洋大学の 1,886 総トンの「海鷹丸」。様々な漁法の演習，水産資源の調査等を行う。

東京海洋大学の「海鷹丸」。1,886 総トン，乗員 68 名。

漁業実習船「千潮丸」。千葉県が所有して，県内の海洋系高校の生徒の実習を行う。499 総トン，乗員 62 名。

東京海洋大学の海洋調査船兼練習船「神鷹」。986 総トン，乗員 76 名。

宇和島水産高校の実習船「えひめ丸」。499 総トン，乗員 60 名。

図 3-42　漁業練習船

(2)　航海練習船

船員教育のための練習船は，海技教育機構航海訓練部（旧航海訓練所）が 2 隻の練習帆船と 3 隻の動力練習船（4,000 ～ 6,000 総トン）を保有して，海員教育課程をもつ 3 大学（東京海洋大学海洋学部（旧東京商船大学），神戸大学海事科学部（旧神戸商船大学），東海大学海洋学部），5 商船高等専門学校（広島，鳥羽，大島，弓削，富山），海上技術学校等の学生の航海訓練を行っている。また各学校も小型の練習船をもっている。

また，海上自衛官を養成するための練習艦，海上保安官を養成する練習船もある。

練習帆船「海王丸」

動力練習船「大成丸」

図 3-43　航海練習船 ①

大島商船高等専門学校の「大島丸」

国立口之津海上技術学校の「口洋丸」

図 3-43　航海練習船 ②

(3)　作業船

①　引船・押船（tug boat & pusher boat）

引船（tug boat）は，一般には「ひきぶね」と読むが，曳船とも書き，この場合には「えいせん」とも読むこともある。小型の船体に高出力の機関を搭載して，大型船の離着岸時の補助，バージ等の牽引航行，遭難船の救助と牽引（けんいん）等の作業に従事する。大型船の離着岸時の補助を行う港内引船はあらゆる方向へ強弱様々に引いたり，押したりすることが必要なため，推進力の大きさと方向が機敏に調整のできる全方位推進器（アジマススラスター）をもつ船が多い。

港で大型船の離着岸の支援をするタグボート

バージ（艀：はしけ）の曳航をするタグボート

踊るように自由自在な操船ができるタグボート

バージを押して航行するプッシャータグボート

大型タンカーの接岸をサポートするタグボート

LNG を燃料とするタグボート「いしん」

図 3-44　曳船（タグボート）

航洋引（曳）船（ocean tug）は，荒れた水域での牽引作業が必要なため，1,000 ～ 2,000 総トンと大型で，高い耐航性能を持っている。また，海難発生場所に迅速に到着することが必要なため 15 ～ 18 ノットの速力をもつ船が多い。

曳船はバージ等をロープで牽引する以外に，後ろから押して航行することもあり，押船（pusher boat）と呼ばれる場合もある。バージの後部に，押し船が連結できる切り込みと固着設備を有する場合もあり「プッシャーバージ」と呼ばれている。牽引する場合に比べて効率も良く，操船性能も向上するため，主に河川での貨物輸送に広く使われていたが，海上輸送にも使われるようになっている。

②　パイロットボート（pilot boat）

港湾，狭水道，運河などでは，船長の補助役として水先人（パイロット）の乗船が義務付けられている場合があり，水先人を船に送迎するのが水先船であり，パイロットボートと呼ばれている。小型高速船の場合が多く，沖合に停泊もしくは低速航行する船に水先人が移乗する。一般には「水先案内人」と呼ぶこともあるが，「水先人」が正式な名称である。

横浜港のパイロットボート

関門海峡のパイロットボート

横浜港のパイロットボート

欧州のパイロットボート

図 3-45　パイロットボート

③　給油船・給水船

船に燃料を供給するのが給油船で，バンカー船とも呼ばれる。バンカーとは，もともと船の石炭庫を意味しており，燃料の補給のことをバンカリングと呼んでいる。船の燃料である重油や軽油を補給する船は，構造的には小型の油タンカーとみなしてよい。最近は，新しい船舶燃料が使われるようになり，液化天然ガス LNG を供給する LNG バンカー船などが登場している。

図 3-46　給油船

④　検疫艇（Quarantine boat）

海外から感染症等が入るのを防止するのが各地の検疫所。船の場合には，現在は，入港前に無線で船内の病人の有無などを確認するのが一般的だが，感染症の疑いのある乗員がいる場合に，検疫錨地に停泊する船まで検疫官を送るのが検疫艇である。パイロットボートと同様の小型船が多く，船体に検疫を意味する英語の QUARANTINE の文字があり，黄色と青地に Q の文字の二色旗を掲げている。日本では行政改革の中で廃止となり，姿を消した。

⑤　浚渫船（dredger）

船の通る航路の海底を掘って深くするのが浚渫船で，海底の地質に応じてバケットで削り取ったり，ポンプで吸い上げたりするタイプがある。特に，河川の入口にある港では，常に航路の深さを一定に保つために浚渫することが必要なこともあり，自走式のドラグサクション浚渫船が配備されており，吸い上げた土砂を船内に格納して処分地まで運ぶ。

ドラグサクション浚渫船「白山」

ポンプ浚渫船「第 3 東亜丸」（出典：作業船協会 HP）

図 3-47　浚渫船

⑥　クレーン船（floating crane，crane ship）

台船に大型のクレーンを有して，重量物の吊り上げをし，移動も可能な船舶で，大型のものでは 14,000 トン程度の吊り上げ能力があるが，日本では 4,000 トン型が最大である。船型としては単胴のバージ型，双胴型，半潜水型のものがある。

また，脚を有していて，作業中に足を降ろして海底に固着し，船体を水面上に上げる台船もありジャッキアップリグ（jack-up rig）または SEP 船（self-elevating platform）と呼ばれ，中には自航能力をもつ船もある。主に海底の資源開発に用いられていたが，最近は，洋上風力発電装置の設置等にも用いられている。

3,000 トンの吊り下げ能力を持つクレーン船「第 28 吉田号」（手前）

プッシャーボートに押されて移動中の小型クレーン台船「第 5 金栄丸」

図 3-48　クレーン船

⑦　杭打船（くいうち）（piling barge）

港湾施設の建設には様々な作業船が使われるが，代表的なものとしては，杭打船がある。海底に杭や矢板を打つための台船で，ジブクレーンによって支えた杭打機で海底に杭を打つ。

⑧　ケーブル敷設船（cable layer）

海底ケーブルの設置，修理，回収をする専用船で，ケーブルを収納するケーブルタンク，繰り出しまたは回収をするケーブルエンジン，ケーブルを降ろす部分にシーブと呼ばれる滑車，ケーブル埋設機，海底の様子を調査する潜水ロボットなどをもつ。

NTT コミュニケーションの持つ海底ケーブル敷設船「きずな」。船尾端にケーブルを降ろすシーブが設置されている。

図 3-49　ケーブル敷設船

(4)　調査船（research vessel）

調査船には，その調査に応じた機能をもつ様々な船がある。海洋調査船，深海調査船，漁業調査船，測量船，海洋気象観測船，海洋資源調査船，地球深部調査船，3 次元海底資源探査船などがある。

3 次元海底資源探査船「資源」。船尾から何本もの調査機器をけん引するため，非常に幅の広い特異な船型をしている。

地球深部調査船「ちきゅう」。海底からマントルまで掘削して調査をする。

図 3-50　調査船

(5) 砕氷船（icebreaker）

冬期に凍る海で，氷を割って航路を維持するのが砕氷船であり，ロシア，カナダ，フィンランド，スウェーデン等で整備されている。船首部は氷を砕くため頑丈に作られた特殊な形状（楔形，スプーン型，アレックスバウ等）をしており，さらに氷に船首を乗り上げさせて自重で氷を割ることのできる船型もある。

特に低温環境で使用されるので，船殻を構成する鋼材は脆性破壊防止のために高い靭性をもつことが要求され，特に氷との接触頻度の高い水線面付近の外板にはステンレスクラッド鋼が用いられることもある。

また，上部構造への着氷による復原力減少，閉鎖装置の凍結防止，機関・消火管，救命設備の着氷・凍結防止も必要となる。

氷海での航路維持を行う砕氷船以外に，南極や北極の調査を行う砕氷調査船，流氷域での観光目的の砕氷観光船等もある。

氷のある水域で稼働する商船としては，主に北極海航路用に造られた耐氷商船（ice-strengthened merchant ship）と砕氷商船（ice-breaking merchant ship）がある。前者は，薄い氷の海や，砕氷船によって作られた氷海の水路（brash ice channel）を航行し，その能力によって IA Super，IA，IB，IC に分類されている。耐氷商船としては，油タンカー，プロダクトタンカー，LNG 運搬船，RORO 貨物船などがある。

初代「ガリンコ号」は砕氷と推進を兼ねたアルキメデイアン・スクリューを装備している。

ロシアの砕氷船

海上自衛隊に所属する日本の南極観測船「しらせ」

スウェーデンの砕氷船

図 3-51　砕氷船

砕氷商船は，砕氷船と同様に，自ら氷を割りながら航海する商船であり，砕氷型船首をもち，前後進の切り替えが容易な可変ピッチプロペラや電気推進，低速域での推力を増すためのノズルプロペラ等を装備している船が多い。1980 年代にはロシア向けの多目的 RORO 砕氷貨物船が多数建造されて北極海航路に投入されている。また 2000 年代には，氷の中では後進で進む特殊な設計のダブル・アクティング・タンカー（DAT：Double Acting Tanker）も登場している。

日本には，南極観測艦「しらせ」，砕氷観光船「ガリンコ号」がある。

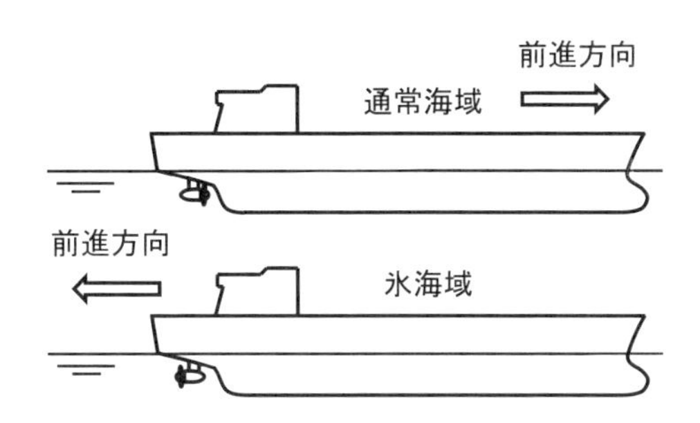

図 3-52　ダブル・アクティング・タンカー
（山内豊「氷海航行可能な商船の紹介」（日本船舶海洋工学会誌「KANRIN（咸臨）」第 23 号（2009 年 3 月））を基に作図）

(6)　取締船（patrol boat）

①　海上保安庁

海上での犯罪の取り締まり，領海警備，海難救助，環境保全，災害対応，海洋調査，船舶の航行安全の業務にあたり，そのための各種の船舶・航空機を運用している。2021 年 4 月現在の運用船艇は 477 隻にのぼり，巡視船 144 隻，巡視艇 238 隻をはじめ，消防船・艇，測量船，航路標識測定船，設標船，放射能調査艇，灯台見回り船などがある。

巡視船 PLH02「つがる」（3,200 総トン，全長 106.4 m，速力 22 ノット）

35 m 型巡視艇 PC15「くりなみ」（113 総トン，速力 25 ノット）

巡視船 PM57「そらち」（650 総トン，全長 72 m，速力 25 ノット）

巡視艇 CL190「くがかぜ」（23 総トン，全長 20 m，速力 30 ノット）

図 3-53　巡視船艇

③ 水上警察

水上警察は，湖や河川，港湾，領海内での治安維持にあたっており，パトロールボート（警察用船舶）を使った漁業法違反，水難事故の救助，密輸取り締まり等の業務を行っている。水上警察署があるのは，横浜，大阪，神戸の 3 署だが，警察署の 1 部門として水上警察隊をもちパトロールボートをもつ都道府県も多い。逮捕権を持つ警察官が同乗して取り締まりにあたる。全国で約 160 隻が業務にあたっている。

③ 税関

海外から持ち込まれる物品にかかる関税を徴収する税関が，密輸を防止，摘発するための監視業務につくのが税関監視艇（customs boat）で，アルミ合金製の半滑走型高速船で，20 ～ 40 m の船長をもち，海上保安庁の巡視艇に近いが，非武装である。白一色の塗装。

神奈川県の水上警察のパトロールボート「しょうなん」。総トン数 41 トン，全長約 24 m。

那覇港の税関監視艇「さきしま」。115 総トン，全長 37 m，ウォータージェット推進。

図 3-54　水上警察のパトロールボートと税関監視艇

(7)　その他

① 水陸両用船

陸上を車として走り，水上でも移動できる水陸両用の乗り物は，軍事用に開発されたが，現在は観光用にも広く使われている。

マイアミの水陸両用観光バス

水陸両用船のタイヤとスクリュープロペラ

図 3-55　水陸両用船

② メガヨット（Mega yacht）

世界の富豪は，個人用のメガヨットと呼ばれる全長 80 フィート以上の高級ボートをもっている。また，各国の王室でも小型客船をもっていることがあり，メガヨットにあたる。

図 3-56　メガヨット

3-8　軍艦（war ship）

国が保有する戦闘を目的とする船を軍艦という。軍艦（war ship）は，水上に浮かんで軍事行動を行う水上艦と，水中でも行動する潜水艦（submarine）に分けられる。日本では自衛のための戦闘のみ許されているので自衛艦と呼んでいる。

日本の自衛艦には，護衛艦，潜水艦，掃海艇，ミサイル艇，輸送艦，練習艦，海洋観測艦，砕氷艦，潜水艦救難艦，補給艦などがある。護衛艦の中には，飛行甲板をもつヘリコプター護衛艦，イージスシステムを搭載したイージス艦と呼ばれる艦もある。また輸送艦に搭載できるエアークッション艇もある。

イージス護衛艦

潜水艦

護衛艦

潜水艦

図 3-57　自衛艦 ①

ヘリコプター護衛艦

音響測定艦

ヘリコプター搭載護衛艦

図 3-57　自衛艦 ②

第4章　船の材料

4-1　船体材料の歴史

船舶はいろいろな材料で建造されてきた。木造船，鉄船，鋼船，アルミ合金船，FRP 船などがあり，小型船は木材や FRP で，中大型船は鋼で，高速船はアルミ合金で建造されることが多い。

(1)　木造船（wooden ship）

船は，まず，束ねた草や丸木など，比重が 1 以下の水に浮かぶ材料で造られた。さらに大型化のために木材を組み合わせて建造され，木造構造船と呼ばれている。1778 年に建造された英国の戦艦「ビクトリー」は，全長 69 m，幅 15.8 m，喫水 8.8 m であり，現存する木造船としては最大規模である。

人類は鉄などの金属を精錬技術によって作り出したが，金属が船に使われるようになった事例としては，日本では敵の攻撃から守るために木造軍船の外側を鉄板で覆った「鉄甲船」と呼ばれる船を，1578 年頃に織田信長が建造したとの記録が残っている。ただし，木造船の表面を鉄で覆った被覆船(ひふくせん)であり，船体自体を鉄で造ったわけではない。

1761 年，英国で船底に銅板を張り付けた軍艦が現れ，これを銅被覆船という。これは，フナクイムシによる虫食いやフジツボなどの貝類が船底に付くのを防ぎ，速力が遅くなるのを防いだ。

木鉄構造船（木鉄交造船）は，船体の骨組みは鉄骨にし，外板として木材を張り付けた船で，約 80 m 以上の木造船は強度上難しかったので，帆船の大型化と高速化が進む中で登場し，ロンドン近郊のグリニッジで保存展示されているティークリッパー「カティサーク」（Cutty Sark）が木鉄構造船として有名である。

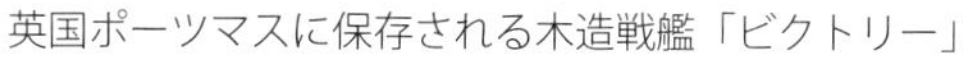
英国ポーツマスに保存される木造戦艦「ビクトリー」

英国グリニッジに保存される「カティサーク」

図 4-1　木造帆船。大型木造戦艦「ビクトリー」の全長は約 70 m，木鉄構造船「カティサーク」は約 86 m。

(2)　鉄船（iron ship）

船体自体を鉄（iron）で造ったのは，1787 年に英国で建造された 21 m の河川用バージ「トリアル」

(Trial）とされ，1819年には同じく英国で建造され「バルカン」(Vulcan）がクライド運河の旅客船として活躍した。

1860年に英国で完成した鉄船「グレートイースタン」(Great Eastern）は，全長211 m，幅25.1 m，総トン数18,915トンという巨大船であり，鉄で船体を作ることにより巨大な船が建造でき，大洋を渡ることができることを示した。同船はレシプロ式蒸気機関を搭載し，推進はスクリュープロペラと外輪の併用で，さらに6本の帆走用マストも有していた。

図4-2　最大の鉄船「グレートイースタン」

しかし鉄で造られた鉄船の時代は短く，100年は続かなかった。それはより優秀な鉄の合金である鋼（はがね）が登場したためである。

(3)　鋼船（steel ship）

鉄に代わって，より強度が高く，かつ加工もしやすい軟鋼と呼ばれる鋼（はがね）(steel）で船が建造されるようになり，船の大型化が可能となった。

軟鋼は，鉄の一種であるが炭素（C）を最大2%程度まで含むように調整したもので，引張強さは400～490 N/mm^2。その製造は，酸化鉄である鉄鉱石を高炉で，コークスと石灰石と一緒に800度以上で燃焼させてできる銑鉄を，各種製鋼法で炭素量を2%以下に減らしてできあがる。大規模製鉄所で大量生産が可能であり，その結果，金属の中では価格が安く，さらに溶接がしやすいという特徴があった。

船体構造用に用いられる鋼材は，自動車用に用いられるものが薄板と呼ばれるのに対して厚板と呼ばれている。A，B，D，Eの4つの規格があり，添加成分量や熱処理方法の違いにより，この順に靭性（じんせい）すなわち粘り強さが高い。一般に，板厚が厚くなるほど靭性が低下するため，船体中央付近の甲板用の甲板が厚くなる船にはDまたはE級鋼が用いられる。

(4)　高張力鋼の使用

軟鋼のうち，降伏応力が315 N/mm^{2}以上で，引張強さが440 N/mm^{2}以上の強度をもつ鋼板は高張力鋼（high tensile strength steel）と呼ばれ，短く「ハイテン」と呼ばれることが多い。高張力鋼は，合金添加物の付加や組織制御をすることによって製造され，その引張り強さは大きいため，船の構造部材を薄くすることができるので重量を軽減できる。高張力鋼は1907年に当時世界最大の客船として登場した大型定期客船「ルシタニア」(Lusitania）と「モーレタニア」(Mauretania）姉妹（約32,000総トン）の上部構造の一部に使われたのをはじめ，1930年代に建造された大型定期客船の船体構造の一部に使用され，船体重量の軽減に寄与した。

日本では，第2次世界大戦後の1960年代に大型の原油タンカーが建造される際に高張力鋼が使われるようになったが，溶接割れが発生するなど，その使用には高い工作技術が必要とされた。しかし，1980年代になって，一般的な軟鋼並みの低炭素量にする製鉄技術が確立し，靭性および溶接性が向上した高張力鋼が出現し，各種の船舶で構造部材として使われるようになった。例えば，大開口をもつ大型コンテナ船では，甲板材料として高張力鋼なしでは設計ができないとされており，その板厚が 80 mm を超える厚板も用いられている。

(5)　鋼材の規格と特殊鋼材

船体構造用鋼材については，船級協会が規格を定めており，その規格を保証するために，造船所に納入される鋼材にはミルシート（mill-sheet，mill certificate）と呼ばれる品質保証のための検査証書が添付されている。ミルシートには，成分，各種強度，寸法，質量，メーカー名，製造番号等が記載されている。

・耐腐食鋼材：原油を運ぶタンカーでは，貨物油タンク内の腐食が問題となり，腐食の発生や進行を抑制できる耐腐食鋼材が用いられることがある。この鋼材は無塗装でも使用できるため，塗装不良や塗装の経年変化に伴う劣化の心配がなくなる。

・ステンレス鋼材：ステンレス鋼（stainless steel）は，クロムを含有し，炭素含有量を 1.2%以下に調整した鋼で，腐食に対する耐性をもつ。ケミカルタンカーなどの貨物タンクやカーゴポンプ等に用いられている。また，ステンレス鋼と軟鋼を張り合わせたステンレスクラッド鋼と呼ばれる鋼材も用いられる。

・低温用鋼材：かなりの低温にして液化をする LNG（液化天然ガス）や LPG（液化石油ガス）を運ぶ船では，貨物タンク，2 次防壁等に隣接する船体構造は低温になっても十分な靭性（じんせい）を持たせるために低温用鋼材が用いられる。これに対応するため船級協会は国際ガス船規則（IGC コード）に低温用鋼材の規格を制定している。

・形状の異なる鋼材：種々の厚さの鋼板だけでなく，型鋼や丸棒等の鋼材も船舶の建造に使われている。型鋼とは，断面が H 型，I 型，L 型をした鋼材で，製鉄所で圧延によって製造されて造船所に供給される。型鋼を使うことによって，平板を溶接して H 型等にするのに比べて工数が減少する。

4-2　アルミ合金船

鋼に比べて比重が 1/3 の軽いアルミニウム材料の利用も進んでいる。アルミニウムは耐食性に問題があったが，少量のマグネシウム等を加えた合金化でこの問題を克服したアルミ合金が開発され，背が高い大型客船などにおいて，トップヘビー（重心が高い状態）にならないようにするために，上部構造の一部が軽いアルミ合金で造られている場合がある。

アルミ合金材料としては，板材だけでなく，様々な断面形状をした押出型材がある。加熱したアルミ合金素材を「型」にところてんのように通して成形したもので，型材を切って溶接するのに比べて，重さも軽く，加工の手間もなくなる。

アルミ合金材は鋼材と比べると，溶接変形が大きいこと，素材価格が高いというデメリットがあるが，軽い，リサイクルが容易というメリットがある。

高速が必要なため軽量化が要求される小型高速船においては，船体がアルミ合金で造られている船が多い。水中翼船，ホバークラフトをはじめとして，小型高速旅客船，巡視船艇，各種監視艇などがアルミ合金で建造されている。これまで建造された最大のアルミ合金船は，双胴船ではフィンラン

双胴型の HSS クラスの超高速カーフェリー

単胴型のカプリコーンクラスの超高速カーフェリー

図 4-3　最大級のアルミ合金船

ドで建造された HSS クラスの三姉妹のカーフェリーで，総トン数 19,600 トン，全長 126.6 m，幅 40 m，速力 40 ノット。単胴船では，イタリアで建造された高速カーフェリー「カプリコーン」クラスで，総トン数 11,347 トン，全長 145.6 m，幅 22.0 m，速力 36 ノットである。

4-3　FRP 船

石油から作られる合成樹脂（プラスチック）が，軽くかつ安い材料として船の建造にも使われるようになった。プラスチックだけでは割れやすいなど強度が足りないので，ガラス繊維で補強した材料をガラス繊維強化プラスチックと呼び，一般には FRP（Fiber reinforced plastic）と呼ばれている。なお海外では GRP（glass-fiber reinforced plastic）と呼ばれることもある。

かつては木造であったレジャーボートや漁船等の小型船舶が，1960 年代から FRP で造られるようになった。FRP 船の製造は，船の外側の「型」を製作して，その中にゲルコートと呼ばれる船体表面となる樹脂を塗り，その内側にガラス繊維を敷きつめてポリエステル樹脂で固めていく作業を何層も行って船体強度を高めて船殻を形づくっていく。固まってから，型から取り出すと船殻の外形が完成する。日本では，1957 年に救命艇が FRP で建造されたのがその始まりである。

一方，鋼船やアルミ合金船は材料のリサイクルが可能であるが，FRP 船はリサイクルができず廃船の不法投棄などが相次いだため，FRP 船の製造事業者等の団体である日本マリン事業協会が FRP 船リサイクルシステムを構築し，破砕・選別をしたうえでセメント焼成してリサイクル（マテリアル・サーマルリサイクル）をしている。

4-4　その他の新材料

新しい材料で船を造る試みがなされている。

究極の金属材料ともいえるチタンを使った船が，小型船ではあるが建造されている。チタンは強度も高く，かつ軽く，しかも腐食にも強い。

また，ガラス繊維のかわりに炭素繊維を芯材として使いプラスチック樹脂で固めて強度を増した炭素繊維強化プラスチック（Carbon Fiber Reinforced Plastics：CFRP）で建造した小型船も建造されている。FRP に比べて軽量で強度が高く，高い弾性率，振動減衰性，寸法安定性，耐腐食性を持っている。

いずれも材料としての価格が非常に高く，大型構造物である船舶を造るのは現在のところ実用的ではないが，将来的には技術開発の進展で価格も下落して，これらの材料で船が造られる時代が来るかもしれない。

4-5　船内を作る材料

船の外側の材料の他に，船内ではきわめてたくさんの材料が使われている。船内で使用されるエネルギー源としての電気を送る電線，水から油まで各種の液体を送るパイプ，船体内部の天井材，壁材，床材などで，すべてを挙げると数えきれない。

しかも，船は洋上にでれば自力で活動しなければならないことから，強度，耐久性，耐火性など舶用材料には，陸上建設とは違う安全性が担保されなければならない。そのため船を構成する 1 つ 1 つの材料は，外航船であれば船級協会，日本の内航船であれば日本国政府（JG）の認証を受けたものでなければならない。

第5章　船の形態

5-1　船の形

船は水に浮かび，その多くが水面を移動する。このため浮力を生むための水密の船体が必要であり，さらに移動時の水の抵抗を小さくするために前後に細長い形状となっている。水密の船体部分は船殻（せんこく）（hull）と呼ばれており，その上端に全長にわたって上甲板（じょうこうはん）（upper deck）と呼ばれる水平板が張られて，上部から船殻内に水が入るのを防いでいる。

船殻の断面は，左右の船側，船底，上甲板からなる四角形に近いが，船側と船底とは丸みをもって結ばれておりビルジ部（bilge）と呼ばれている。船体中央付近のビルジ部には，横揺れ防止のために平板でできたビルジキールが付けられる。

船側は垂直の場合が多いが，上部を内側に少し傾斜させる場合があり，タンブルホーム（tumble home）と呼ばれているが，これは帆船時代の名残であり，最近はタンブルホームをもつ船は少ない。また上甲板の中心線付近が高い弧状曲面となっている船もあり，この曲面の高さをキャンバ（camber）と呼ぶが，これも帆船時代の名残であり，上甲板上に溜まる水を左右舷に排出するとともに，帆走時に傾斜した時に甲板上を歩きやすくするという役割もあった。最近の大型船ではタンブルホームもキャンバもほとんどない船が大部分である。

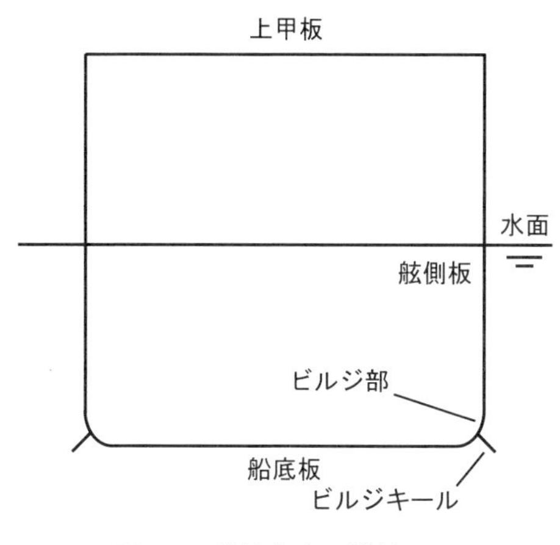

図 5-1　船体中央の横断面図

小型船や高速船では，船底が水平でなく，横断面が船側に向って斜めに切り上がった場合があり，船底勾配（rise of floor）と呼ばれている。その大きさは船底面を船側側に延ばした線と船側板の交点のベースラインからの高さで表すのが一般的である。

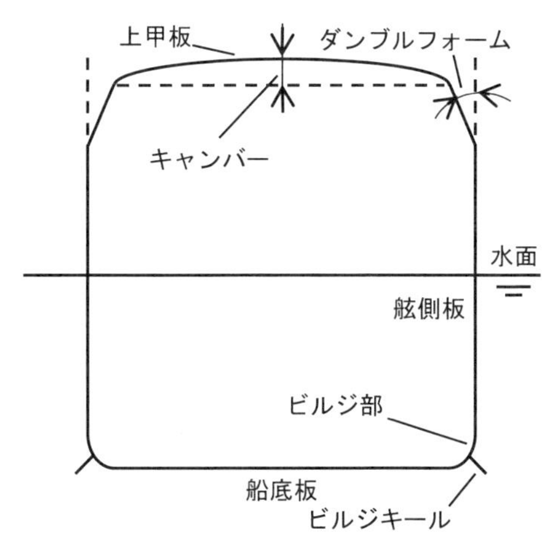

図 5-2　キャンバーとタンブルホーム

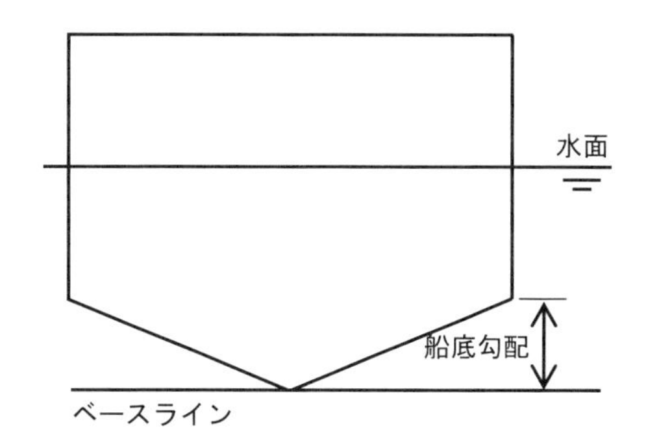

図 5-3　船底勾配のある横断面

船体は，中央付近では船長方向にほぼ同一断面となっており，船体平行部（parallel part）と呼ばれる。船首と船尾部は走行時の抵抗推進性能をよくするために先端に行くほど細くなり，その表面は曲面となっており，これは船体外部を流れる水流が滑らかになるように設計された結果である。船首断面はU字型，船尾断面はV字型に近いのが一般的であるが，船首でフレアの大きい船では，船首でもV字型もしくはチューリップ型断面をしている船もある。

船体を横から見た側面図（profile）においては，船首および船尾の上甲板が反るように高くなっている場合があり，これをシヤー（sheer）と呼ぶ。これは航行時に波が船首尾から上甲板上に打ち込むのを防ぐためである。船のスピードが速くなると船尾からの打込水は少なくなるので，船尾のシヤーを少なくした船も多く，最近の大型船では船首尾ともにシヤーをつけない船も多い。

図 5-4　高速航行時の船首からの海水打ち込みを防ぐため大きな船首シヤーをもつ巡視船

図 5-5　全くシヤーをもたない平甲板型の大型貨物船。船首には船首楼がある。

シヤーの代わりに，船首尾の上甲板を1段上げたものを船楼（せんろう）と呼び，船首のものを船首楼（forecastle），船尾のものを船尾楼（aftercastle）という。船首及び船尾の船楼上の甲板には係船装置が配置されている。また，船体中央にあるものを船橋楼と呼ぶが，機関室が中央にあり，その上に甲板室やブリッジをもつ船に限られ，最近の船ではほとんどない。いずれの船楼も水密構造となっており，その側面は船殻の外板と一体となっている。

最近の大型船では船楼をもたず，上甲板が船首から船尾まで水平に設置されている船が多く，平甲板船（flush deck ship）と呼ぶ。平甲板船でも，横から見たときに船首に船首楼状のものが見える場合もあるが，これは波よけのためのブルワークと呼ばれる塀状の構造物である。

上甲板上には，乾貨物船（dry cargo ship）の多くが貨物の出し入れをするための開口（ハッチ）があり，航海時にはハッチカバーと呼ばれる水密の蓋をして雨風や海水の侵入を防ぐ。

純客船，カーフェリー，RORO貨物船，自動車運搬船等は，上甲板より上に船殻と同じ幅をもつ

図 5-6　船首楼のあるタンカー。船首楼上の甲板の上に係船機器が配置されている。

図 5-7　船首楼のない平甲板船型のタンカー。船首甲板に立つ壁状の構造はブルワーク。（写真提供：日本郵船）

上部構造物をもつ船が多く，覆甲板船とも呼ばれる。上部構造部分は，船殻よりは強度が弱い薄い材料を使って軽量化を図っているが，外観からは上甲板より下の船殻と上の上部構造物との境は分からないことが多い。

図 5-8　船の乾舷，喫水，深さ

満載喫水線から上甲板までの高さを乾舷（freeboard）と呼び，海水の打ち込み，損傷浸水時の海水流入を防ぐための重要な寸法となっており，IMO の国際規則で厳格にその高さが規定されている。乾舷高さと満載喫水深さを足した値が「深さ」（depth）と呼ばれ，船体を表す重要な寸法の 1 つとなっている。

液体貨物を水密のタンクに積載するタンカーでは，上甲板に海水が打ち込んでも，船内に浸水することがないので乾舷を低くできる。

図 5-9　タンカーは貨物倉自体が水密のタンクになっているので，甲板上から浸水することはないため乾舷が低くても安全だ。

5-2　水面上の船体形状

客船を除くと，目に見える水面上の船体は，それぞれの機能に合わせて造られている。いわゆる機能美といわれ，余計なものを排して機能的に設計・建造した物ほど美しさが宿るということである。これまで，ほとんどの貨物船はそのようにして機能優先でデザインされてきた。

一方，燃料費用の上昇，そして地球温暖化等の問題で，エネルギー消費の削減が必要となり，抵抗を減らすための水面下の船体形状の最適化だけでなく，水面上の船体についても風圧抵抗を減らすための最適化が必要となった。水に比べて密度が 1/800 の空気の抵抗は，水面下船体に働く抵抗より大幅に小さく，水面上船体に働く空気抵抗は無視されてきたが，風圧抵抗を減らす試みがなかったわけではない。

水や空気という流体の中で動く物体に働く抵抗は，水面のような 2 つの密度の異なる流体の境を移動する場合を除くと，「流線形」（streamline shape）と呼ばれる形状が最も小さくなる。流線形とは，頭が丸く，後部にいくほど細くしぼむ形で，周りの流れに剥離が生じないので抵抗は小さくなる。例えば，円形断面の物体に働く抵抗は，それと同じ最大幅の流線形物体に比べると 5 倍以上の抵抗が働く。そこで，水面上船体を流線形にした客船「カラカラ」が 1930 年にアメリカで登場した。また，日本でも東海汽船の「橘丸」（1935 年）や「あけぼの丸」（1947 年）が流線形客船として建造された。しかし，流線形化による燃費低減効果は少なく，かつ船内に狭くて使いにくい部分ができるためもあって機能的な設計とは言えずに姿を消した。

図 5-10　水面上船体を流線形にした東海汽船の「あけぼの丸」（左）と「橘丸」（右）

再び，水面上の船体形状が風圧抵抗低減という視点から注目を浴びたのは，2000 年代以降に，前述したように船の燃料である原油価格が高騰したことと，CO_2 の排出削減が社会的に求められたことにより，水の抵抗に比べると小さいものの，空気抵抗を減らすことで少しでも省エネ化を図る機運がでてきて，各種の風圧抵抗削減法が開発された。

最も徹底したのものが，旭洋造船が開発したセミ・スフェリカル・バウ（Semi Spherical Shape Bow：SSS バウ）で，自動車運搬船や内航コンテナ船で実用化されている。

また，タンカーやバルクキャリアの上部構造についても，様々な風圧抵抗軽減法が開発された。上部構造の幅を減らして縦長の形や流線形の形にしたり，前面形状を流れの剥離の少ない形にしたりと様々なアイディアが実用化されている。

水面上船体に働く空気抵抗では，単に，前方から受ける風による風圧抵抗だけではなく，横から受ける風による船体の横流れによって斜めに進むことにより水面下船体に働く揚力に伴う誘導抵抗も大きくなり，自動車専用船，コンテナ船，クルーズ客船，フェリー等の水面上船体が大きい船では無視できない抵抗増加になることがわかり，その低減対策技術の開発も様々に行われている。

図 5-11　旭洋造船が開発した SSS バウの内航コンテナ船「なとり」。丸い船首で風をスムースに流して剥離を押さえて風圧抵抗を減らしている。

図 5-12　上部構造を細長く，かつ流線形にして空気抵抗を削減した，今治造船の開発した大型バルクキャリアの上部構造エアロ・シタデル。

図 5-13　船内体積を最大にするために角型の船首だった自動車専用船（左）が，風抵抗を減らすために船首端に丸み（右）を付けた船も現れている。

5-3　船体マーク

海に浮かぶ船体には，種々のマークや表示が描かれている。法規上，表示が義務付けられているもの，作業上の注意を促すもの，船主や運航会社の要望に基づくものなど様々である。

①　法規で義務付けられているマーク

- 船名：船首両舷および船尾に表示。外航船については SOLAS 条約で船首船名はアルファベットでの表記が義務付けられている。
- 船籍港：船尾の船名の下に表記する。
- IMO 番号：国際海事機関（IMO）が個々の船舶に与える番号で，船主が変わっても同一番号が使われる。
- 乾舷標（freeboard mark）：外航航路船には LL 条約で表記が義務付けられている。満載喫水線標と呼ばれることもある。
- 喫水標（draft mark）：船首（FP），船体中央（midship），船尾（AF）の両舷に，船底からの喫水の高さをメートル単位で表記する。
- トネージマーク（tonnage mark）：外航貨物船の貨物艙のハッチコーミング等に，International Convention on Tonnage Measurement of ships, 1969 の規則に基づく貨物区画であることを示すために表示する。タンカーでは，アクセスハッチに表示される。

②　運航上必要なマーク

- バルバスバウマーク（bulbous bow mark）：船首の両舷に表記し，水面下にバルバスバウがあることに注意を促す。
- タグボートマーク（tugboat pushing mark）：一般に水密隔壁（バルクヘッド）がある位置で外板強度の強い位置に，場合によっては外板厚さを補強をして，タグボートが押してよい場所を表記する。
- サイドスラスターマーク（side thruster mark）：水面下にサイドスラスターがあることを示すマーク。
- スクリュープロペラ表示：水面下にスクリュープロペラがあることを知らせる表示。船体に描かれることは少なく，デッキ上の手すり等に表示されることが多い。
- バルクヘッドマーク（bulkhead mark）：バルクヘッド（隔壁）の位置が船外から容易に分かるようにするための表示。荷役作業に便利となる。
- パイロットラダーマーク（pilot ladder mark）：パイロットが乗船するための梯子（ラダー）が降ろされる位置を表示し，上が白で，下が赤となる。
- タンクディビジョンマーク（tank division mark）：燃料タンクや静水タンクの位置が外部から分かるためのマークで，ドックイン時に便利。
- ヘリコプターマーク（helicopter mark）：上甲板上でヘリコプターが着陸もしくは上空でホバリングができる位置を表示する。

③　船主の要望によるマーク

- ファンネルマーク（funnel mark）：化粧煙突に描かれる船主もしくは運航会社がわかるマーク。
- サイドマーク（side mark）：船側に描かれる船主または運航会社がわかるマーク。

・船首マーク（bow mark）：船首先端に描かれる船会社のマーク。

④　**造船所の表示**

・建造所銘板：建造所を記す銘板を上部構造のブリッジ下等に表記する場合もある。

・造船所マーク：建造所名を船体に記すこともある。

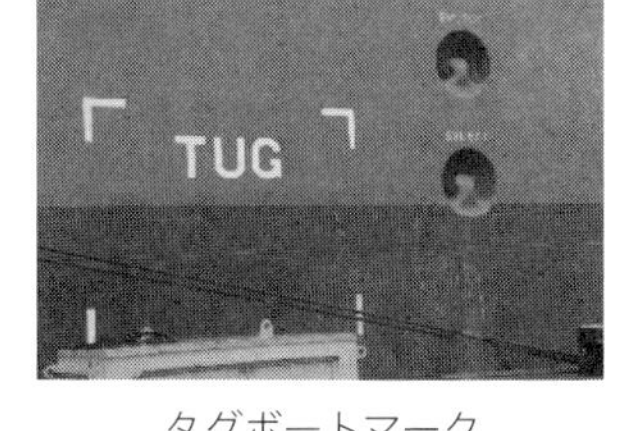

タグボートマーク

船首船名表示

バルバスバウマーク

ファンネルマーク①

船尾の船名・船籍港・IMO 番号表示

サイドスラスターマーク

ファンネルマーク②

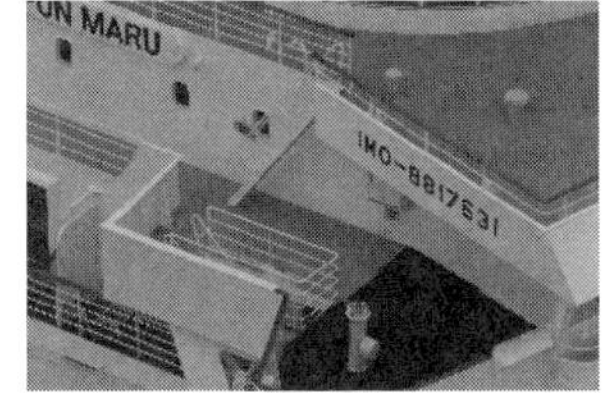

IMO 番号

ヘリコプターマーク

船首マーク

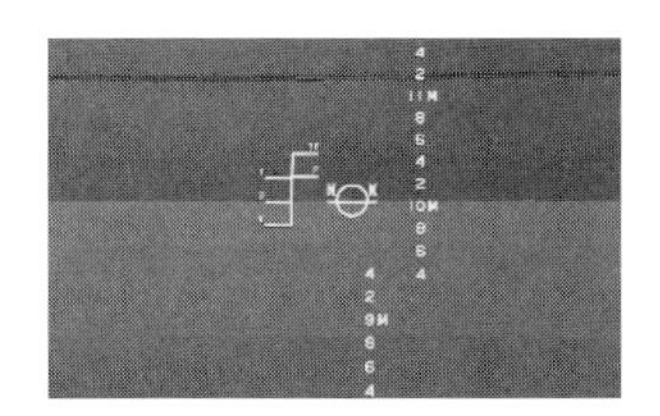

乾舷マークと喫水マーク（外航船）

サイドマーク

スクリュープロペラ表示（双暗車は 2 軸スクリュープロペラの意）

乾舷マークと喫水マーク（内航船）

バルクヘッド（隔壁）マーク

建造所銘板

図 5-14　各種の船体マーク

5-4　水面下の船体形状

船のエンジン出力の大きさを決定するのは，基本的に，水面下の船体形状であり，水からの抵抗を小さくし，さらに推進器の効率が最大になるようにその形が決められる。さらに最近は実際に運航される風波中の性能についても重きが置かれるようになって，実海域性能と呼ばれている。

水の中を走る物体で抵抗が最も少ないのが流線形と呼ばれる形であり，先端は丸く，全長の前から1/3程度のところで最大幅となり，後端に行くにしたがってしぼむ形状で，飛行機の胴体や翼の断面形や，現代的な潜水艦の形がそれにあたる。理想的な流線形になると，抵抗のほとんどが摩擦抵抗になる。

図 5-15　水中航行時の抵抗を最小にするために流線形をした潜水艦の船体

しかし，一般的な船舶は空気と水の境目である水面を切り裂くように走り，その時に水面に波を発生させる。これが船体に造波抵抗と呼ばれる抵抗を生じさせ，これは前進速度が速くなるほど急速に増加する。船体によって発生する波は，ケルビン波系と呼ばれ，船首と船尾付近から斜めに伸びる八の字波と，船の後ろに生じる横波からなり，この複雑なケルビン波をいかに減らすかが重要となる。

一般的に，船を細長くすると水面にできる波は小さくなるので，高速船ほど長さに比べて幅の細い形になる。ただし，ここでいう「高速」は，一般的な時速や秒速といった速度が高いという意味ではなく，後述のフルード数という数が高いという意味である。造波抵抗は，フルード数（＝速力（m/s）／$\sqrt{（船長（m）×重力加速度（m/s^2））}$）に支配されており，船型が同じであればフルード数が等しいと，船が造る波の形は全く相似になり，抵抗係数（＝抵抗値／0.5×密度×代表表面積×速度^2）も同じになる。そしてフルード数が高いほど，造波抵抗が急激に高くなる。

船首で水面を切る部分を細く鋭くすると波は立ちにくくなり，造波抵抗は小さくなる。このため高速船では，船首部の水面付近が鋭く尖っている船が多い。

船体の船首付近から発生する波を，波同士の干渉効果で減らすのが球状船首である。船首より前方の水面下に設けた球状船首で発生させた波と，船体の発生する波を干渉させて消すことで造波抵抗を減らしている。同様の考え方で，船尾端から球状の突起物を後方に突き出して，船尾波を減らす船尾

図 5-16　走行する船が造るケルビン波。左右に広がる八の字波と船尾から横波から構成される。

バルブも開発されているがあまり普及はしていない。

大型のタンカーやばら積み船では，造波抵抗の全抵抗に占める割合は小さく，船体表面を水が擦（こす）ることによる摩擦抵抗と，船尾で船体表面近くの流れが遅くなって剥離することによる粘性圧力抵抗が大部分を占める。したがって，船首の水面付近を鋭くする必要はなく丸い頭をしている。

水面下の船尾形状は，船体に働く抵抗だけでなく，スクリュープロペラの推進性能との最適化も行われて決定される。

図 5-17　高速コンテナ船の船首は鋭く，水面下に球状船首を持つ。

スクリュープロペラは，できるだけ遅い流れの中で回転させる方が効率がよくなる。船体周りの流れには，船首からの摩擦力でエネルギーを失った伴流（wake）と呼ばれる遅い流れが船尾付近にあり，これをスクリュープロペラ面内に集めるとよい。このため船尾の船体は伴流が集まりやすいように，複雑な3次元曲面となっている。

図 5-18　フルード数の低い大型タンカー・ばら積み船は丸い船首をしている。

表 5-1　代表的船種とフルード数

船　種	長さ(m)	速力(ノット)	フルード数
護衛艦　DDG	161	30	0.38
大型コンテナ船	350	22	0.19
大型タンカー	324	16.2	0.14
大型鉱石運搬船	318	15	0.13
パナマックスばら積み船	217	13.8	0.15
クルーズ客船	160	20.8	0.26
大型カーフェリー	188	21.5	0.25
大型高速カーフェリー	207	27.5	0.31
中型カーフェリー	105	20.2	0.32
小型カーフェリー	70	14.5	0.27
小型高速旅客船	21	30	1.04
小型超高速旅客船	26	40	1.26

図 5-19　船尾の船体形状は，船体周りに形成された遅い伴流がスクリュープロペラにうまく流れ込んで，推進効率が高くなるように形作られる。

5-5　機関室の位置

かつては機関室（Engine room）を船体中央に置くことが多かった。これは主に重いエンジンを中央付近にしておくと，荷物を積まない状態でも船体がだいたい水平な状態，すなわちトリム（trim）のない状態で浮かぶことができるからである。

しかし，船体が大型化すると船体中央に機関室を置くと，エンジンとスクリュープロペラを結ぶ軸が長くなって効率が落ちる上に，最も貨物を積むスペースがとれる船体中央平行部を貨物倉として使えないこととなり積載効率も悪くなる。そのため時代と共に，機関の位置が船尾側に寄ったセミアフト機関船，そしてさらに船尾機関船へと変化していった。

現在は，ほとんどの貨物船が船尾機関船であるが，大型化と共に高速化が進むコンテナ船では機関室の後ろにも船倉をもつセミアフト機関船も増えている。

中央機関船

セミアフト機関船

セミアフト機関船

船尾機関船

図 5-20　機関室の位置

5-6　上部構造物および船橋の位置

上甲板より上に造られた構造物は上部構造物（superstructure）または甲板室（deck house）と呼ばれる。この構造物は基本的な船体強度にはほとんど寄与しないため，上甲板以下の船殻構造よりも簡易な構造になっている。

客船，カーフェリー，RORO 貨物船，自動車運搬船等では，上部構造物が船首から船尾まで続き，内部には数層の甲板に旅客および船員用の生活区画が設けられるほか，車両区画等が設けられる場合もある。また最上階近くの最前方には，操船をするための操舵室が設けられ，これは船橋（navigation bridge）と呼ばれる。ここでは，航海中，船員が 4 時間交代の当直で 24 時間勤務する。船橋の天井となるデッキはコンパスデッキ（compass deck）と呼ばれ，レーダーマスト，各種の通信用アンテナ等が設置されている。最近のクルーズ客船では，船橋の上に展望ラウンジや上等級客室を配置した船もある。

貨物船の場合には，上部構造物の中には，船員室をはじめとする居住区や仕事用部屋があり，最上階の前方に操舵室が設けられる。船尾機関船では，機関室の上に上部構造物が設けられている船尾船橋船と呼ばれるタイプが多いが，デッキ上に大量のコンテナを積む船では視界の確保のために船首または船体中央付近に船員居住区および船橋を置く船もある。

図 5-21　大型クルーズ客船の上部構造と船橋

図 5-22　船尾機関・船尾船橋船

図 5-23　ブリッジを分離した超大型コンテナ船

図 5-24　船首にブリッジを配置した小型コンテナ船

第6章　船の構造

6-1　船体強度

船体構造には，船舶が安全に航海できるだけの強度が必要となり，かつ経済性を上げるためにできるだけ軽く作る必要もある。大昔の船では，丸木舟のように長い丸木の中をくり抜いて，人や荷物を積めるようにした。次第に大型になると木の板を組み合わせて船体外面を作り，強度を保つための竜骨（キール）や肋骨で補強するようになった。

(1)　船殻構造

鋼船の時代になっても，こうした骨構造の外側に薄い鋼板を張る構造がもっとも合理的な船殻構造として生き残った。船殻（hull）とは，水密を保って船を水面上に浮かばせる器のことで，人間をはじめ種々の動物の体とも共通した骨と皮からなる構造をしており，背骨と肋骨からなる骨組みの外側に水の侵入を防ぐ外皮を張ったものである。背骨にあたるのが船の船底にある竜骨（キール：keel）であり，あばら骨は動物と同じ名称の肋骨（フレーム：frame）と呼ばれ，皮に当たるのが外板（hull shell）である。

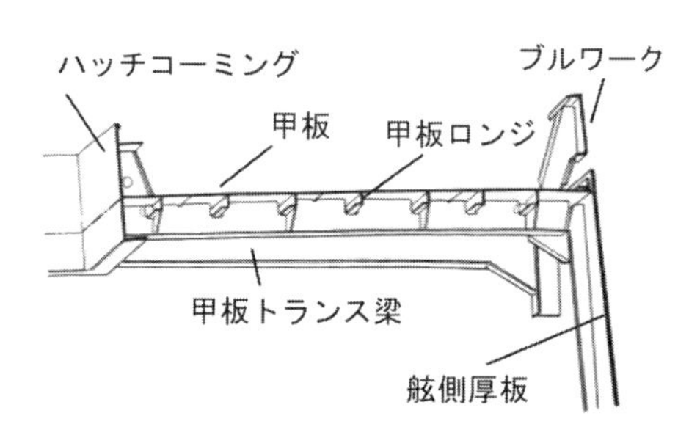

図6-1　上甲板構造（『船の構造』（池田勝著，海文堂出版，1971年）を基に作図）

船体の外側を覆う外板は，水密，すなわち水を侵入させず，船体の重量を支える浮力を生む。また，左右舷のフレームの上端は梁（ビーム：beam）という骨で連結され，その上に甲板（deck）と呼ばれる板が張られている。また，船底は二重底（double bottom）と呼ばれる水密構造になっており，竜骨と一体となった格子状のガーダーと肋板の構造の上部に内底板（inner bottom plate）が張られており，船底外板および内底板によって二重に守られている。この二重底構造は，座

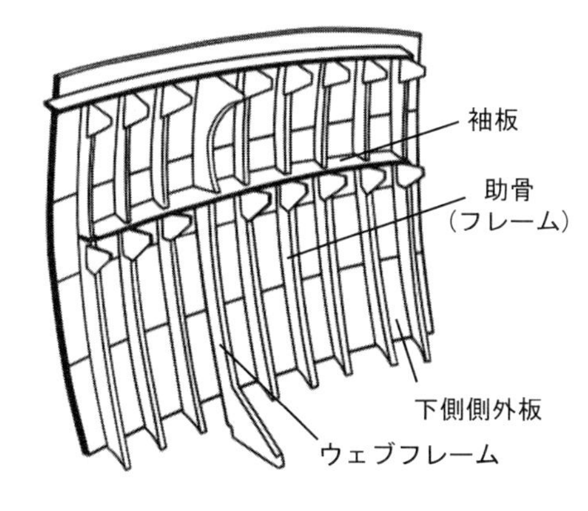

図6-2　船側構造（『船の構造』（池田勝著，海文堂出版，1971年）を基に作図）

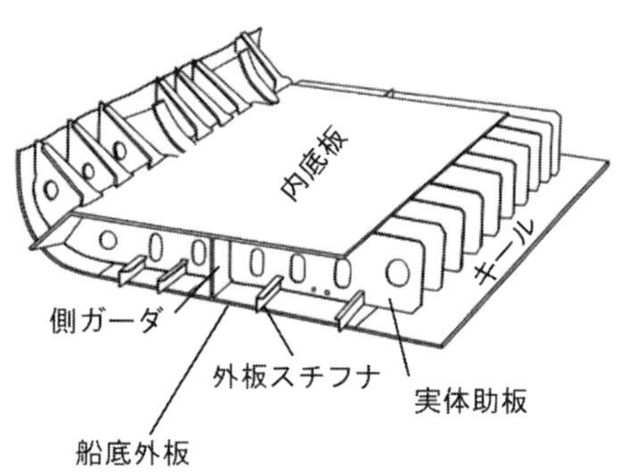

図6-3　二重底構造（『船の構造』（池田勝著，海文堂出版，1971年）を基に作図）

礁時に船底外板が損傷して浸水しても，船体内部には浸水が広がらないようにするもので，その高さは国際規則で規定されている。

こうした船体構造は，縦強度，横強度，局部強度の 3 つの強度を考えて形式や材料厚さが決められる。

図 6-4　二重底

(2)　横強度（transverse strength）

船体断面に作用する水圧および貨物荷重に対抗する強度を横強度と呼ぶ。前述した肋骨と梁，そして外板と甲板の他に，肋骨を何本かおきに太くしたウェブフレーム，そして船長方向に何枚か設置される水密の横隔壁（bulkhead）によって横強度は保たれている。これらの強度は船級協会規則で規定されているが，縦方向の荷重も影響するため，造船所では 3 次元有限要素法（FEM）を使って理論計算をコンピュータで行ってチェックをしている。これを直接強度計算（design by analysis）と呼ぶ。

(3)　縦強度（longitudinal strength）

縦強度は，細長い船体が浮力と重量のアンバランスや，波などの外力の影響を受けて折れないための強度で，前後方向につらなる竜骨をはじめ，縦通肋骨，外板，甲板などが，その強度に寄与している。波による力は，波長と船の長さが一致するときに大きくなり，波の山が船体中央に来た時をホギング（hogging）と呼び，船体は船体中央を頂点としてしなり，その時，上甲板には前後方向への引っ張り力が，船底には圧縮する力が働く。波の谷が船体中央に来たときはサギング（sugging）と呼び，ホギングとは反対に上甲板には圧縮力，船底には引っ張り力が働く。この時に構造部材に引っ張りによる破断や圧縮による座屈が起こらないようにしなければならない。

この縦強度には，船体中央付近の船体構造が特に大事であり，しっかりとした縦通部材（ロンジ部材）を配置しておくことが必要となる。骨としては縦桁（longitudinal girder），縦肋骨（longitudinal frame），縦隔壁 （longitudinal bulkhead）があり，さらに船側外板，船底外板，内底板，甲板などが縦強度に寄与する。

(4)　局部強度

船体全体を見た時の横強度と縦強度だけでなく，船体各部に働く局所的な荷重に対しても十分な強度をもつ必要があり，これを局部強度（local strength）と呼ぶ。例えば船首に波が打ちつけるスラミングやパンチングによる変形，ハッチまわりの捻じれによる亀裂，タグボートが押すことによる変形などに対する材料強度だけでなく，繰り返し力がかかることによる金属の疲労による亀裂発生についても十分な検討が必要となる。

6-2　船体構造の造り方

前節で述べたように，高い水圧や波の力に耐えて安全に航海するために，船舶は複雑な構造になっており，しかも強度を保ってかつできるだけ軽く建造する必要がある。荷物を積まない状態の船の重さを軽荷重量（light weight）と呼び，これに積める荷物等の重さである載貨重量（dead weight）を足し合わせると，船全体の重量である満載排水量（full load displacement）となるが，船自体の重さである軽荷重量が小さいほど載貨重量を大きくすることができ経済性はよくなる。

鋼船の船体構造は，製鉄所から納入された鋼板を設計図に従って切断したものを溶接で接合して作り上げていく。かつては，鋼板の上に設計図を拡大して描く現図作業が行われたが，今では，コンピュータ内の設計図面に基づいて自動的に切断を行うようになっている。この切断作業にはガス切断が一般的に用いられており，コンピュータ制御したガス切断機が設計図通りに鋼材を切断していく。

切断された鋼板は，かつては，端を重ね合わせて 2 枚の板に穴を開け，そこにリベットと呼ばれる接合金具を差し込んで，両端を叩いて接着させたが，今では，特別な場合を除いて船舶建造ではほとんど使われていない。

リベットに代わって登場したのが溶接である。溶接とは，鋼板同士を高温で溶かしてつなげる工作法で，第 2 次世界大戦での標準貨物船の大量建造時に船舶の建造に導入された。現在用いられているのはアーク溶接がほとんどである。アーク溶接とは，溶接棒と鋼材の間に高電圧を通して発生させたアークの高熱で，鋼材の接着部分を溶かして接着させる工作法だ。

溶接のメリットとデメリットは以下のようになる。

＜メリット＞

① 船体重量が低減する
② 継手強度が優れている
③ 水密および油密が完全である
④ 建造工程が低減する
⑤ 建造費が低減する

＜デメリット＞

① 歪みが生じやすい
② 内部に応力が残って亀裂の原因になる
③ 発生した亀裂の進展を止めがたい
④ 溶接内部の欠陥が見つけにくい
⑤ 溶接部材の材質の影響を受ける

6-3　船首形状と構造

船の船首（bow）は，おもて，舳先（へさき）（stem）とも呼ばれており，一般的には，先端が尖った細長い形をしており，これは鉄道，車，飛行機のような他の乗り物にはあまり見られない大きな特徴と言える。これは船が，水と空気の境目である水面を移動することに深く関係しており，船舶の中でも水中を航行することが大事な潜水艦の船首は尖っていない。船首を尖らせるのは，船の移動に伴って水面に発生する波による抵抗すなわち造波抵抗を減らすための工夫であり，同じ船舶でも造波抵抗の割合の小さい低速の大型タンカー等では船首は尖っていない。

水面付近の船首部は，高速な船ほど，できるだけ船首で波をたてずに水面を切り裂くように航行するように鋭くつくられている。

(1)　船首部構造

船首部は，走行時に強い水圧を受け，さらに荒天時には激しく波が打ち付けたり，スラミングと呼ばれる船首船底への衝撃圧力が働くことがあり，さらに他船との衝突時には最も激しい損傷に見舞われる可能性が大きい。そのため，船体の他の部分より強度を増して頑丈に造られており，さらに万一の損傷・浸水に備えて，船首隔壁と呼ばれる水密壁が設けられており，衝突隔壁（collision bulkhead）とも呼ばれている。この船首隔壁は，規則で定められた位置に設置されている。船首隔壁より前の空間には，船首倉（fore-peak tank）と呼ばれるトリム調整用バラストタンクや，錨のチェーンを収納する錨鎖庫などが配置される。

船首部の上甲板には，係船や投錨用の機器が配置される。

(2)　水面上船首形状

船首の外板は，水線面すなわち喫水線での水平断面の形状が細くなっているが，水面上では徐々に広がって上甲板に繋がっている。これをフレア（flare）と呼ぶ。この部分は，縦傾斜（トリム）もしくは縦揺れ時に没水すると浮力が働いて船首を浮上させる予備浮力として働く他，向波中を航行する時の波を左右に飛ばし，スプレー（水の飛沫）が船体上に降り注ぐのを防いだり，水面上船体の内部体積を増やして，客船であれば床面積，貨物船であれば積載貨物を増加させたりする。

水面上の甲板面積が広いことが大事なクルーズ客船，コンテナ船，自動車運搬船，カーフェリー等では大きなフレアをもつ船が多い。

大きなフレアの欠点としては，荒天時航海で大きな縦揺れが発生すると，フレア部に大きな波による衝撃圧が発生する場合があり，これはフレアスラミングと呼ばれている。

大型カーフェリーの船首フレア

コンテナ船の船首フレア

自動車船の船首フレア

図 6-5　船首フレア

水面上の船首を横から見た時の形状によって，クリッパーバウ（clipper bow），傾斜船首（raked bow），カーブバウ（curved bow），垂直船首（straight bow），スプーンバウ（spoon bow）等の各種の呼び名がある。

クリッパーバウ（Clipper bow）

カーブバウ（curved bow）

スプーンバウ（spoon bow）

傾斜船首（raked bow）

垂直船首（Straight bow）

逆傾斜船首

図 6-6　船首プロフィールによる分類

(3)　水面下の船首形状

1950 年代に，船首より前方の水面下に球状の突起をつけて，それによって発生する波と船体が発生させる波を干渉させて造波抵抗を減らす技術が乾崇夫 東京大学教授らによって科学的に確立して，球状船首（bulbous bow）と呼ばれた。この球状船首の効果を実船実験で実証したのが関西汽船の「くれない丸」で，球状船首をつけない姉妹船「むらさき丸」と走り比べて，波が減り，抵抗も下がることがわかった。その後，丸尾孟 横浜国立大学教授らも船首形状の研究を行い，形状が違っても同じような効果を生む船首形状がいろいろあることを理論的に証明した。この球状船首によって抵抗を大きく減らすことに成功した最初の商船は，1963 年に三菱長崎で建造された日本郵船の定期貨物船「山城丸」であった。Y 型高速貨物船の 2 番船として建造され，最適に設計された球状船首を取り付けたことにより，エンジン出力が 1 番船「山梨丸」の 17,500 馬力から 13,500 馬力と 23% も削減することができた。

こうして造船の世界では「船型学」と呼ばれる学問領域が確立し，造波抵抗を減らした最適船型の開発手法が考案された。その結果，最適な球状船首の大きさ，場所，形は，1 つではなく，船種，船速，載荷状態によっても大きく変化することがわかり，造船各社によってさまざまな球状船首が開発されるようになった。

一方，造波抵抗が相対的に小さい低速船（タンカー，ばら積み船）では，摩擦抵抗がほとんどなので，船首を尖らせても抵抗の低減は期待できない。そのため低速船では船首部の肥大化が進み，船首は比較的丸い鈍頭形状になっている。にもかかわらず高速船の球状船首のような形状をしている場合もあるが，これは整流効果により粘性抵抗を減らす目的で考案されたものである。

最近は，かつての球状船首のように水面下の船首のみを前に突き出すのではなく，球状船首の船体から垂直に船首材が立ち上がり，上甲板まで真っすぐの「直立船首」が，あらゆる船種において増えている。これは，水面貫通位置での船体を前方に出すことにより，水線面での船首角をより鋭くできること，実質的な船の長さを長くすることになりフルード数が減少して造波抵抗が低減できること，船首部の容積を増やすことができて積荷をより多く積めることなどの理由によるものだ。高速船では，直立船首であっても，水面下を適度に膨らませて従来の球状船首と同様の造波抵抗の軽減を図っている船が多い。

図 6-7　いろいろな形状の球状船首

6-4　船尾形状と舵

船尾（stern）は艫（とも）とも呼ばれ，動力船にとって非常に大事なスクリュープロペラと舵があり，船内にはそれを駆動するためのエンジンと舵取機が設置される。

船尾部の水面下の船体表面形状は，スクリュープロペラに流れがスムーズに流れ込むように，また伴流と呼ばれる遅い流れがプロペラ面にできるだけ集中するように，船尾に行くほどすぼめられた形状に造られており，プロペラの後ろには舵が取り付けられる。

1 軸 1 舵船の船尾

2 軸 2 舵船の船尾

図 6-8　大型船舶の船尾に取り付けられたスクリュープロペラと舵

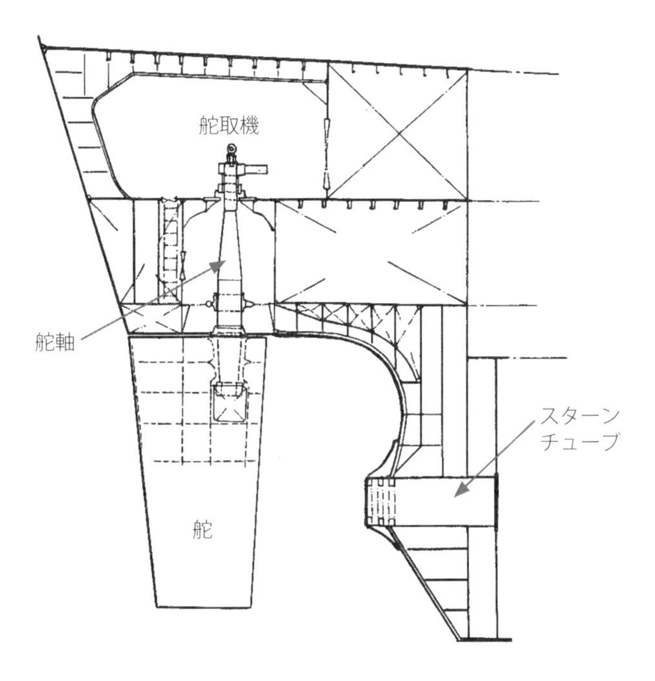

図 6-9　貨物船の船尾構造（出典：『船の構造』（池田勝著，海文堂出版，1971 年））

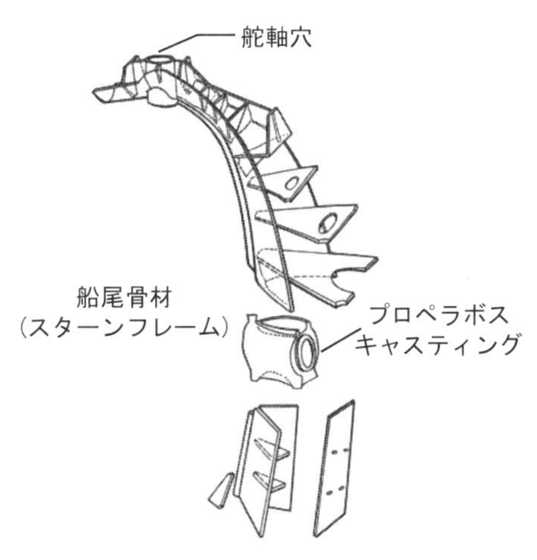

図 6-10　船尾骨材の構造（『船の構造』（池田勝著，海文堂出版，1971 年）を基に作図）

重く高速で回転するスクリュープロペラおよび巨大な舵は，1 つの強固な船尾骨材（stern frame）によって支持されており，水中でスクリュープロペラ軸を船外に出すための船尾管（stern tube）と呼ばれる舵軸が通る穴がある。

水面下の船尾の形状は，船速，推進器の数や種類によっても異なっており，船ごとに設計されるオーダーメイドの形状となる。さらに1軸船にプロペラ面に入る伴流の均一化を図って推進効率を上げるためにプロペラ前方の船体を太らせた船型や，2軸船のプロペラ軸とシャフトブラケットに働く流体抵抗を低減させると共に伴流効果で推進効率を向上させるための船尾双胴型（split stern），1軸船でスクリュープロペラの回転方向に合わせて伴流を最適化するために船尾船体形状自体を非対象にした船型，ポッド推進器に適したバトックフロー船尾など，様々な船尾形状が開発されている。

水面上の船尾形状には，船尾に張り出したカウンタースターンや，丸みをもったクルーザースターンがあったが，今は，船尾端を垂直にカットして平面となっているトランサムスターン（transom stern）が一般的になっている。なお，トランサムスターンにも単に不要な船尾端を切り落としたもの，船尾端まで船幅を広く維持してデッキ面積を確保したもの，広い船尾の底を水面下まで浸けて復原力の増加を意図したもの等，異なる目的のものがある。最近は船尾船底からの流れを整流して船尾波を押さえる新しい船尾形状も開発されている。

また，半滑走型船においては船尾端まで船の幅を一定に維持して，かつ停止時に没水しているトランサムスターンが，高速時には，その下端の船尾端で水が切れることで抵抗を減少させることができている。すなわち，半滑走型の高速船では，高速航走時には船尾のトランサムスターン全体が空中に露出する。

図 6-11　半滑走型船舶のトランサムスターン。航走時に船底で水が切れて，トランサムスターンが空中に露出する。

カウンタースターンの船は今では姿を消した。

船尾が垂直にカットされたトランサムスターンは，タンカーやばら積み船では船尾端の不要部分をなくするために採用された。

丸いクルーザースターンの船は今では少ない。

船尾まで広い甲板を確保するための客船のトランサムスターンもある。

図 6-12　スターン形状の種類

6-5　舵の構造

舵（rudder）は，その側面形状から非釣合舵（unbalanced ruder），釣合舵（balanced rudder），半釣合舵（semi-balanced rudder）に分けられる。舵を流れに対して斜めにすると揚力が働くが，その揚力に対抗して舵を回さなくてはならないので大きな回転力が必要となり，舵が重くなる。そこで舵を回転させる軸を，揚力の作用中心付近にすると，舵を回転させるモーメントが小さくなる。これが釣合舵であり，舵取機の能力を小さくできる。かつては舵の後端に舵軸を置く不釣合舵だったが，釣合舵，もしくは中間の半釣合舵が多くなっている。

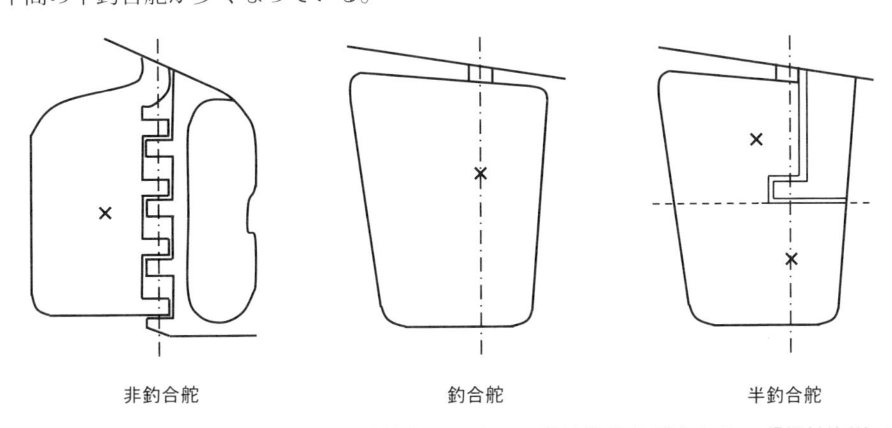

図 6-13　揚力の作用中心位置（図中×印）と舵軸位置の違いで操舵機能力が変わる。（『船舶海洋工学シリーズ③ 船体運動（操縦性能編）』（安川宏紀・芳村康男 著，成山堂書店，2012 年）を基に作図）

また，舵軸を船底のキールから船尾側に伸びたシューピースで支えるタイプも多かったが，今は船尾船底から舵軸で直接支えた吊舵（hanging rudder）や，ラダーホーン（rudder horn）で舵を支えるマリナー舵と呼ばれる半釣合舵が多くなっている。

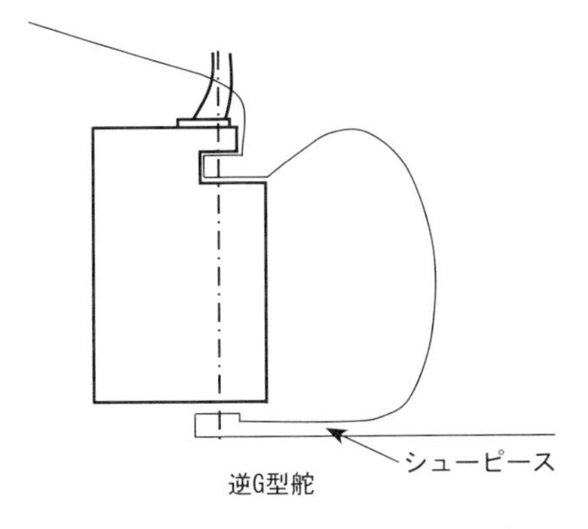

図 6-14　底のキールから伸びるシューピースでも舵軸を支える逆 G 型舵

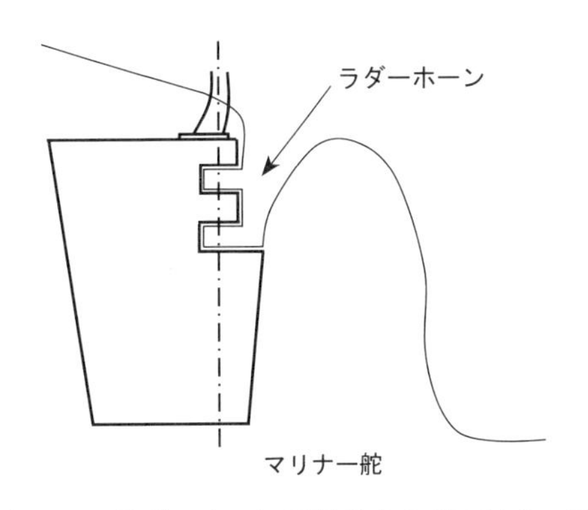

図 6-15　ラダーホーンで舵を支えるマリナー舵

舵は，その構造で単板舵と複板構造舵に分けられる。単板舵は 1 枚の鋼板等で造られた舵で小型船に使われている。複板（構造）舵は，大型専用で内部が骨構造となっており，その外側を左右 2 枚の平板で覆って水密としている。舵の水平断面形は，抵抗が少なく，かつ大きな揚力が発生し，しかも失速角度が大きくなるような流線形となっている。

舵の性能および特殊な舵については，第 12 章「船の理論」で詳述する。

6-6　甲板

甲板は一般には「かんぱん」と読むが，海事の専門家は「こうはん」と読み，英語ではデッキ（deck）である。船殻内もしくは上部構造物内の水平の床もしくは天井を構成する水平な平板を指しており，一般には甲板の下部に，撓まないように梁を取り付けた構造になっている。

船殻の最上層の船首から船尾まで全通の甲板は上甲板と呼ばれ，船底外板と共に船体の縦強度を担う重要な強度部材となっている。

また，船殻または上部構造物の中には何層かの甲板があるが，その数および構造は船種によって大きく異なる。各甲板は，外板および壁，柱（pillar）で支えられている。なお，カーフェリーやRORO貨物船の車両甲板では，荷役の便のために壁や柱をできるだけ少なく設計されるが，振動が発生しやすいので注意が必要となる。

ブリッジの上にあるレーダーマスト等を設置する甲板はコンパス甲板，救命ボートが設置されて乗り込む甲板はボート甲板，旅客が散歩等に回れる甲板は遊歩甲板（プロムナードデッキ）などと呼ばれている。

外部にある甲板は暴露甲板と呼ばれており，高級な客船では鋼製の甲板の上にチーク等の木材を張った甲板もあり木甲板と呼ばれている。防熱および防音効果があるが，隙間から水が浸入すると内部の鋼製甲板を腐食するためメンテナンスに手間がかかるので，次第に減少してデッキ・コンポジション（deck composition）と呼ばれる甲板用の遮音塗料を50mm程度の厚さに塗ることが多くなっている。

貨物船の上甲板には，船倉口（ハッチ）等の開口があり，そのために甲板面積が減少して縦強度が弱くなるので補強が必要であり，さらに開口の四隅には応力集中による亀裂が入りやすいため丸みをつけて亀裂を防止する。

6-7　隔壁

船殻内部は，海難時の浸水を部分的に留めるために，横方向に仕切る水密（water tight）の壁が設けられており，この壁を横隔壁（transverse bulkhead）と呼ぶ。2つの水密隔壁で仕切られた船内空間

波型のコルゲートタイプの船倉内の水密隔壁

機関室内の水密隔壁に設けられた水密ドア

図6-16　水密隔壁

を水密区画という。また，タンカー等では，横隔壁と直角に縦方向の縦隔壁（longitudinal bulkhead）を設置する場合もある。

隔壁は，平板に撓みを防ぐ補強のための防撓材，スチフナ（stiffner）と呼ばれる型鋼を取り付けて，一方の区画が浸水してもその水圧に耐えられる強度を持たせる。また，波型鋼板を用いてスチフナの設置を省略することができ，隔壁の重量を減らし，かつ建造時の工数削減にもなる。

水密隔壁には出入口等の開口はできるだけ設けないが，設ける必要のある場合には，水密扉（watertight door）を取り付ける。

6-8　タンク

船内には，液体貨物を運ぶタンカーの貨物倉の他，燃料油，潤滑油，清水，海水等の液体を入れる様々なタンクが設けられる。例えば，二重底タンク（double bottom tank），ディープタンク（deep tank），船首尾タンク（peak tank），船側タンク（side tank），トップサイドタンク（top side tank），トリミングタンク（trimming tank），ヒーリングタンク（heeling tank），バラスト水タンク（ballast water tank）などである。それぞれの液体の特性に応じてタンク材料および塗装が必要となり，タンクの液体を出し入れするためのポンプと配管が必要となる。

特殊な液体貨物を積載するタンクもある。−162°の極低温の液化天然ガス（LNG）のタンクは，温度によるタンク材料の収縮，断熱などに高度の技術が必要となり，球形のモス型，薄板メンブレン型，アルミの四角いSPB型がある。

これらの液体貨物を積むタンクの設計で大事なことは，船体が横傾斜（heel）した時に内部の液体貨物が一方に偏って復原力を減少させる自由表面影響（free water effect）と，船体の動揺によってタンク内の液体貨物が暴れるスロッシング（sloshing）と呼ばれる現象でタンク内壁面に衝撃圧を与えることである。モス型の球形タンクはスロッシングが起こりにくいが，角形タンクでは起こりやすいためSPB方式タンクでは，隔壁やフレーム（肋骨）を設置して液体貨物の運動を押さえている。

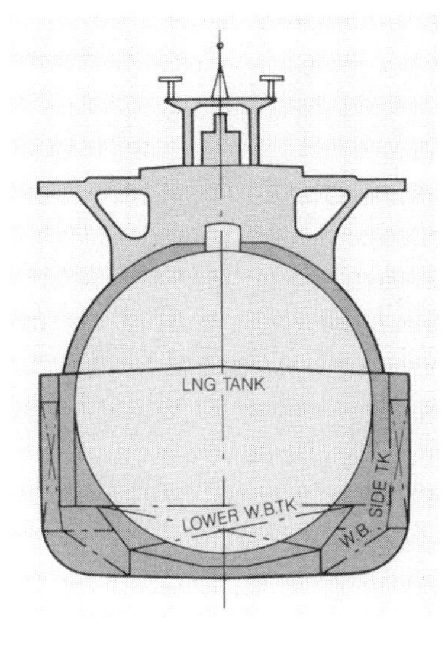

図6-17　球形モス型の断面図
（出典：川崎重工パンフレット）

図6-18　球形モス型LNG運搬船のタンク構造
（出典：川崎重工パンフレット）

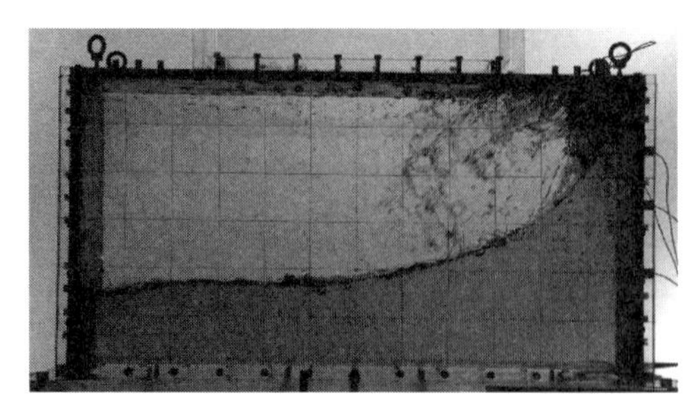

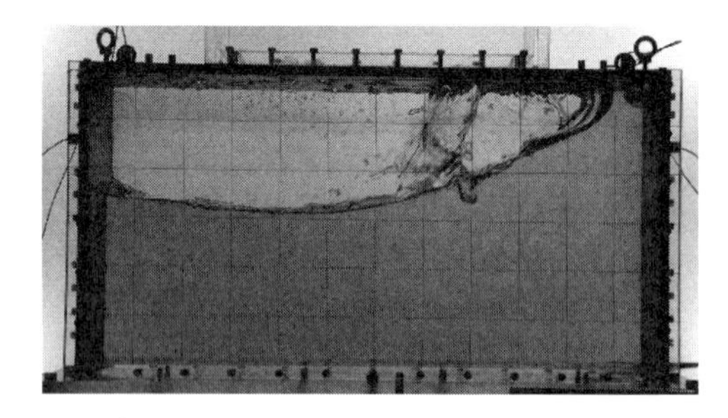

図 6-19　矩形タンク内で発生するスロッシングの模型実験（提供：末吉誠氏）

6-9　機関室の構造

船の推進用主機関（main engine），発電機（generator），ボイラ（boiler），ポンプ等の様々な機器を配置するスペースを機関室（engine room）という。一般には船尾の船底近くに配置され，場合によっては 2 ～ 3 つの水密区画に跨る場合もある。機関室には可燃性のものが多いことや，高温になること，振動があることなどから機関室囲壁（engine casing）で覆い，特に居住区からは離れた独立区画になっている。

推進用の主機関以外の機器を補機と呼び，その中心となるのがディーゼル発電機である。これはディーゼル機関と発電機が一体となったもので，船内で必要な電気を作る。また，主機関が回すプロペラの軸の回転運動を使って発電機を回して電気を作る軸発電機（shaft generator）も航行時の省エネのために搭載する船も多い。また，船内電源が喪失した時に自動的に起動して船内電源を確保するための非常用発電機（emergency generator）の搭載も義務付けられている。

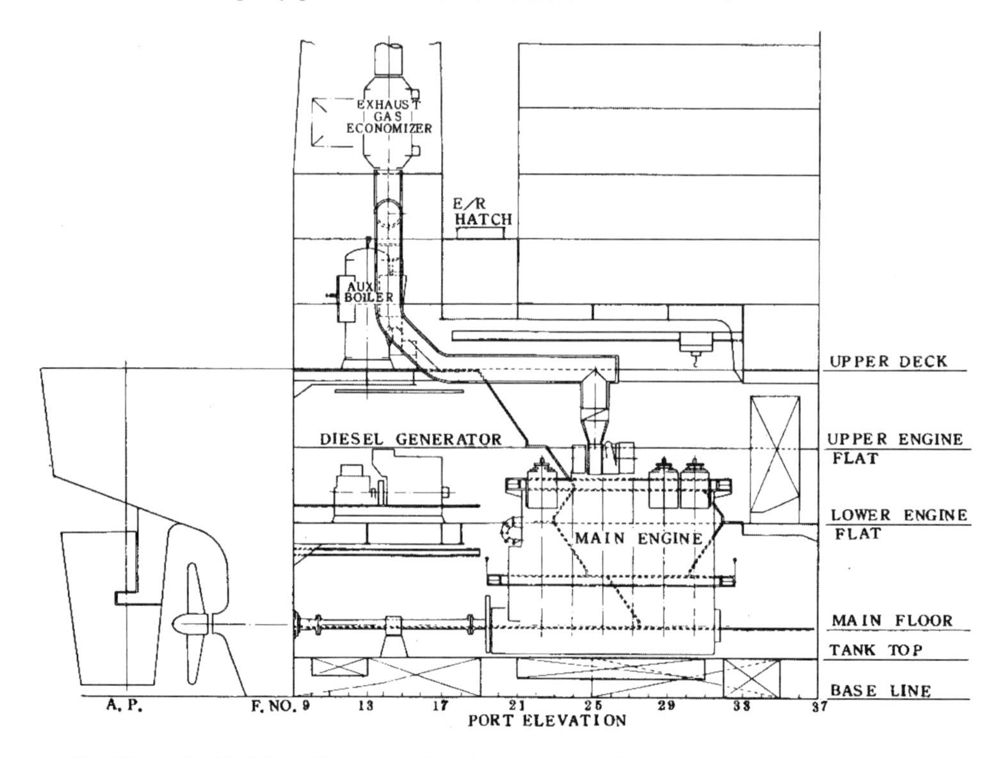

図 6-20　船尾機関の大型貨物船の機関室（出典：『商船設計の基礎知識（上巻）』（教育テキスト研究会編，成山堂書店，1977 年））

ディーゼル主機関を動かすためにも，各種の補機（auxiliary engine）と呼ばれる機器が必要となる。例えば，ディーゼル機関を起動するための圧縮空気を作る空気圧縮機（air compressor），潤滑油をきれいにするための清浄機（purifier），燃料である重油を加熱するボイラ（boiler），エンジン内に空気を送り込む過給機（turbo charger）などが配置される。また，エンジンからの排気ガスの余熱を回収する排ガスエコノマイザー（exhaust gas economizer）が煙突基部付近に設けられている船も多い。

大型の推進用ディーゼル機関は最大規模の物だと 2,000 トンを超えるほど重たくかつ振動もあるため，設置する二重底内底板は主機基礎と呼ばれる十分な補強を施した構造となっており，また振動対策としてゴムダンパー等の防振器具を設置した上に機関を据え付けることもある。

大型船の推進用ディーゼル機関では，エンジン高さが 16m 余りもあり，3 ～ 4 層のエンジンプラットフォーム（engine flat）と呼ばれる甲板が機関の周りに張られており，各種機械が配置されているのが一般的である。

エンジンルームの一画には機関制御室（エンジンコントロールルーム）が設置され，各エンジンの制御ができる他，常にエンジンの状態をモニタリングしている。

機関室内部の大型ディーゼルエンジン

エンジンコントロールルーム

図 6-21　機関室

第7章　船の推進

7-1　船の動力源

船を動かすには，なんらかのエネルギーがいる。エネルギーとは，仕事をする能力と定義されていて，いろいろな形に姿を変えるが，そのエネルギーの総量は不変であり，これをエネルギー保存則という。

例えば，西暦150年頃には，蒸気タービンの原型ともいわれるヘロンの蒸気タービンが作られ，木を燃やし，お湯を沸かして蒸気を作り，その膨張圧を利用してパイプから噴出させて回転運動を取り出した。この間のエネルギーの変遷は，木が持っていた化学エネルギー（カロリー）を燃やすことで熱エネルギーに変え，水を沸かすことで蒸気の膨張によって高い圧力を得て，それを蒸気の流れという流体の運動エネルギーに変え，その反力で球の回転という剛体の運動エネルギーに変えている。

船が，その古い歴史の中で利用してきたエネルギーとしては，風力，人力，バイオ燃料（草や木），化石燃料（石炭，石油，天然ガス）がある。

風力を利用した船としては帆船があり，長い間，船の主要動力源だったが，風が止めば船は動かなくなり，定期的なスケジュールを守ることが難しかった。そのため，定期性を重んずる商船には適さず，今では海員養成のための練習帆船，レジャーや競技用のヨット，クルーズ客船等に限られるようになった。

ただし，石油価格の高騰や，環境負荷の低減のために風の力を利用しようとする試みは間欠的に行われている。1970年代の2回のオイルショックの後の石油価格高騰時には，船舶の燃料コスト削減のための帆装貨物船の開発が行われ，数隻が実用化された。いわば機帆船の復活とも言えるが，大手造船所も参画して現代技術を駆使して，柔らかい布製の自動帆ではなく硬い剛体帆で，帆の操作にも人手のかからない新しい帆装装置が開発された。しかし，燃料コスト削減は期待したほど大きくなく，また帆装装置のメンテナンスコストが大きかったことから，石油価格の安定化に伴ってやがて姿を消した。

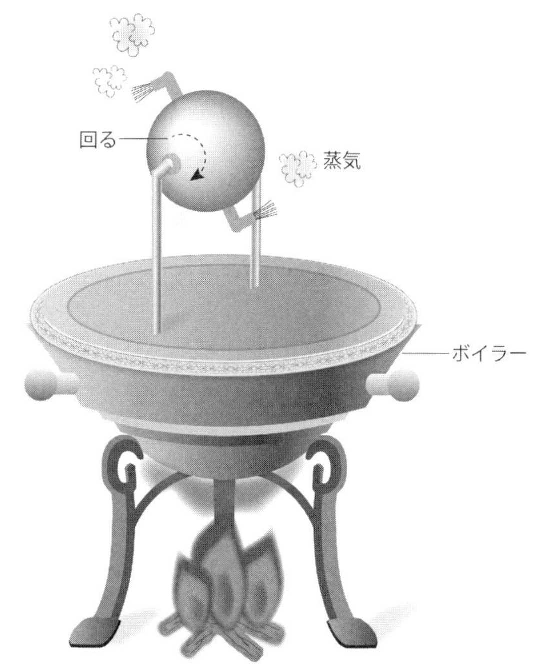

図7-1　ヘロンの蒸気機関（出典：『文系のための資源・エネルギーと環境』（池田良穂著，海文堂出版，2016年））

2010年代に入って，再び帆装商船が注目されるようになった。石油価格の高騰に加えて，地球温暖化防止のために，CO_2を排出する化石燃料の利用から脱却する動きが後押しをして，風力の利用が検討されているためだ。欧州ではローターセールの復活が図られて，フェリーやRORO貨物船への試験的な搭載が行われており，日本でもいくつかの研究開発プロジェクト（東京大学のウインドチャレンジャー，大阪府立大学の風力支援PCC・タンカー等）が行われた。

風を推進力とするレジャー用のヨット

練習帆船「海王丸」

図7-2　風力を推進力として利用するレジャーヨットと練習帆船

帆装貨物船「新愛徳丸」。1980年竣工。ディーゼル機関の補助として使われ10%程度の省エネ効果があった。

帆装貨物船「日産」

図7-3　1980年代に登場した帆装貨物船

欧州で行われた6万総トンのLNG炊きクルーズフェリーにローターセールを取り付けて，風力アシストでCO_2排出削減を図る実験が行われた。（提供：Viking Line）

カイト（凧）を使った風の利用
（提供：Beluga Projects）

今治造船と大阪府立大学の帆装PCCの開発プロジェクト。強風時の抵抗増加を補って航海速力を維持するために風を利用するという風力アシストPCC。

図7-4　2010年代からの風力利用の試み

人力船は，オール，パドル，魯で水を後方にかく，または水底を竿で押すことで，その反力を利用して前進する。古くは何百人もの奴隷を使った大型軍船もあったが，今は，競技用やレジャー用のボートに限られる。湖や池では，小型のスクリュープロペラを足でこぐボートもある。

ベニスのゴンドラは今に残る人力船の１つだ。

湖での足漕ぎボート

図7-5　人力船

現在の主流は，18世紀末にジェームス・ワットが実用化した蒸気機関から始まる機械力を利用する船である。最初は炭鉱の排水ポンプや蒸気機関車に用いられた蒸気往復動機関が，船の動力としても用いられ蒸気船と呼ばれた。さらに高出力の蒸気タービン機関が登場して，大洋を横断する客船の大型化と高速化に寄与した。これらの蒸気機関を搭載した船は汽船（steam ship）と呼ばれる。当初の燃料としては固体の石炭が使われ，その後，石油も使われるようになった。

19世紀末には内燃機関が登場し，なかでも1893年にルドルフ・ディーゼルが実用化したディーゼル機関は熱効率がきわめて良く，今では，ほとんど全ての大型商船はディーゼル船と言っても過言ではない。燃料には液体の石油（重油，軽油）が使われ，最近は液化天然ガス（LNG）などのガス燃料，石油精製時に製造される液化石油ガス（LPG），天然ガスを原料とする人工燃料メタノール（methanol），水素，アンモニア等も使われるようになった。こうした内燃機関を推進に用いる船はモーターシップ（motor ship）と呼ばれ，接頭辞としては，汽船のSSに対して，MSまたはMVが使われる。

船舶のディーゼル機関では，燃料として石油燃料の中では最も価格の安い重油が使われることが多い。重油とは，生産された石油を蒸留した時の残渣油であり，これに軽油を混合したA，B，C重油が使われ，A重油には軽油が90％，B重油には50％，C重油には10％混ぜられている。C重油は，アスファルトと同様に粘度が高く，熱して流動性を高めてから機関に送られる。

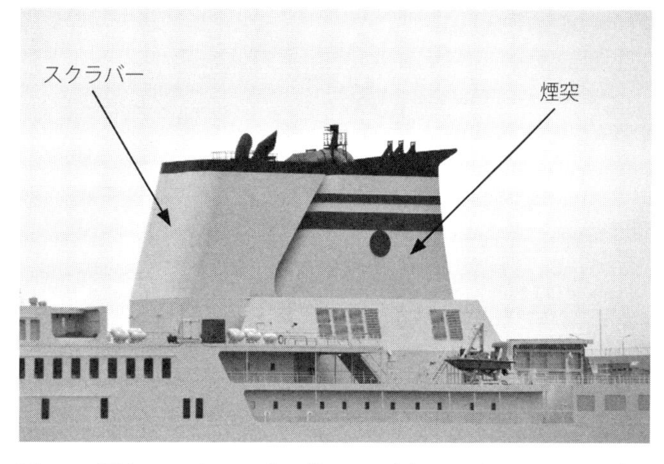

図7-6　阪九フェリーの「いずみ」に追加設置されたスクラバー

なお，硫黄分が0.5％以上のC重油等を使う場合には，燃焼時の排ガスに大量の硫黄酸化物（SOx），粒子状物質（PM）を含むため，スクラバーと呼ばれる排ガス洗浄装置を設置してSOx除去することが，2020年から国際規則で義務付けられた。

ジェット機の推進機関として使われるガスタービン（gas turbine）は，フランク・ホイットルによって発明され，1937年に実用機が完成した。軽くて高出力がでるため航空機に使われ，それが高速船舶用にも転用された。使用される燃料は，石油を精製した軽油である。

原子力機関も，軍艦や砕氷船では実用化されており，その燃料はウランである。核分裂現象を利用して，極めて少ない燃料で大きなエネルギーを取り出すことができ，かつ，化石燃料とは違って酸素を必要としないので，長時間潜水する潜水艦等には適している。また水上艦や砕氷船でも原子力機関を搭載している船もある。

かつてドイツとアメリカでは原子力商船が，それぞれ1隻建造され，試験的な運用が行われたが実用化にまでは至らなかった。日本でも原子力商船の建造が行われたが，最終的な運航は実現できずに終わった。ただし，原子力機関はCO_2やSOx等の大気汚染物質の排出もないので，地球環境保護の観点から原子力船の開発が行われており，日本やノルウェーで大型コンテナ船の試設計が行われている。

最近は，稼働時にはCO_2を排出しない水素を船舶の燃料とする方法の実用化に向けた開発も進んでいる。水素は単体では自然界には存在せず，その製造時にCO_2を排出することが多いが，自然エネルギーで発電した電気を使って製造した水素はグリーン水素と呼ばれており，これを燃料として使えば，燃料製造時にも，稼働時にもCO_2の排出のない完全にクリーンな動力源となる。水素の利用には，水の電気分解の逆反応ともいえる水素と酸素を結合させて電気を発生させる燃料電池（fuel cell）を利用する方法と，内燃機関の燃料として使うという2つの方法がある。

水素と共に次世代の船舶用燃料として注目されているのが水素と窒素の化合物であるアンモニア（NH_3）だ。水素に比べるとエネルギー密度が1.7倍あることと，LNG燃料や液体水素燃料に比べると温度が高いことから防熱が容易である。

電気を船上バッテリー（蓄電池）に溜めて，電気モーターを回転させて推進する船の開発も進んでいる。かつてはバッテリーと言えば，重くて低電圧の鉛バッテリーが主流であったが，小型軽量で大容量の電気を溜められるリチウムイオンバッテリーをはじめとして，各種のバッテリーが開発されており，自動車では電気自動車が急速に数を増している。

風力や太陽光発電等の天候によって不安定な再生可能エネルギーによる電気をバッテリーに溜めて，電気モーターを回して推進器を稼働させると，バッテリー自体の製造時を除くとCO_2排出のないクリーンな推進が可能となる。

バイオ燃料は，植物が成長する時に空気中のCO_2を生体内に固定化し，燃やした時に排出するCO_2と相殺するので，CO_2を出さないとみなされる。このためバイオ燃料の舶用燃料としての利用も検討されている。

7-2　推進機関

推進器を駆動する機関を主機関（main engine）という。この主機関は，化学エネルギーの形でエネルギーが蓄えられた化石燃料等を燃やして，運動エネルギーを取り出し，それを推進器に届ける。なお，船内には，船の推進のための主機関だけでなく，発電機等の補助機関（auxiliary machinery）もあり，前者を主機，後者を補機と呼んでいる。

前節にも述べたように，現在，船舶用に使われている推進機関には以下の物がある。

(1)　ディーゼル機関

ディーゼル機関（Diesel engine）は，熱機関の一種で，円筒型のシリンダーと，上下に可動するピストンと呼ばれる蓋から構成され，ピストンでシリンダー内部の空気を圧縮して高温にし，そこに燃料を噴霧して爆発的に燃焼させ，その圧力でピストンを上下に動かし，その上下動をクランクによって回転運動に変換する。原理的には，乗用車等に広く使われているガソリン機関と同じだが，燃料と空気を自然発火するまで圧縮するため，内部圧力が高くなり，シリンダーを頑丈に作らなくてはならず重量が増す。しかし，熱効率は他の熱機関に比べて非常に高いため，燃料が少なくてすみ，さらに重油のような価格の安い低質油が使えるというメリットがある。

ディーゼル機関には，4ストローク機関（4-stroke cycle engine）と2ストローク機関（2-stroke cycle engine）がある。日本では，長年，4サイクル機関，2サイクル機関と呼ばれていたが，最近になってサイクルからストロークと呼び方が変わった。

4ストローク機関は，一回の燃料噴射でピストンが2往復すなわち4ストロークの運動をして，吸気→圧縮→燃焼→排気の4行程を繰り返す。一方，2ストローク機関は1往復すなわち2ストロークの運動をして，圧縮・燃焼→排気・吸気の2行程を繰り返す。大型貨物船には燃費の良いロングストロークの2ストローク機関が使われることが多く，中・小型船，高速船にはコンパクトで振動の少ない4ストローク機関が使われることが多い。

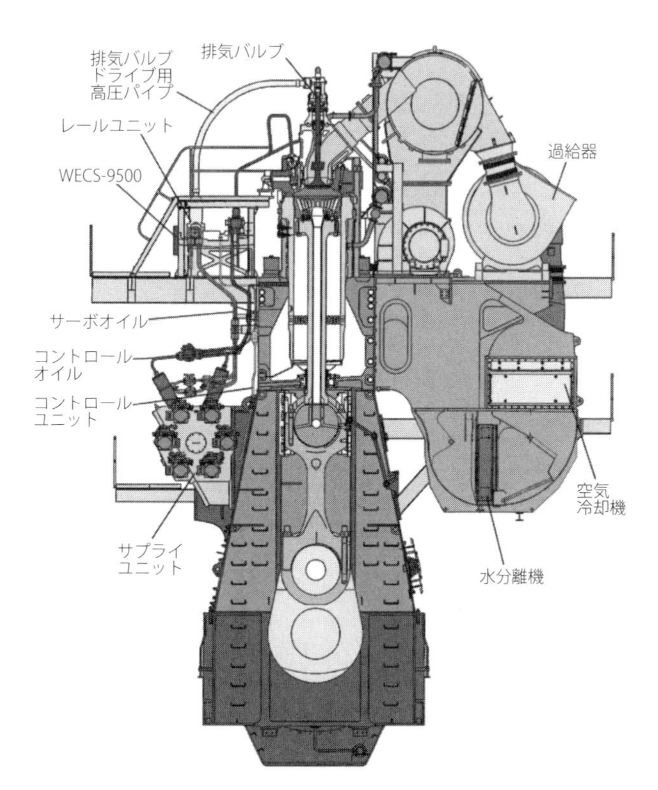

図7-7　2ストロークディーゼル機関の断面図（出典：ディーゼルユナイテッド資料）

ディーゼル機関では，出力を増すためにシリンダーを並べて，1本のクランク軸に連結する。このシリンダー数を頭につけて何シリンダーまたは何気筒機関と言う。大型ディーゼル機関では，最大で12シリンダー機関まで開発されている。

船舶用ディーゼル機関で重要なのは回転数であり，毎分の回転数をrpm（revolutions per minute）と呼ぶ。船舶の一般的な推進器であるスクリュープロペラ（以下プロペラと記す）では，大直径で低回転数ほど効率がよくなる。大型船では 60 ～ 100 rpm 程度が最も効率がよくなるので，このような低回転が可能なロングストロークの低速 2 ストローク機関が搭載される場合が多い。プロペラにとって回転数が高すぎる場合には減速機を介して回転数を下げる。

2 ストローク機関で，最大規模の機関としては，2020 年にディーゼルユナイテッド相生工場で製造された 68,640 kW のものがあり，排気量 27,260 リッター，熱効率 52.5 %，12 シリンダー，ボア直径 960 mm，ストローク 2500 mm，重さ 2050 ton，高さ 13.5 m，長さ 24 m，コモンレール式の電子制御がされている。

この電子制御は，2000 年代になって排ガス規制強化と省エネルギー化の両面から技術開発が行われ，燃料噴射系と排気動弁の最適制御によってシリンダー内の燃焼改善と煤煙減少，NOx 排出の削減が可能となった。また，シリンダー油の注油システムにも電子制御が取り入れられて，潤滑油使用量の削減につながっている。

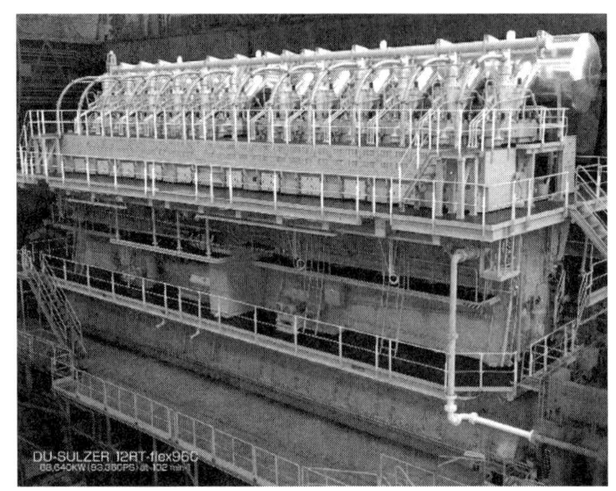

図 7-8　2 ストロークディーゼル機関の全景（出典：ディーゼルユナイテッド資料）

ディーゼル機関では重油だけでなく，LNG，LPG，水素，アンモニア，メタノール等の燃料が使えるように改良したのがあり，複数の燃料が使える機関を二元燃料機関（dual-fuel engine）と呼んでいる。

(2)　電気推進システム

ディーゼル発電機で電気を作り，電気モーターでプロペラ等の推進器を駆動するシステムが，電気推進システムと呼ばれている。ディーゼル機関とプロペラを直結するのに比べて，電気への変換時に 15% 程度のエネルギー損失があるが，振動を小さくできるというメリットがあり，かつては調査船や高級客船等で採用されていたが，1980 年代からは砕氷船やクルーズ客船等にも広く使われるようになった。クルーズ客船で使われるようになった理由は，航海速力が日によって変化すること，離着岸時や位置保持に用いるスラスターに大容量の電気が必要なこと，推進以外の船内消費電力が大きくかつ変動することによっており，電気推進の方が省エネになることが実証されたためである。

日本では，国を挙げた内航船舶の電気推進化の技術開発が行われ，SES（スーパー・エコ・シップ）と呼ばれる多くの電気推進内航貨物船およびフェリーが建造された。

(3)　ガスタービン機関

ガスタービン機関とは，機関内部で燃料を燃焼させて回転運動を得る内燃機関の一種で，ディーゼル機関がピストンの往復運動なのに対して，タービンの回転運動を取り出している点が異なる。

機関の前部から取り入れた空気を遠心圧縮機で圧縮して，燃焼器内に送り，燃料と共に連続的に燃焼させて高温・高圧のガスとし，この高速ガスの流れでタービンを回す。航空機ではタービンの回転で前段にある圧縮機を稼働させて，推進力はタービンから排出されるジェット噴流を後方に噴出させて，その反力として得ているが，舶用ガスタービンではタービン自体の回転運動を出力して推進器を駆動させている。

軽くて高出力がでるガスタービン機関は，ジェット機の航空機用機関が舶用に転用され，各種の高速商船や軍艦に搭載されている。価格が高いこと，燃費がディーゼル機関に比べて劣ること，メンテナンスコストが高いことなどから，一部の特殊船を除くと普及はしていないが，アラスカクルーズ等において環境への負荷を低減するために，一部，ガスタービン機関を使うというクルーズ客船もある。

図 7-9　航空機用のジェットエンジンを転用した舶用ガスタービン機関を搭載する全没翼型水中翼船「ぺがさす 2」。

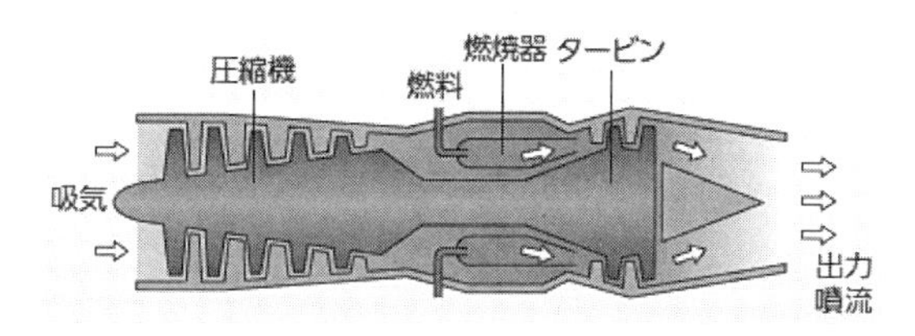

図 7-10　航空機用ガスタービン機関の作動原理
（出典：川崎重工業 HP）

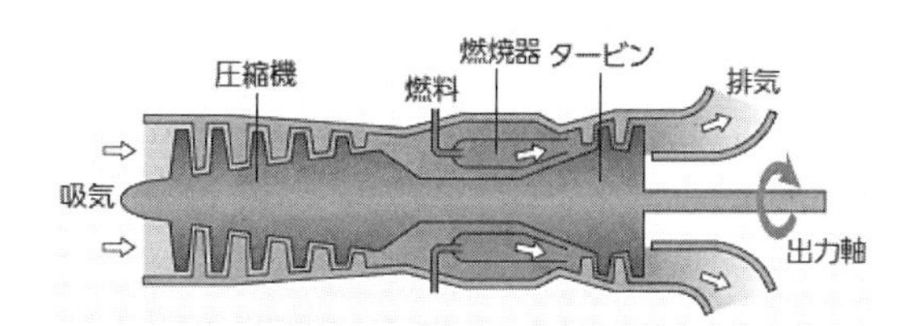

図 7-11　舶用ガスタービン機関の作動原理
（出典：川崎重工業 HP）

(4)　蒸気タービン機関

燃料を使ってボイラで蒸気を作り，その速い流れを回転軸上に配置した翼（ブレード）に当てて，それに働く揚力で回転軸を高速で回す機関が蒸気タービン機関であり，同じ蒸気を使う蒸気往復動機関に比べて回転数が高い，高い出力が可能，振動が少ないといった特徴がある。

戦前から戦後にかけて大出力の主機が必要だった大型高速客船では，蒸気タービン機関が欠かせなかったが，次第にディーゼル機関の大出力化が進み，燃費の悪い蒸気タービンは次第に舶用機関としては使われなくなった。

液化天然ガスを運ぶ LNG タンカーにおいては，輸送中に気化する天然ガスを燃料とする蒸気タービン船があったが，それも LNG 炊きディーゼル機関に凌駕されて姿を消しつつある。また海上自衛隊の大型護衛艦では，静穏性に優れた点で蒸気機関を搭載した船があったが，ガスタービン機関やディーゼル機関に変わり，2016 年に退役した護衛艦「くらま」を最後に蒸気機関は姿を消した。従って，現在では，主機として蒸気タービンを搭

図 7-12　蒸気タービン機関内のブレード。1 枚ずつが羽根として揚力を発生させて軸を回転させる。

載する商船や軍艦は日本にはほとんどない。

(5) 原子力機関

原子炉内で核燃料（ウラン）の核分裂現象を利用して高熱を発生させ，ボイラ内で高圧の蒸気流を作り，タービン機関を回すのが原子力機関である。原子力船は，1954 年に建造された米海軍の潜水艦ノーチラス（Nautilus）であり，少ない燃料で航海できることから，海上艦および潜水艦の機関として使われるようになった。商船では，ソ連の砕氷船レーニン，アメリカの貨客船サバンナ，西ドイツの鉱石運搬船オットーハーンが建造された。日本では実験船「むつ」が建造されたが，放射線漏れにより廃船になり，船体は海洋調査船としてリサイクルされている。現在，原子力商船として稼働しているのはロシアの砕氷船 5 隻だけで，そのうち 1 隻は極地クルーズ客船としても使われている。

原子力推進の軍艦では，アメリカ合衆国海軍の航空母艦と潜水艦，ロシアのミサイル巡洋艦，潜水艦，イギリス海軍の潜水艦，フランス海軍の潜水艦，中国海軍の潜水艦などが稼働している。

(6) 各種エンジンの熱効率

各種エンジンの熱効率を比較したのが図 7-13 である。大型船に搭載される 2 ストロークディーゼルエンジンでは，熱効率が 50% を超えており，きわめて効率が良いことがわかる。

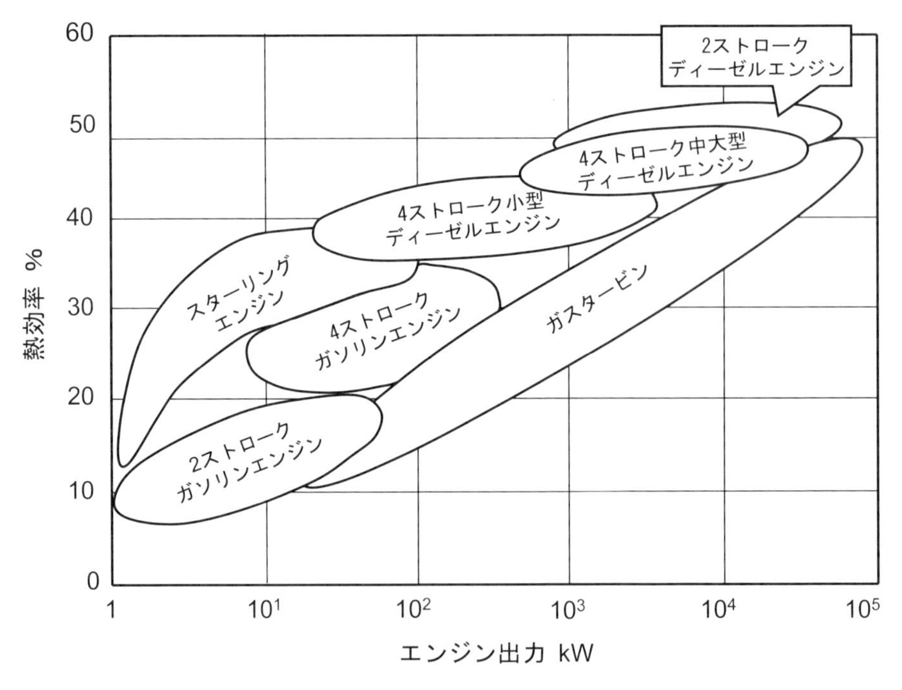

図 7-13　各種エンジンの熱効率を比較（海上技術安全研究所資料を基に作図）

(7) 新しい推進システム

21 世紀になって地球温暖化対策として，CO_2 の排出しない新しい燃料が求められている。

そのひとつが電気であり，船上のディーゼル発電機で起こした電気で推進モーターを駆動するだけでなく，陸上で発電した電気を船内のバッテリー（蓄電池）に溜めて船の推進エネルギーとして使うようになった。これをバッテリー船と呼ぶ。特に軽くて高容量の電気を溜められるリチウムイオン電池が普及して，自動車では急速に電気化（EV 化）が進んでいるが，2010 年代から小型フェリーや遊覧船等でバッテリー船が実用化している。特に，ノルウェーでは発電の 90％以上が水力発電になっており，環境負荷の少ないグリーン電気を使うために，フィヨルド内のフェリーのバッテリー化が急速に進んでいる。

また，ゼロエミッション燃料（稼働時に CO_2 を排出しない）として水素が注目されており，水素と酸素を結合させることで発電する燃料電池（fuel cell）も将来的には船舶に使われることになるとも見られている。

ただし，水素は天然には単体では存在せず製造時に CO_2 等を排出するため，自然エネルギーで製造したグリーン水素や，製造時に発生する CO_2 を吸収・固定化したブルー水素の利用が必要となっている。

また水素等のゼロエミッション燃料をディーゼル機関等の内燃機関で使う技術開発が舶用工業分野で急速に進んでおり，実用化されている。

7-3　推進器

現在，主に使われている船舶用の推進器には，次のようなものがある。

(1)　スクリュープロペラ

最も一般的な船舶の推進器は，スクリュープロペラ（screw propeller）である。スクリューは「らせん」もしくは「ネジ」の意味であり，プロペラはラテン語を起源とする「推進器」の意味なので，直訳するとネジ式推進器となる。一般にはスクリューと呼ぶことが多いが，専門家は単にプロペラと呼ぶことが多い。日本語では「暗車」と表示することもある。回転する軸上に，複数の羽根を取り付け，羽根に働く揚力によって回転軸方向の力，すなわち船の推力を生み出すものである。

図 7-14　日本語ではスクリュープロペラのことを「暗車」と呼ぶことがある。水面下に 2 つのスクリュープロペラがあることを注意するフェリーの表示。

①　スクリュープロペラの起源

このスクリュープロペラの起源は，紀元前にアルキメデスが灌漑用に水をくみ上げるために発明したアルキメディアン・スクリューにあるとされるのが定説で，1830 年頃に船舶用に開発された最初のものはアルキメディアン・スクリューと同様に前後にらせん状に続くネジのよ

図 7-15　博物館に展示される外輪船とスクリュープロペラ船が綱引きをした時に使われた 2 枚翼のスクリュープロペラ

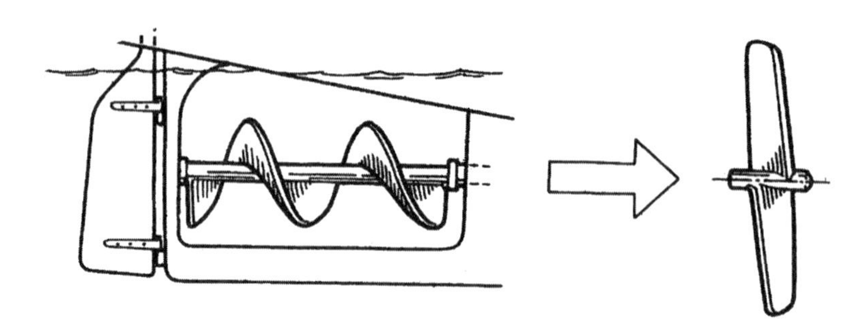

図7-16　スミスとエリクセンが考案したスクリュープロペラの原型（左）と改良型（右）（出典：『図解 船の科学』（池田良穂著，講談社，2007年））

うな形であったが，突然，その一部が破損すると船のスピードが速くなったことから，回転軸上に複数の羽根をもつ現在の形になったとの逸話も残る。また，当時主流であった外車（輪）の性能との比較をするために，イギリス海軍が外輪船アレクトとスクリュープロペラ船アレキサンダーが洋上で綱引きをして，スクリュープロペラ船が勝ち，多くの船が推進器としてプロペラを使うようになったという。

② スクリュープロペラの原理

スクリュープロペラは，主機によって回転する軸に，花びら状の羽根を回転方向とは斜めに取り付けて，回転時に流体に対して迎角を持たせ，羽根に働く揚力で推進力を発生させる。また，スクリュープロペラの回転によって後方に水流が発生して，その反力が推力になるとも考えることができる。羽根の回転軸方向に対する取付角をピッチ（pitch）とよび，ピッチが大きくなると推力は大きくなるが，ピッチが大きすぎると推力は減少する。

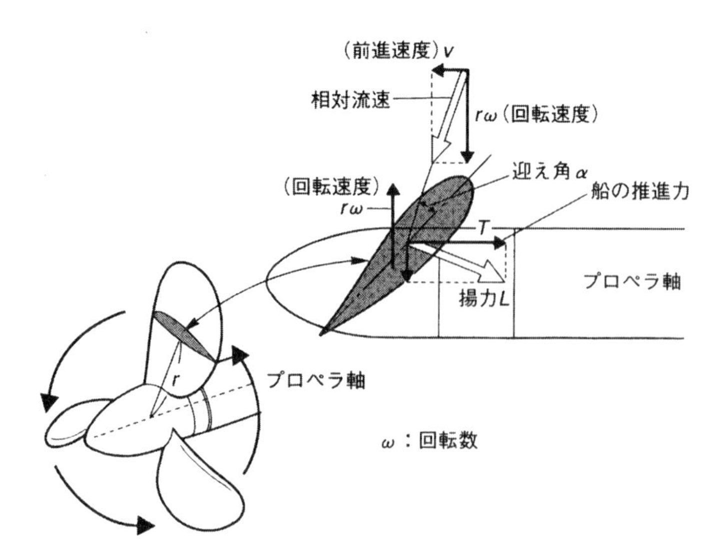

図7-17　スクリュープロペラが船の推力を発生させるメカニズム（出典：『図解 船の科学』（池田良穂著，講談社，2007年））

③ スクリュープロペラの進化

- 可変ピッチプロペラ：スクリュープロペラは，様々な形に進化している。まず，羽根の取付角であるピッチを遠隔で変えることのできるものを可変ピッチプロペラ（CPP：Controllable Pitch Pro-peller）と呼ぶ。回転軸に羽根を取り付けるボスと呼ばれる部分に，羽根の角度を変化させる機構を設けて，操舵室からの指令でピッチを，エンジン回転を一定にしたまま，前進，停止，後進と推力の方向およびその大きさを自由に変えることができる。特に，船速の変化が激しい船種には広く使われるようになっている。この可変ピッチプロペラ（CPP）に対して，ピッチが固定されたプロペラはFPP（Fixed Pitch Propeller）と呼ばれる。

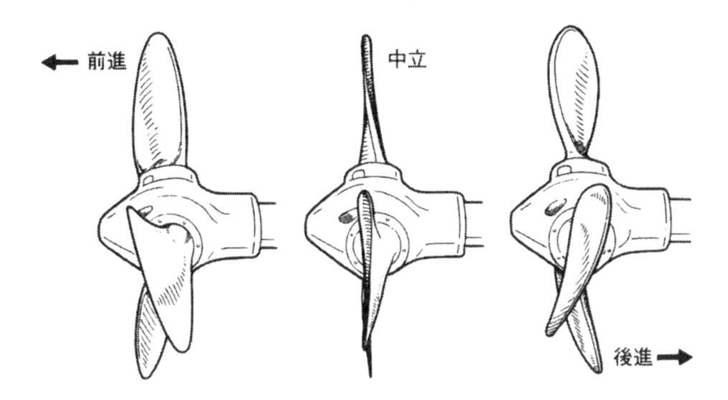

図 7-18　可変ピッチプロペラが前進，中立，後進の推力を発生させるメカニズム（出典：『図解 船の科学』（池田良穂著，講談社，2007 年））

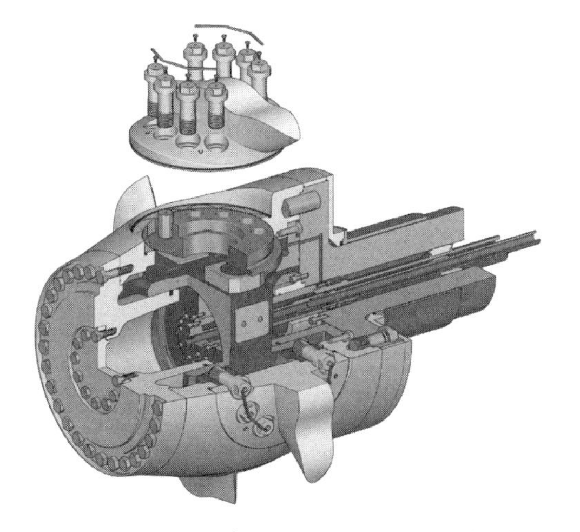

図 7-19　可変ピッチプロペラの内部構造（提供：ナカシマプロペラ）

図 7-20　可変ピッチプロペラ。プロペラの各翼が回転する台座に取り付けられている。（提供：ナカシマプロペラ）

・二重反転プロペラ：スクリュープロペラは回転することで船への推力を発生させるが，同時に無駄な回転流も発生させるため，その分だけ推進効率は悪くなる。この回転流を，同軸上に設置した 2 枚のスクリュープロペラを逆回転させることで回収して推進効率を高めるのが二重反転プロペラである。古くは魚雷などで使われ，プロペラ軸を二重にして内部と外部の軸を逆回転させ，それぞれの軸に接続したプロペラを逆回転させる。最近の

図 7-21　魚雷の二重反転プロペラ

大型船では，カーフェリーの「さんふらわあふらの」姉妹，「さんふらわあさつま」姉妹等が採用している。また，カーフェリー「はまなす」姉妹は，ディーゼル機関で回すスクリュープロペラの後ろに舵も兼ねた電動式ポッド推進器を取り付け，2つのプロペラを逆回転させることで二重反転プロペラを実現している。

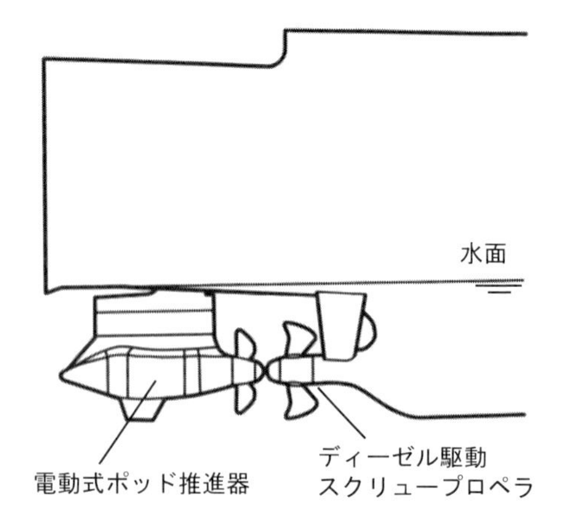

図 7-22　フェリー「はまなす」の二重反転プロペラ

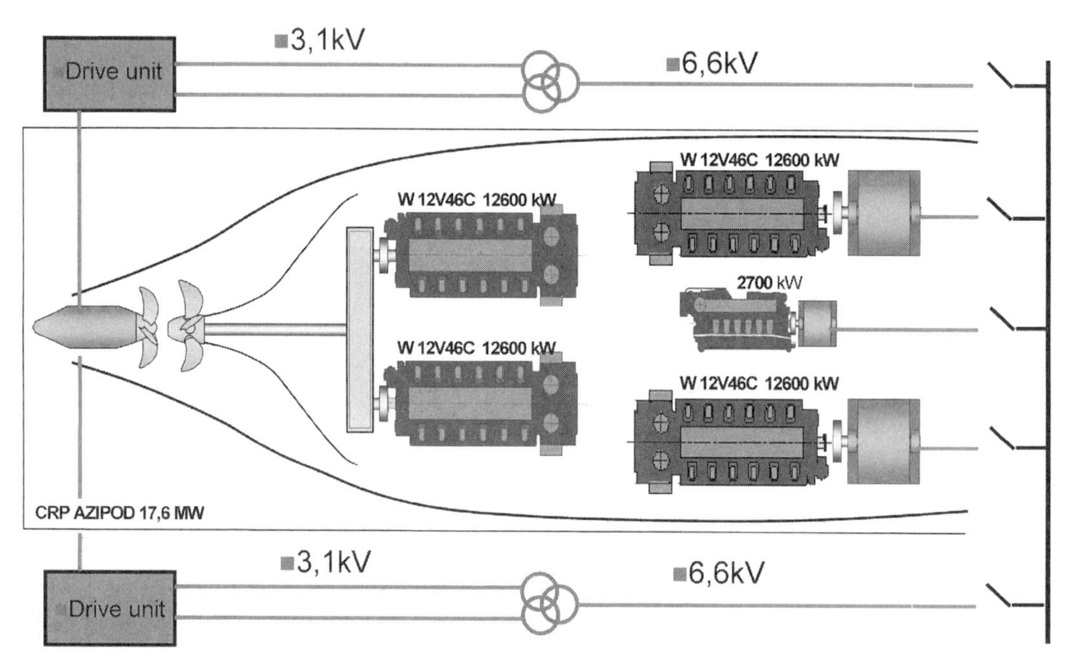

図 7-23　「はまなす」姉妹のディーゼル 1 軸プロペラと，その背後に電動アジマスプロペラで二重反転プロペラを実現した推進システム（提供：新日本海フェリー）

・アジマス推進器とポッド推進器：スクリュープロペラを水平に回転させて，その向きを自由に変えることができる推進器をアジマスプロペラまたはアジマススラスターと呼ぶ。船底から突き出した装置にスクリュープロペラを設置して，エンジンの回転軸をはすば歯車（helical

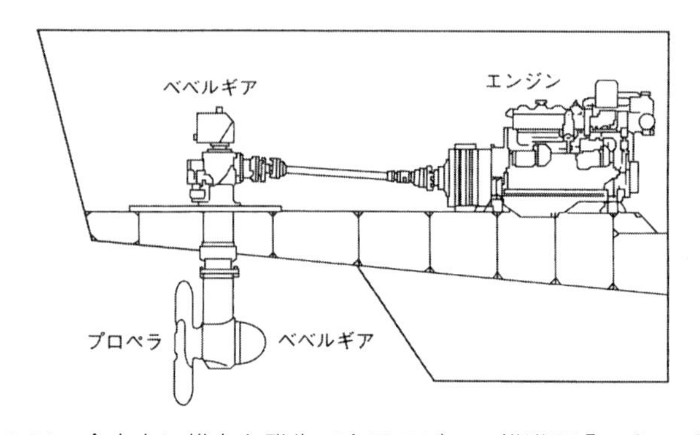

図 7-24　全方向に推力を発生できるアジマス推進器「Z ペラ」（出典：『図解 船の科学』（池田良穂著，講談社，2007 年））

gear）によって方向を変えてプロペラに導く機械式のものが多かったが，船底から下に突き出したポッドと呼ばれる容器の中に電動モーターを設置したポッド推進器が開発され，大型のクルーズ客船でもアジマスプロペラが使われるようになっている。ポッド自体を 360 度回転でき，また，どの方向にも推進を出すことができるため，舵および船尾のサイドスラスターが不要となる。

図 7-25　二重反転プロペラ型アジマス推進器（提供：ナカシマプロペラ）

図 7-26　クルーズ客船「オアシス・オブ・ザ・シーズ」のポッド推進器。巨大なポッドの中に電気モーターが設置されていてスクリュープロペラを回転させる。ポッド自体が 360° 水平に回転できるため全方位に推力を発生でき，舵も不要となる。（提供：RCI 社）

図 7-27　「はまなす」船内に設置されたポッド推進器の回転機構。在来船の舵取機にあたる。

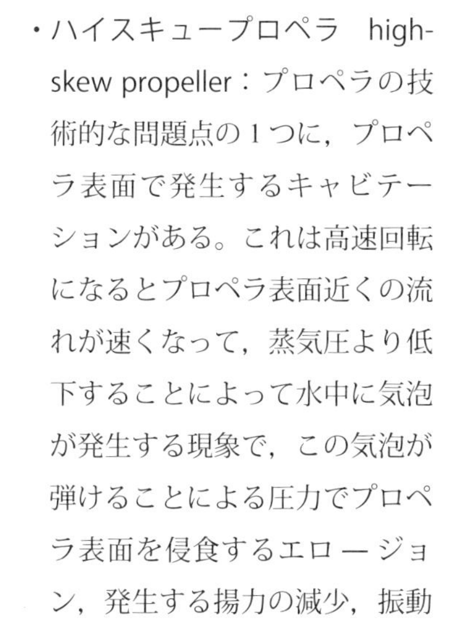

・ハイスキュープロペラ　high-skew propeller：プロペラの技術的な問題点の 1 つに，プロペラ表面で発生するキャビテーションがある。これは高速回転になるとプロペラ表面近くの流れが速くなって，蒸気圧より低下することによって水中に気泡が発生する現象で，この気泡が弾けることによる圧力でプロペラ表面を侵食するエロージョン，発生する揚力の減少，振動

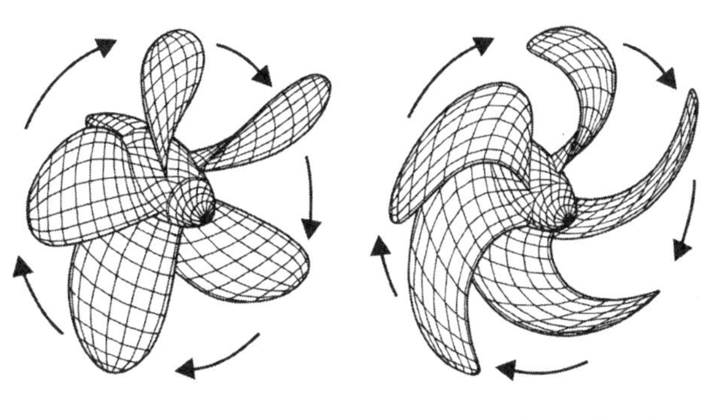

図 7-28　普通プロペラとハイスキュープロペラの違い（出典:『図解 船の科学』（池田良穂著，講談社，2007 年））

などを引き起こす。このキャビテーションを防ぐためのプロペラのブレードの先端を後方に広げたのがハイスキュープロペラである。1973年に米海軍によって開発され，1980年代からは商船用のプロペラとしても普及するようになった。

・サーフェースプロペラ：スクリュープロペラを高速回転させると，各羽根からキャビテーションと呼ばれる空気泡が発生して，効率低下，振動，翼面の損傷などを起こす。このため高速船ではウォータージェット推進器等が用いられることが多いが，一部の高速船にはサーフェースプロペラと呼ばれる特殊プロペラが用いられている。このスクリュープロペラは，図7-31に示すように船尾のトランサムの背後に設置されて，高速航走時にプロペラの半分が空中に露出する。

図7-29　完成したハイスキュープロペラ。翼の先端が後方に広がる形状となっている。（提供：ナカシマプロペラ）

図7-30　サーフェースプロペラ推進の八重山の超高速旅客船。

④　プロペラの数

プロペラの数で船舶を分類する場合があり，1つのプロペラをもつ船を1軸船（single screw ship），2つの船を2軸船（twin screw ship）と呼び，2軸以上は多軸船（multiple screw ship）とも呼ばれる。高速化に伴って軸数を増やすことが多く，最大4軸船まで造られたことがある。多軸船では船底から斜めに突き出すプロペラ軸を支えるシャフトブラケットが必要となり，それに働く抵抗が大きいという欠点がある。

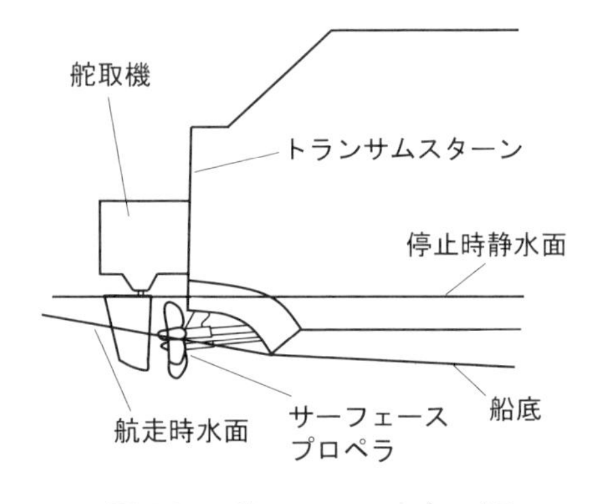

図7-31　サーフェースプロペラ

一般に効率を最優先する貨物船では，1つの機関で1つのスクリュープロペラで推進する1軸船が多いが，旅客を輸送する客船では，万一の機関・推進器の故障に対応するため，複数の機関と推進器をもつのが普通である。ただし，複数のプロペラとした場合には，船体中央部に集まる伴流（wake：遅い流れ）の外にプロペラの一部がでてしまい，プロペラの推進効率が落ちる。このため，客船でも推進効率のよい 1 軸にする船も現れている。故障時の安全性確保のため，軸発電機を設置して，主機故障時には軸発電機を電気モーターとして使い，発電機からの電気で航行できるようにしたものや，二重反転プロペラにして一方が稼働しなくなっても，もう 1 つのプロペラで航行できるようにしたものなど，様々なシステムが登場している。

また，大型の外航客船では，SOLAS 条約で「安全な帰港に関する要件」（Safe return to port）が適用され，いずれの区画が浸水や火災で損傷しても近くの港まで自力で戻れる能力を持つことが求められるようになり，推進機能だけでなく，あらゆる機能の二重化が必要となった。

図 7-32　2 軸船のプロペラ軸を支えるプロペラブラケットは大きな抵抗となる。

⑤　機関数とプロペラ数

かつては 1 機関に 1 つのプロペラが直結されているのが普通だったが，複数の機関で 1 つのプロペラを回転させるマルチギヤード機関もある。

⑥　両頭船

船尾だけでなく，船首にもプロペラをもち，前後どちらにも進める船を両頭船という。航路の距離が短く，出入港を頻繁に繰り返すフェリー等に見られ，2 機 2 軸方式の他，クラッチによってプロペラ軸を選択して回転させる 1 機 2 軸方式もある。

図 7-33　両頭船「第二桜島丸」は離着岸時の回頭が不要。形も前後対称でブリッジも前と後にある。

⑦　ウォータージェット

船底から水を吸い込み，船内に設置したプロペラ（インペラー）で圧縮して，ノズルから後方に噴出して推進力を得るのがウォータージェット推進器で，主に高速船に用いられる。スクリュープロペラは高速で回転させるとキャビテーションを起こして効率が下がる。しかし，ウォータージェット内では圧力が高くなりキャビテーションが抑えられる。

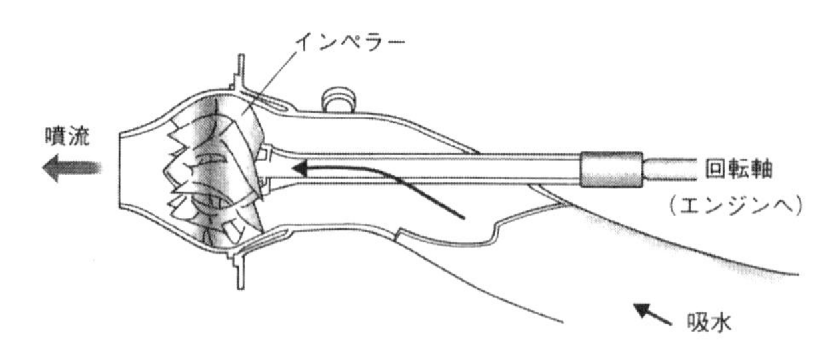

図 7-34　ウォータージェットの内部構造（出典：『図解 船の科学』（池田良穂著，講談社，2007 年））

ウォータージェットではノズル部分に，噴出方向を変えるバケットと呼ばれる装置があり，舵がなくても針路を変えることができる。また，ノズル部分のカバーで噴流を逆流させると，後進も可能である。

図 7-35　超高速カーフェリー「ナッチャン Rera」のウォータージェット。右のウォータージェットには水流の方向を変えるバケットが装着されているが，左のウォータージェットでは取り外した状態。

⑧　外車

船に動力が使われ始めた時の推進器は外車（paddle wheel）であった。水の流れで回る水車と同じ原理で，水車を動力機関で回すことで後方に流れを作って，その反力として船の推進力を得る。最初のレシプロ型の蒸気機関は回転数が低かったので，外車を回すには相性が良かった。

その後，スクリュープロペラが発明され，その性能が高いことが実証され，さらに外車には，波や船体動揺に弱いこと，喫水変化によって外車の没水深度が変わり推進力が変化する等の欠点もあり，現在では静穏な沿岸航路および湖沼や川の観光船に残るだけとなっている。船体中央付近の両舷に外車をもつ外輪船以外に，船尾に外車をもつ船尾外輪船（stern wheeler）もある。

図 7-36　琵琶湖のレストラン船の「ミシガン」は船尾外車で進む。

図 7-37　アメリカの遊覧船の船尾外車

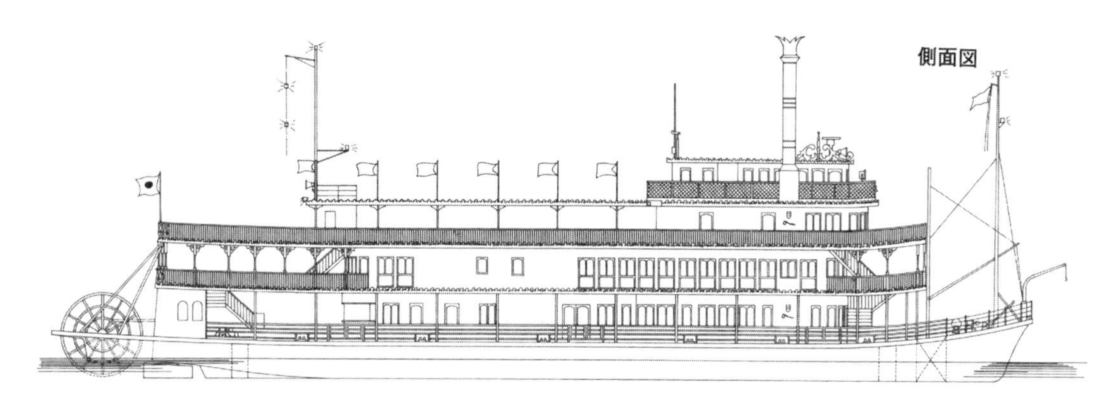

図 7-38 「ミシガン」の推進器は船尾外車（提供：日立造船）

⑨　空中プロペラ

飛行機のプロペラ機と同様に，空中でプロペラを回転させて推力を得るのが空中プロペラであり，湿地帯のように水草が生えている湖沼のエアーボート airboat や，ホバークラフト（ACV：air cushion vehicles が一般名称だが，ホバークラフト社が一般名称としての使用を許可したことから hovercraft と呼ばれるようになった）のように水上だけでなく陸上も走行する特殊な船舶で用いられている。操船は，プロペラ後方に設けられた方向舵を傾けることで横方向に揚力を発生させて行う。

空中プロペラを装備したホバークラフトは，日本各地で就航していたが，現在は全て姿を消している。なお，日本に基地をおく米国海軍では，海兵隊が軍事用ホバークラフトの運用を行っている。

エアーボートは，東日本大震災をきっかけに救助艇として見直され，各地の消防署への配置が進んでいる。国内では㈱フレッシュエアーが製造している。

図 7-39　ドーバー海峡横断航路に就航していたカーフェリー型ホバークラフトの空中プロペラ

図 7-40　米フロリダの湿地帯遊覧のエアーボートの空中プロペラ

⑩ フォイトシュナイダー・プロペラ

船底に設置した水平の回転円盤に，垂直下方に伸びる数本の翼を取り付け，その翼の角度を変化させることにより，任意の方向の推力を発生させるものでフォイトシュナイダー・プロペラ（Voith Schneider propeller）と呼ばれている。フォイトは製造会社名で，シュナイダーはこのプロペラの発明者の名前である。

日本でも，タグボート等に広く使われていたが，アジマススラスターの普及に伴って搭載する船は減少している。

船底に 2 基取り付けられたフォイトシュナイダー・プロペラ

図 7-41　フォイトシュナイダー・プロペラ（提供：Voith Turbo 社）

第 8 章　船の設備

8-1　概要

船は，海という過酷な大自然の中を安全に人や貨物を運ぶ役割を演じなくてはならないので，その中の設備はきわめて多く，かつ複雑である。こうした設備を設置することを艤装と呼び，船舶の建造においては，船殻が完成して船体を進水させてからも艤装工事が続く。この船内設備は，船の用途によっても異なり，まさに多種多様なため，とても本書で網羅することはできないが，基本的なものについて紹介しておきたい。

8-2　居住区施設

船には，旅客および船員のための居住区が必要となる。また，短時間の航海を行う船では宿泊用施設をもたない船もあるが，それなりの旅客用施設が必要となる。このように，船舶の居住設備は，その用途，使用法によって千差万別となる。以下，旅客用と船員用に分け，さらに船種にわけて説明する。

(1)　旅客用居住区施設

①　定期航路貨客船

日本国内で宿泊施設をもつ定期航路貨客船としては，300 km 以上の航路に就航する長距離カーフェリー，200 km 程度の中距離カーフェリー，小笠原と伊豆諸島航路の貨客船，奄美諸島・沖縄本島航路のカーフェリー等がある。

旅客の宿泊用としては，個室および多人数を収容する大部屋があり，大部屋にはカーペット敷のものや，2 段ベッドやカプセル型ベッドを配置したものもある。個室には，寝室，居間，ベランダと浴室・トイレも備えたスイートルームから，2 段ベッドと洗面施設だけを備えた部屋，シングルのベッドだけの部屋まで様々で，部屋に応じた料金設定がなされている。かつては，船底の水面下部分にも客室がある船もあったが，現在ではほとんどなく，カーフェリーでは車両甲板より下に客室を配置することは禁止されている。外側に配置され窓をもつ部屋をアウトサイド・キャビン，内側の窓のない

図 8-1　長距離フェリー「フェリーおおさか II」の旅客用客室施設は，車両甲板の上に設けられている。

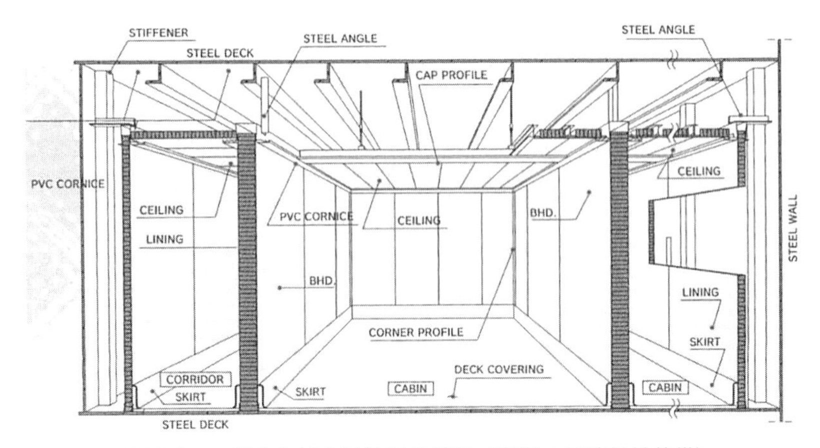

図 8-2　一般的な船内居住区の構造（提供：長崎船舶装備）

部屋をインサイド・キャビンと呼ぶ。なおインサイド・キャビンだが，明り取りを工夫して昼間に採光ができるようにした船もある。

旅客用の宿泊用客室施設以外には，レストラン，ラウンジ，ロビー，チルドレンルーム等があり，これらは公室（public room）と呼ばれている。公室は，一般的には，だれでも使えるようになっており，等級差はなく，料金の差は客室の違いだけになったモノクラス船が多い。日本船では展望大浴場をもつ船が多く，露天風呂があるカーフェリーも出現している。

② クルーズ客船

クルーズ客船の旅客用の居室（cabin）は，すべて個室仕様であり，ベッドの他，浴室，トイレ，洗面台があり，クローゼット，机，テレビ等も用意されている。

クルーズ客船では，数日から数か月の航海をする船もあるため公室は充実している。大型船では，レストランがいくつもあり，アラカルト，ブュッフェ，テイクアウトから，各種のスペシャリティ・レストランまで用意されている場合もある。

ラウンジ，劇場，映画館，図書室，ジム，スパ，美容室等のパブリックルームが船内に配置され，船の周りを一周できるプロムナードデッキや，様々なプールやジャグジーを配置したサンデッキ等が最上部付近にある場合もある。さらに最近の巨大クルーズ客船では，アイススケートリンク，ロック

図 8-3　大型クルーズ客船のサンデッキ

クライミング，ボーリング，ゴーカート，空中展望室などの各種アトラクション施設をもつ船も現れている。

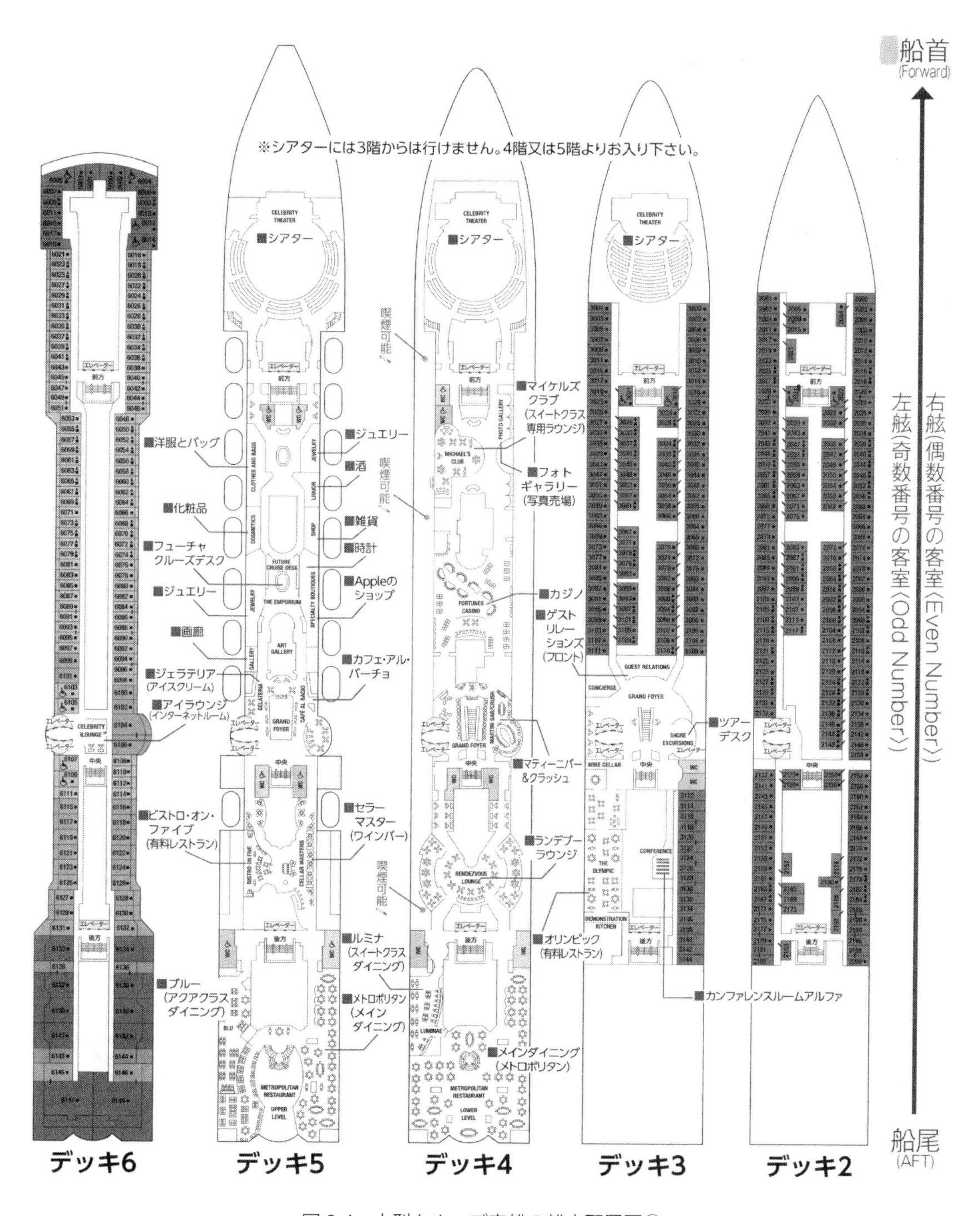

図 8-4　大型クルーズ客船の船内配置図①

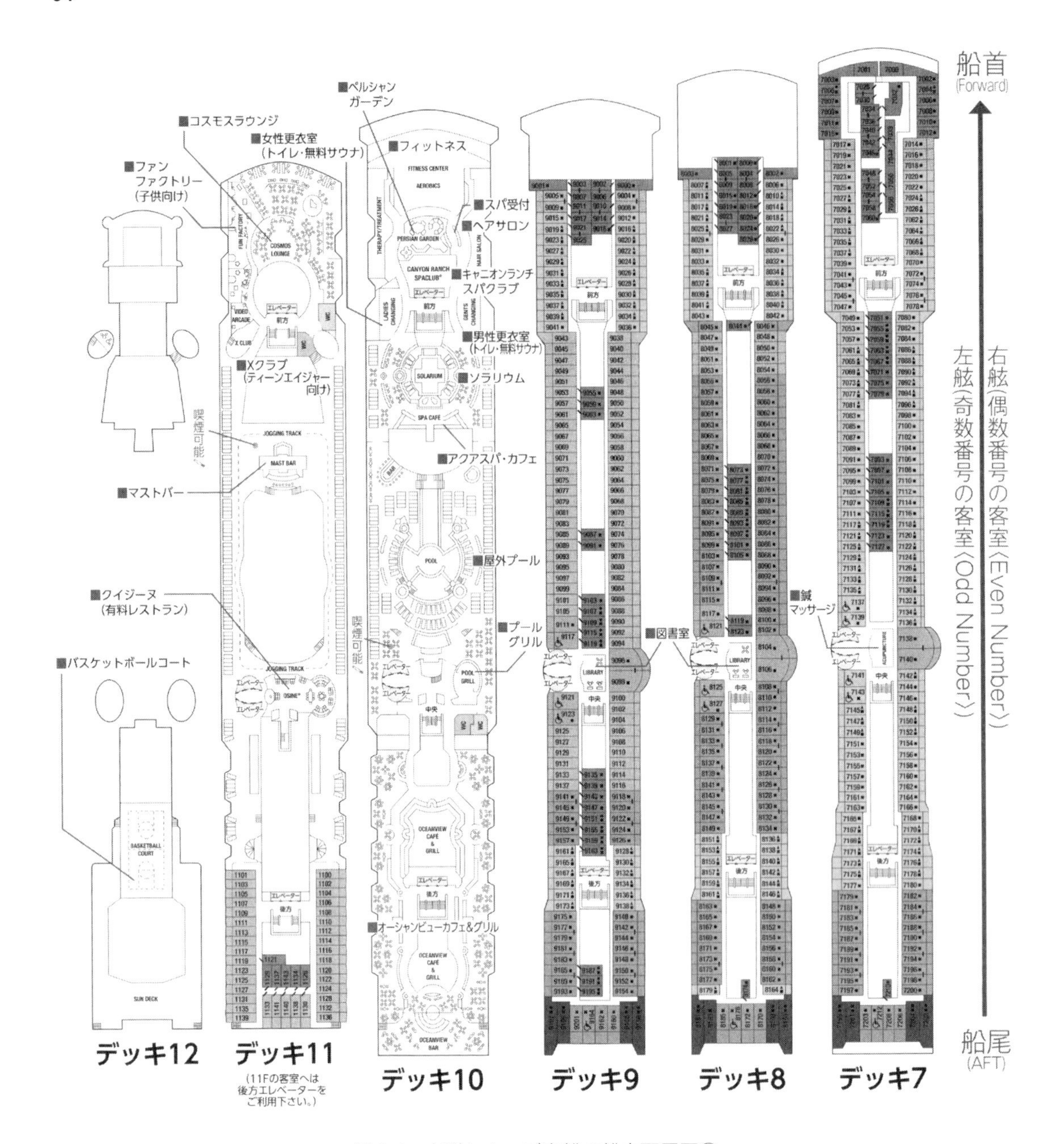

図 8-4　大型クルーズ客船の船内配置図②

③　小型客船

旅客の宿泊施設を持たない小型客船では，旅客用居室には，バスや飛行機のような椅子席または，カーペット敷きの大部屋が用意されている場合が多い。カーペット敷きの大部屋は，日本船に特有であるが，荒天時に船が揺れた時には船酔い対策として寝ていたいという要望が多いため，今でも多くの客船が設置している。

椅子の配置では，前向きに並ぶ配置以外に，展望を重視した配置や，旅客同士が歓談できるラウンジ風のものもある。また，露天のオープンスペースを公園風にし，海風を浴びながらリラックスできるように配慮した船もある。

五島島内航路の小型客船「オーシャン」の椅子席　　五島航路のカーフェリー「椿」のカーペット敷スペース

図 8-5　離島航路の小型客船の旅客設備

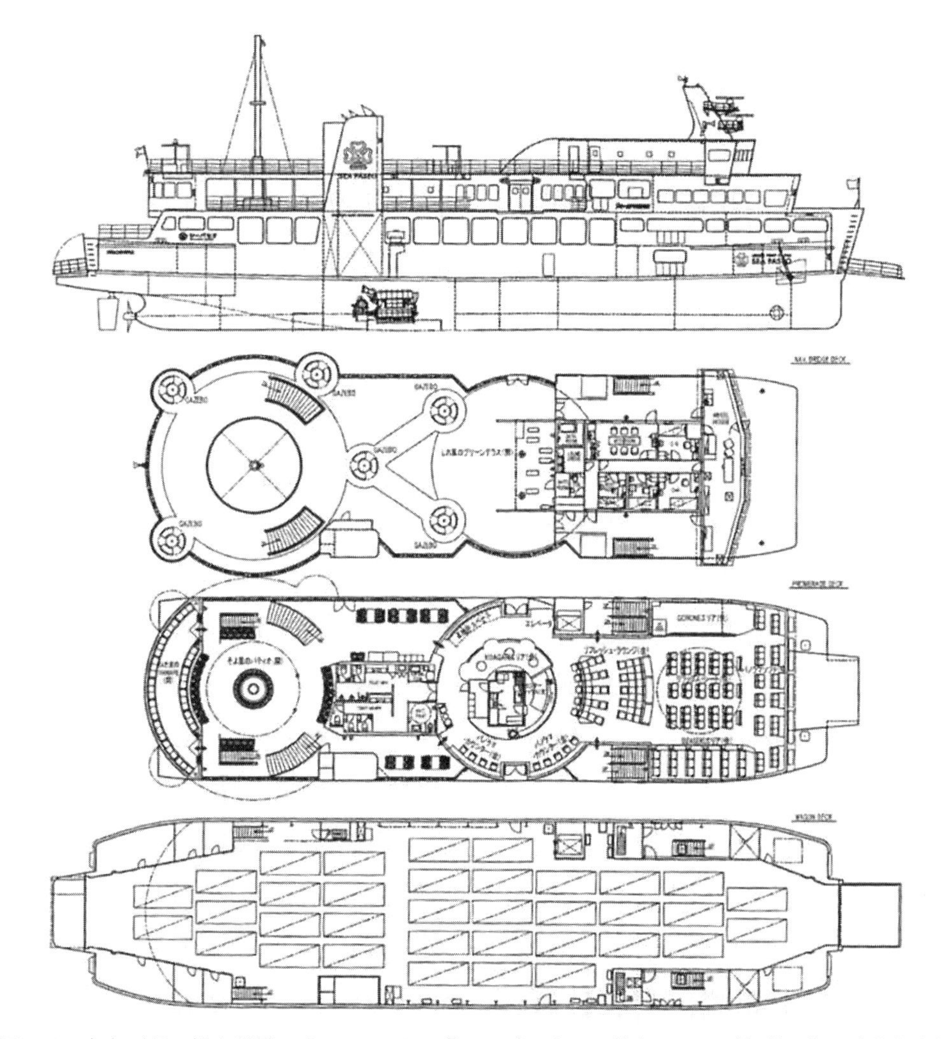

図 8-6　広島／呉～松山航路のカーフェリー「シーパセオ」の船内配置図（提供：瀬戸内海汽船）

④　高速旅客船

高速船の場合には，小型客船と同様に，バスのように前方を向いて座る座席配置が多いが，一部をラウンジ風の椅子・机配置としている船もある。また，安全性を考慮して外部のオープンデッキには旅客が入れない船もある一方，高速船ではありながら積極的に船旅を楽しませるために，外気に接することのできるオープンデッキを充実させた船もある。この場合には，旅客が強風に晒されないような防風設備を慎重に設計する必要がある。

高速船の国際規則としてHSCコード（High Speed Craft Code）があり，これに該当する客船は種々の規制がかかっている。同コードでは，安全性の面で，どの座席に座っても安全性教育のためのビデオ画面が見られることといった要求もある。

高速旅客船「スーパーマリン」の座席

高速旅客船「ニューたいよう」の座席

図 8-7　高速旅客船の旅客設備

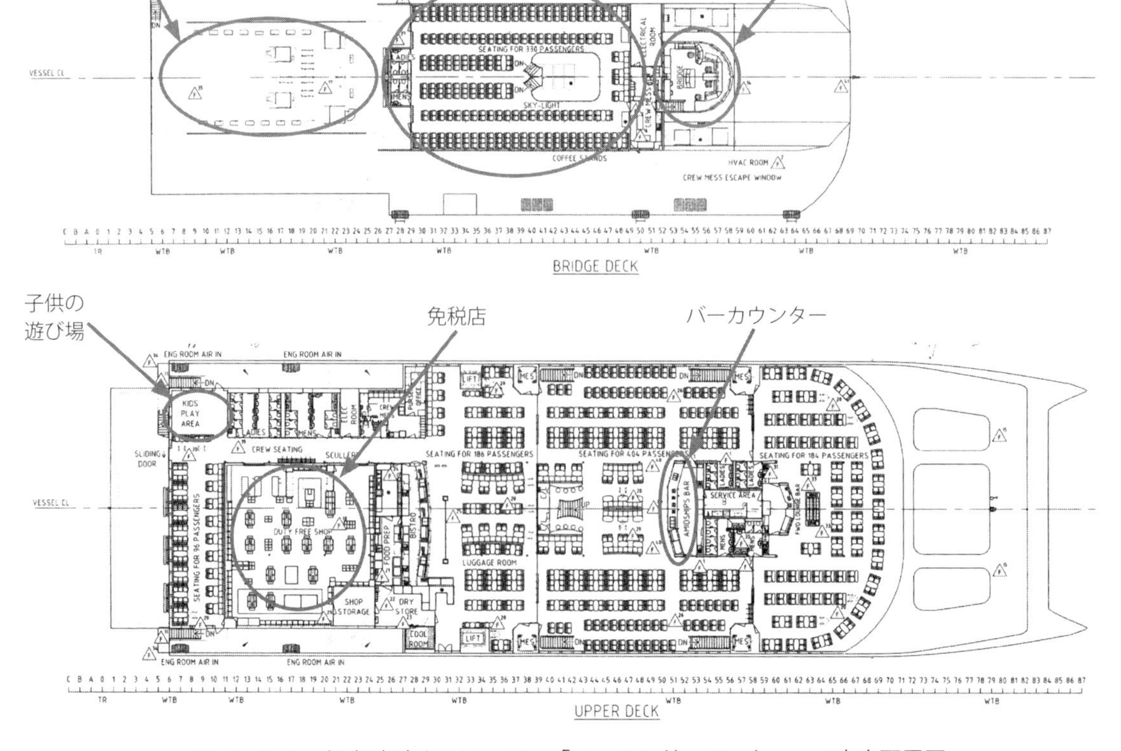

図 8-8　109 m 級 超高速カーフェリー「フィヨルド・フスター」の客室配置図

(2)　船員用居室設備

船員の居室は，その職種によって適切な位置に配置される。例えば，緊急時にすぐにブリッジに駆けつける必要のある船長の部屋は操舵室の近くに配置され，寝室と執務室からなる場合が多い。船長室は右舷側にあることが多いのは，右舷はスターボードすなわちステアリング（操船）側と呼ばれることとも関連していると言われている。船舶は衝突防止のために右舷側から近づいてくる船舶を避けねばならず，常に右舷前方に注意をしなくてはならない。

職員または士官，部員の部屋は，その階級によって大きさやグレードが違っていたが，最近は，あまり差はなくなっている。また，個室化が進んでいる。

船員用の公室としては，食堂，娯楽室，スポーツ室，そして共同の浴室や便所等が整備されている。また，貨物船であっても客船のようにデッキにスポーツのできる施設やプールまでもつ船もある。

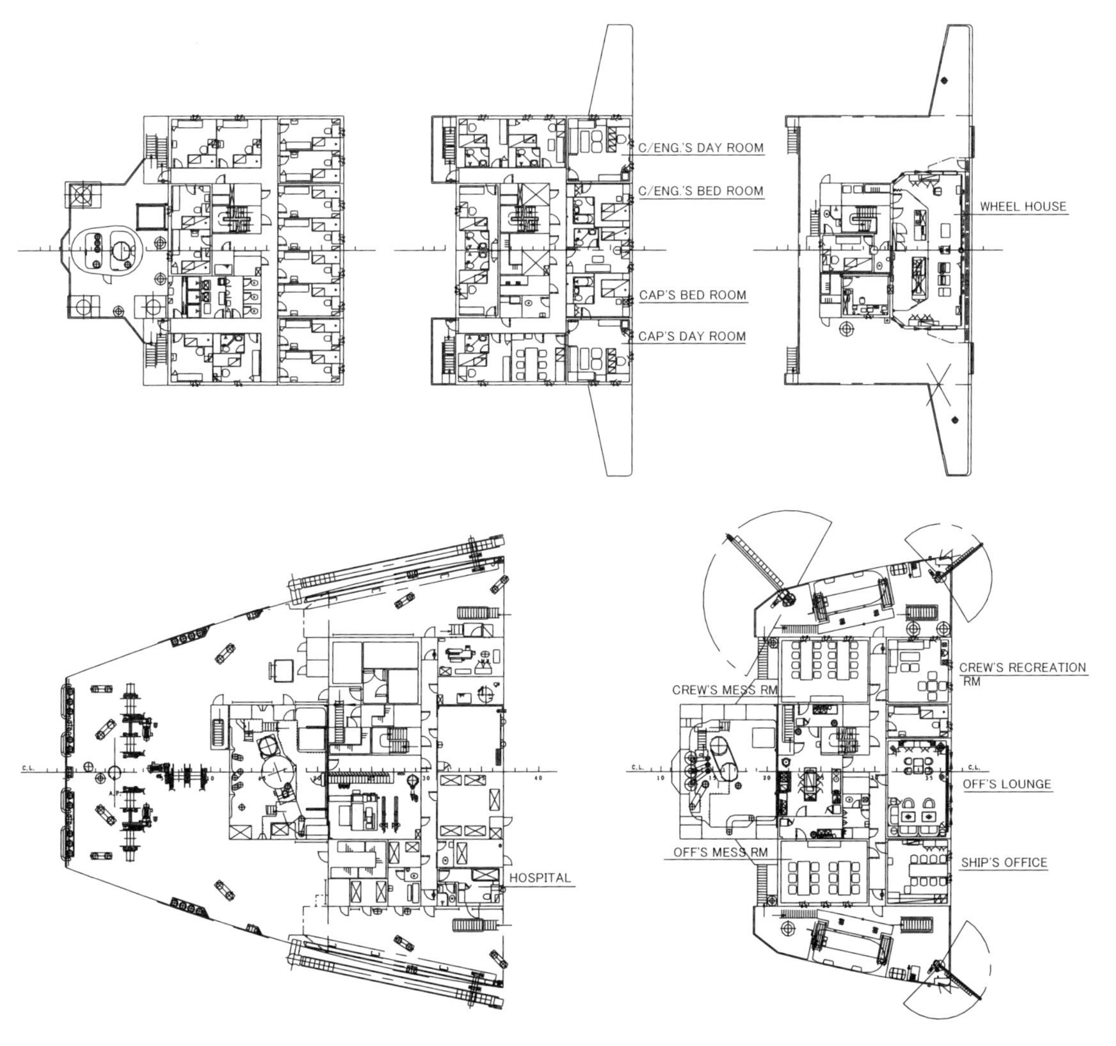

図 8-9　船尾機関貨物船の 5 層の船員居住区内配置図（出典：「SAIL TO THE FUTURE　造船工学 2」（造船技術者育成教材編集委員会編，国土交通省発行，2017 年）

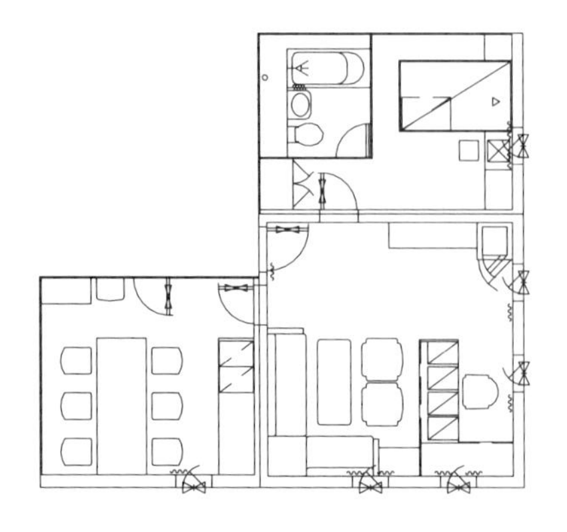

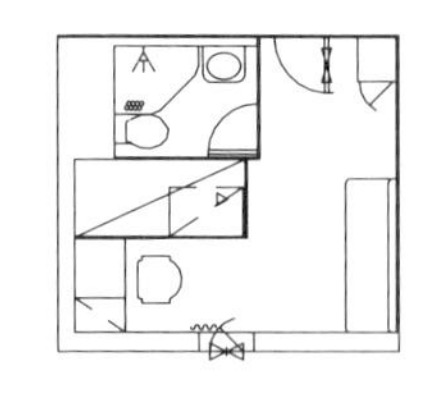

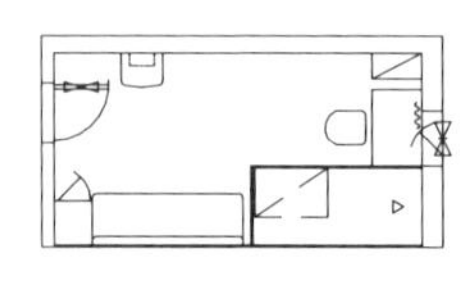

図 8-10　貨物船の船員居室の例（左：船長居室，真中：職員居室，右：部員居室）（出典：「SAIL TO THE FUTURE 造船工学 2」（造船技術者育成教材編集委員会編，国土交通省発行，2017 年）

(3)　通風・調温・調湿設備

船の居住区には換気が必要で，自然換気と強制換気がある。自然換気は，通気筒と呼ばれる装置を外部デッキに設置して，自然の風もしくは船の前進速度を利用して船内に空気を取り込む。かつての大型定期客船では，大型の蒸気タービン機関の石炭燃焼ために大量の空気が必要であり，キセル型の通気筒（カウルヘッド型ベンチレーター）が林立する船も多かった。ディーゼル機関になっても通気は必要だったが，電動ファンによって強制的に外気を取り込むようになり，さらに船内各スペースへ

かつての大西洋横断定期客船にはキセル型通気塔が林立していた。

キノコ型通気塔

雨や海水のしぶきが入らないようにしたキノコ型通気塔

上部構造の壁に埋め込まれた空気取入口

図 8-11　各種の通気筒壁に取り付けた強制通気用の空気取入口

の通気のための通気筒は，キセル型からキノコ型やグースネック型などの雨や海水が打ち込みにくい形に変わった。さらに壁に設けた吸入口から強制的に外気を取り込むことも多くなり，デッキ上の通気筒の数は減少している。

現在では，旅客および乗組員区画には外気を直接そのまま取り入れるのではなく，温度および湿度を調整する空調設備（air conditioner）を通して居住区画に送られている。温度調整については，暖房にはボイラ，各種エンジンの排熱，電熱などが用いられ，冷房には冷媒ガスを気化させることによって冷気を作るのが一般的である。空気の冷却方式は，空調利用場所で液体状態の冷媒を膨張気化させて空気を冷やす直接膨張式と，大型のチリングユニット（チラー）で製造した冷水等をエア・ハンドリング・ユニットに送って空気を冷やしてから利用場所に送風する間接膨張式があり，多くの船舶では両方のシステムが使われており，比較的狭い区画の空調には前者が，広い客室および公室区画等には後者が使われていることが多い。

また，湿度の調整も行われている。

船舶における旅客および乗組員に必要な新鮮空気は，ISO7547 で 25 m^3/ h / 人以上と決められており，空調機室より一次調温・調湿された空気がダクトを通って各客室に供給され，同量の空気がバスルームの換気口からダクトを通って船外に排出されている。

2019 年から世界を襲った新型コロナウイルス（COVID-19）禍においては，患者のいる客室の陰圧化，または健全者スペースに病原体を入れない陽圧化についても検討され，空調の仕方によって可能なことが確認されている。

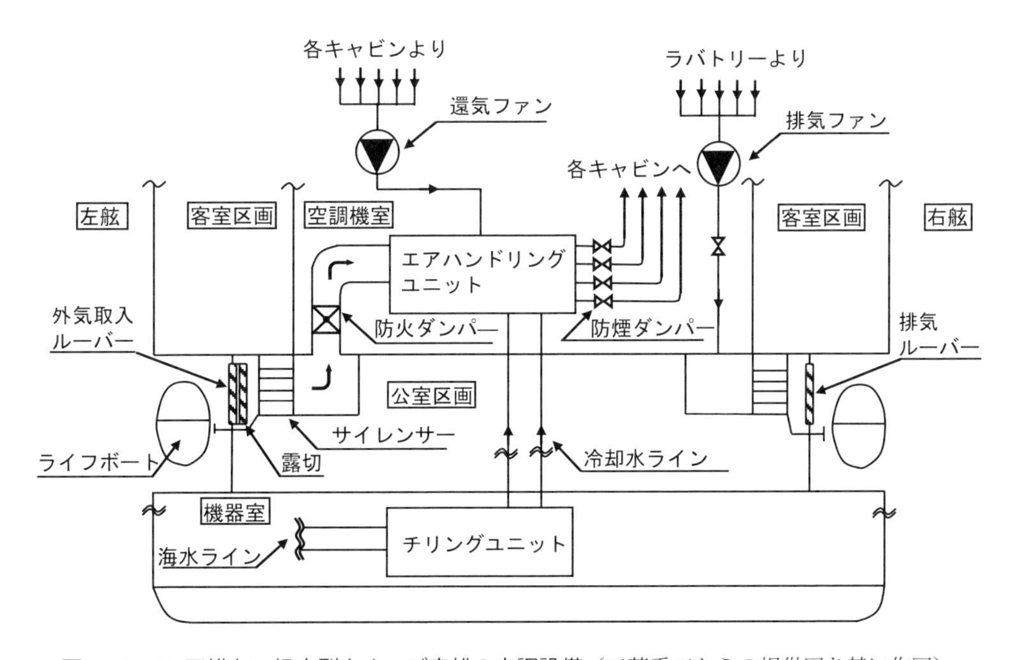

図 8-12　11 万総トン級大型クルーズ客船の空調設備（三菱重工からの提供図を基に作図）

(4)　採光・照明設備

船内への採光は，窓および天窓（天井に開けた窓）から行われる。比較的下層の窓は，波浪の影響を受けるため強度的に強い丸窓が多く，荒れた海象では内側から鉄蓋で閉じることができるようになっている。

一方，上甲板より上の上部構造物の窓は，四角い窓が多く使われている。多人数の乗客を乗せる大型クルーズ客船や旅客カーフェリーでは，窓のないインサイド・キャビンが内側にある場合があるが，ここへの採光のために船体中心線上にインサイドのアーケードや通路を作り，そこに窓を設けて採光する船もある。

照明は，船内の発電機で発生させた電気によりなされる。歴史的には白熱灯から，より省エネの蛍光灯に代わり，さらに省エネの発光ダイオード（LED：Light Emitting Diode）が広く用いられるようになっている。

低い位置の窓には丸窓が，上の階には大きな四角の窓が取り付けられる。

船体中心線上にアーケードを設けて，内側のインサイド・キャビンにも窓とベランダを設けた大型クルーズ客船「オアシス・オブ・ザ・シーズ」。快適な船内生活を送るため採光に工夫が凝らされている。

フェリーはまなすの採光用通路空間。船体中心線に空間を作って内側の船室に光を入れる。

海が荒れると下層の船室の丸窓からは怒涛のような波が見られ，さらに荒れると内側から鉄蓋で覆うことができる。

図 8-13　採光窓

(5)　乗下船設備

乗員，乗客，そして港湾関係者等が船に乗り込むための設備には様々なものがある。

船側の出入口と岸壁をつなぐ人道橋のことをギャングウェイ（Gangway（舷門））という。多数の旅客が乗り降りする客船では，陸上側に大規模なギャングウェイを設置する場合もある。一方，貨物船では，ギャングウェイとして船側はしご（accommodation ladder）と呼ばれる可動式階段を降ろして，岸壁と船との人の移動を行うのが一般的である。この船側はしごは，航海中には船上に収納できるようになっている。

船のもつギャングウェイ（可動式船側はしご）

大型クルーズ客船用の可動式ギャングウェイ

一部固定式ギャングウェイ。鹿児島～奄美諸島～沖縄航路のカーフェリーのもの。

大型カーフェリーの可動式ギャングウェイ

図 8-14　ギャングウェイ

8-3　航海設備

船の航海に必要な設備を航海設備と呼ぶ。この航海設備は，操舵室（ブリッジ）に集中的に配備され，そこからコントロールができるようになっている。

陸地の見えない大洋での航海では，自船の位置と進行方向の方位を知ることが必要となる。かつては天体を観測することによって船の位置を知る天文航法が用いられたが，今では人工衛星を使って位置を知る GPS（Global Positioning System）が広く使われるようになっている。

また，方位を知る方法として古くから用いられてきた磁気コンパス（magnet compass）が今でも非常用として搭載が義務付けられているが，より精度の高い回転ゴマを使ったジャイロコンパス（gyrocompass）が一般的となり，さらに，現在では GPS 情報から方位を示す GPS コンパスが使われるようになってきている。GPS コンパスは価格も安く，メンテナンスも不要で，磁気コンパスやジャイロコンパスのような補正も必要なく，かつ精度も良い。さらに GPS コンパスで船体姿勢や船体運動の計測もできるようになってきている。

(1)　操船設備

船の操船は，舵を取って針路を安定させたり針路を変えたりするための操舵装置と，推進器の出力を変えて船の速度を調整するためのエンジンテレグラフ（engine order tele-graph）からなっている。車で言えばハンドルとアクセルに当たる。

操舵装置は，ブリッジにある操舵機と，舵の上の船内に設置した舵取機からなっている。操舵機と舵取機との間の指令の伝達には，かつては鎖やワイヤ等の物理的な方法，油圧等の液体を用いた方法もあったが，今ではほとんどの船で電気信号が使われている。

ブリッジにある操舵機には，車のハンドルと同様の舵輪があるが，その大きさは時代と共に次第に小さくなり，今では舵輪をなくしてジョイスティック等で操船する船も現れている。

操舵室にある操舵器からの指令を受けて水面下にある舵を回転させる装置を舵取機といい，舵の真上の船内に設置されており，油圧シリンダーでチラー（舵取棒）を動かし，舵軸を回転させる方式が多い。

ブリッジの操舵機

舵輪の代わりのコントロールボール

舵輪の代わり操舵するジョイスティック

握り棒の着いた古い舵輪は今ではインテリアグッズとなっている。

図 8-15　ブリッジにある操舵機

(2)　自動操船装置（オートパイロット）

港内や狭水道，輻輳域など以外で，操舵手が常に舵輪を調整しなくても，一定の方位に向って進むようにするのが自動操舵装置（Auto Pilot）である。ジャイロコンパスやGPSコンパス等で計測された針路方位から，自然外力の影響で外れても自動的に補正をして，船を一定の針路に走らせる。なおSOLAS条約では，オートパイロットではなくHeading Control Systemと記されるようになった。さらにECDIS（電子海図情報表示装置）等と統合して，計画された航路に従って船を運航させることのできる自動操船装置の開発も進んでいる。前項の操舵装置に組み込まれているのが一般的である。

(3) 自動運航・無人化船

自動操船装置をさらに進めて，無人で運航できる船舶の開発も世界各地で行われている。

港での離着岸，輻輳域での航海，大洋での航海を無人でも行える航海装置の開発により，有人船であってもヒューマンエラーによる海難を減らす効果が期待されている。

(4) 機関出力のコントロール

エンジンの出力を制御して推進力を変化させるのがテレグラフハンドルで，操舵室およびエンジンコントロール室に設けられ，いずれかに切り替えて使うことができる。ブリッジにあるものは，エンジンコンソールと呼ばれるボックスに，サイドスラスター，フィンスタビライザーなどの制御盤と一緒に配置されていることが多い。

図8-16　主機の出力をコントロールするためのエンジンのテレグラフハンドル

(5) 統合型ブリッジ（インテグレーテッド・ブリッジ）

最近の船では，船長および航海士が着席するまわりに全ての航海情報機器および操船機器を配置したコックピット型の操船装置も普及し始めている。

図8-17　インテグレーテッド・ブリッジ

(6) 位置と方位

船の操船には，いろいろな情報が必要となり，その情報に基づいて安全な操船が行われる。なかでも航海にとって最も重要な情報が，その船の位置と船の進む方向，すなわち方位である。現在では，人工衛星を使ったGPS（Global Positioning System）によって船の位置と方位を知ることができるが，方位を確認するためのジャイロコンパスと，万一の故障に備えてマグネットコンパスも設置されている。

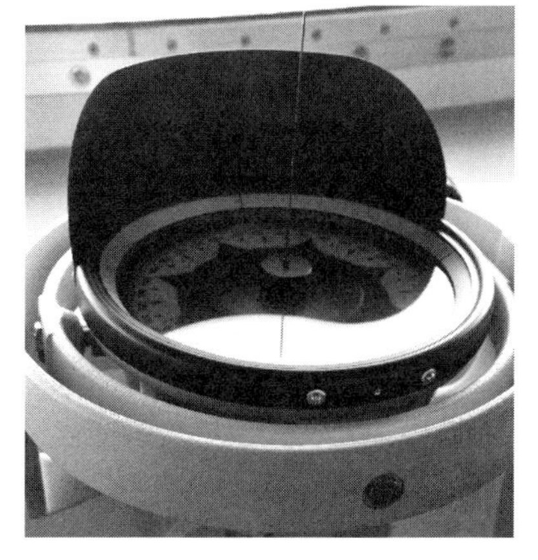

図8-18　ジャイロコンパスの方位表示装置

(7) 他船の認知装置

船の周辺にある物体を認知するのがレーダー（radar）で，マストの上に設置されたレーダーアンテナから発信した電波が，物体に当たって反射してくる電波を受信して，周りの物体の位置を認知する。レーダーアンテナは常に回転しながら，360° 全方位に電波を発信している。3,000 総トン以上の船舶には，周波数の違う 2 つ以上のレーダー（X バンド（約 9.4GHz）と S バンド（約 3GHz））の設置が義務付けられている。このレーダー画像と海図を同時に画面（レーダーディスプレイ）に表すシステムを電子海図情報表示装置（ECDIS）と呼び，時間の経過に伴う移動をコンピュータに記憶させると，自船だけでなく，周りの他船の位置と共に，移動速度と移動方向も知ることができる。こうした自船と他船の位置・移動情報を使うと衝突の危険性が予測できる。国際航海に従事する 500 総トン以上の客船と 3,000 総トン以上の貨物船には ECDIS の搭載が国際規則で義務付けられている。

また，船自らが自船の位置，針路，船速，さらに船名，主要目，積荷，目的港などの情報を VHF 帯で発信する AIS（船舶自動識別装置）も，国際航海に従事する 300 総トン以上の船舶と，非国際航海をする 500 総トン以上の船舶への搭載が義務付けられている。レーダーと共に，周辺を航海する船舶の動静を認知するための装置として使われている。

回転して 360°全域に電波を発信・受信するレーダーアンテナ。船体の最上部のデッキのマストに設置されることが多い。

レーダーディスプレーの並ぶ大型船のブリッジ

船首に設置されたレーダーアンテナ。狭水域での前方監視用。

レーダーの情報を見るためのレーダーディスプレー

図 8-19　レーダー

(8)　海図

海岸線や灯台，岩礁の位置，海底の底質，そして水深は，安全な航海を行う上で欠かせない情報である。これらを記載したのが海図（nautical chart）である。各国の海上保安庁等が常に測量をして最新の海図を更新しており，各国が国際水路機関（IHO）に加盟して国際協力体制を作っている。

海図は，紙に印刷されたものを各船が保有して，航海時にチャートテーブルに出して使っているが，現在では，前述のように電子化されて大型ディスプレイに映し出されたり，レーダー画面にレーダー情報と共に表示されたりするECDISが普及している。

紙の海図も使われている。三角定規とデバイダを使って航路を確認し，鉛筆で現在地等を記入し，航海終了時には消しゴムで消す。

ブリッジに設けられたチャートテーブル。必要な海図を出して，自船の計画航路や現在位置を海図上で確認する。下の引出には，各地の海図が収納されている。

図8-20　海図

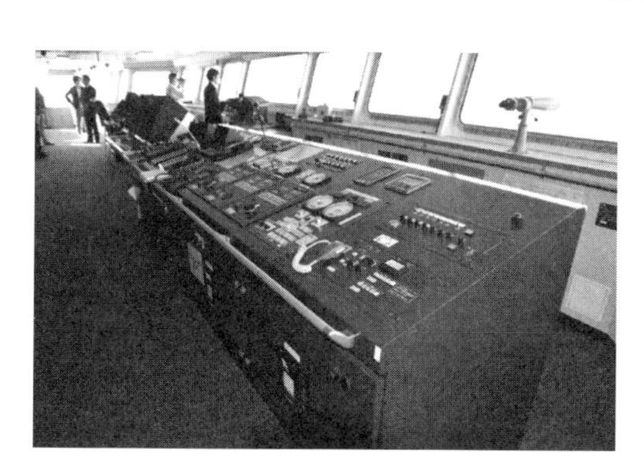

レーダーディスプレーおよびコントロール・コンソール（上・下）

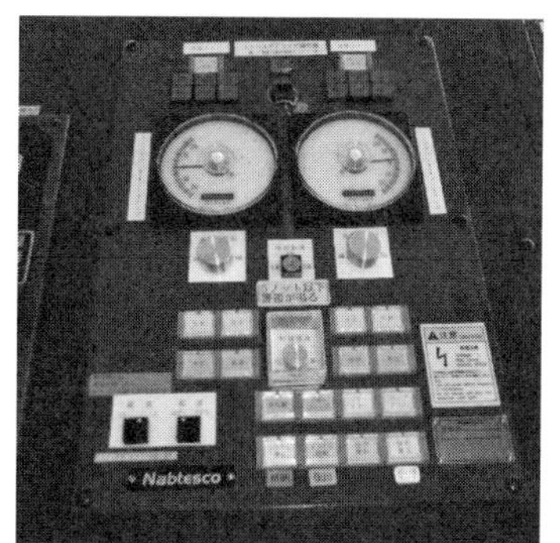

コントロール・コンソール上のスラスター操作盤（上）とフィンスタビライザー操作盤（下）

図8-21　ブリッジに設置された航海装置

(9) 航海灯

夜間に，自船の存在や進行方向を他船が視認できるための灯火（ライト） を設置することが義務付けられており，航海灯（navigation light）または船灯（ship light）と呼ぶ。マスト上および船尾には白色灯，左舷側には赤色，右舷側には青色のライトが設置される。また，各灯は，照射角が規定されていて，ある角度以内でのみ他船が視認できるようになっている。

この航海灯の見え方によって，夜間に周りの他船が，どの方向に航行しているかが判断でき，衝突を回避できる。

図 8-22　夜間に船の向きと進行方向を知らせる航海灯

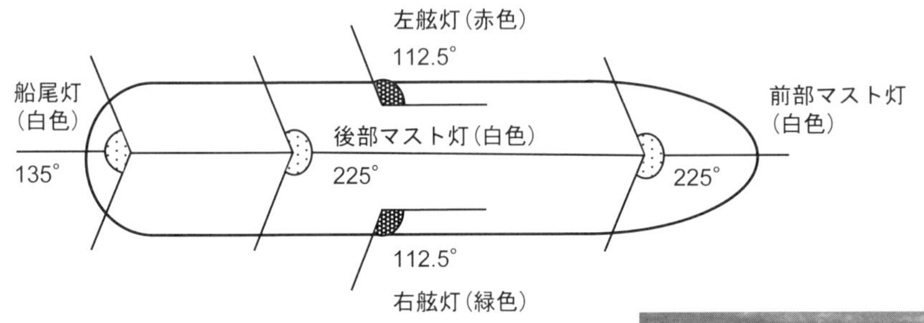

図 8-23　航海灯の位置と色。各灯によって光のでる角度が決まっている。

(10) 各種信号機器

音で情報を発信する方法として汽笛が備えられ，その音の長短，回数によって針路の変更や，後進状態にあることを周りに知らせたり，乗客乗員に退船を指示したり，濃い霧の中で自船の

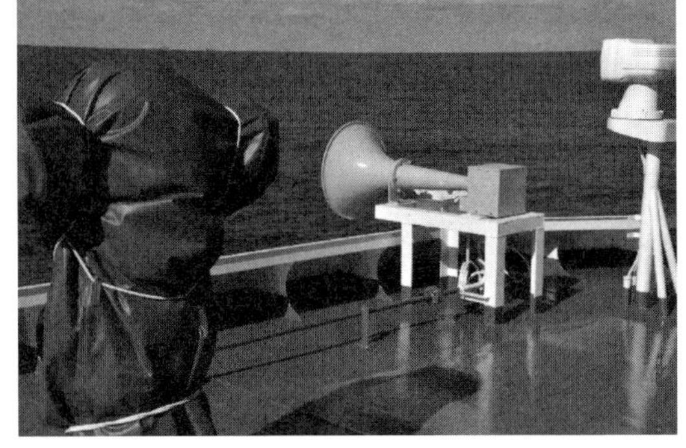

図 8-24　ブリッジの上の甲板に設けられた汽笛装置

存在を知らせたりすることができる。

また，マストに各種の旗を掲揚することで情報を周りに知らせるのが国際信号旗（巻頭カラーページ参照）で，A から Z までの文字旗 26 枚，数字旗 10 枚，代表旗 3 枚，回答旗 1 枚の 40 枚で，万国共通の意味を伝達することができる。

例えば，B 旗は「危険物の荷役または運送中」，U 旗と W 旗を掲げると「貴船のご安航を祈る」という意味を表す。

(11) イーパブ（E-PIRB：Emergency Position Indicate Radio Beacon）

船舶が沈没時に，自動的に離脱して海面に浮上し，人工衛星を介して各国のコーストガード等の救助当局に，船名，国籍，位置等を知らせる装置で，国際法で船上の設置が義務付けられている。

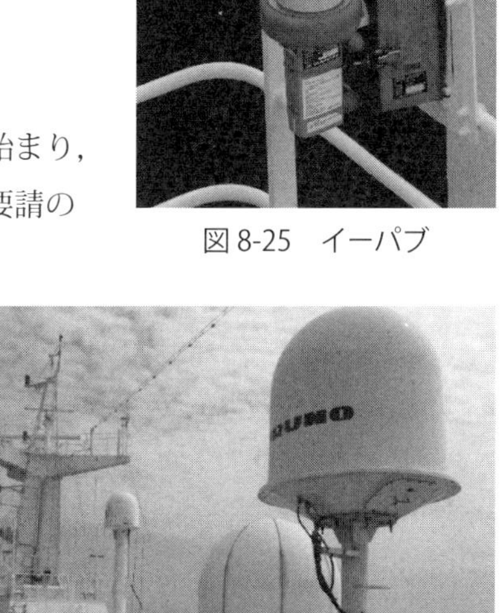

図 8-25　イーパブ

8-4　通信設備

船の外部との情報交換は，手旗信号や信号旗によるものから始まり，無線電信が使われるようになり，モールス信号による緊急救助要請のための SOS がよく知られてきた。

その後，人工衛星を介して音声を伝える船舶電話，さらに文字情報や画像情報も伝えられるファクシミリ（ファックス）が普及して，船での情報量は飛躍的に増加した。

図 8-26　客船「にっぽん丸」の最上デッキに並ぶ衛星通信用のアンテナ

さらに現在は，1979 年に設立された国際機関である国際海事衛星機構（インマルサット INMARSAT：International Maritime Satellite Organization）が中心となって開発された衛星通信システムが船舶や飛行機の通信手段として定着しており，民営化されたインマルサット plc が，衛星電話および無線パケット通信事業を行っており，電話からインターネットまで船上で使える状態となっている。なお，国際機関としての名称は，当初の国際海事衛星機構から，航空機や陸上にも対象を広げたことから国際移動通信衛星機構（IMSO：International Mobile Satellite Organization）に変更になっている。

8-5　停泊設備

船の停泊用の設備としては，岸壁や桟橋に停泊する際には陸上とをロープで結ぶための係留設備と，沖合で船の錨（Anchor）を用いて停泊する錨泊設備に分けられる。

(1) 係船設備

岸壁や桟橋に係船または係留される場合には，船首および船尾の上甲板上のウィンチまたはキャプスタンと呼ばれる巻き取り機から係船索と呼ばれるロープによって陸上の係船柱（ボラードまたはビット）と呼ばれる杭に繋いで船が流されないように固定する。係船索の先端は輪になっていて，係船柱に先端の輪をかけて，船上のウィンチもしくはキャプスタンで巻き取って係船索を張る。一般的にブルワークの下に開けた開口から係船索を繰り出すが，角に当たって係船索が痛まないように円筒形のフェアリーダーと呼ばれるガイドが設けられている。

図 8-27　係船・錨泊用設備の並ぶクルーズ客船「にっぽん丸」の船首デッキ。

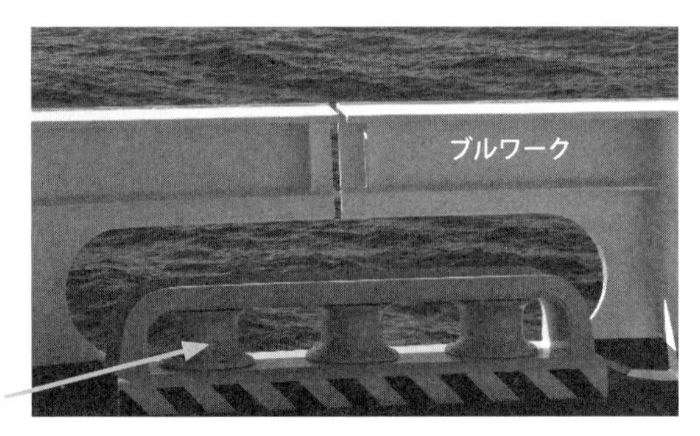

図 8-28　係船ロープを出すためのブルワークの開口と，フェアリーダー。

(2) 錨泊設備

海上では，金属製の重い錨（Anchor）を海底に降ろして，その錨の重さと海底に喰いこんだ爪が海底をかくことと，さらに錨を繋ぐアンカーチェーンの重さと，そのチェーンに働く海底との摩擦力をもって船の移動を止める。

主に帆船時代に用いられたストックアンカー。アンカーと直角に取り付けられた棒状のストックがアンカーの爪を海底に突き立てる。

帆船の船首に収納されたストックアンカー。ストックがあるため，収納はたいへん複雑になる。

図 8-29　ストックアンカー

図 8-30　ストックレスアンカー

最近の錨はストックレスアンカーと呼ばれる爪の部分が回転する西洋型アンカーが主流であり，巻き上げると船首船側に設けられたアンカーレセスと呼ばれる部分に収納される。錨の重量は艤装数によって決まり，小型内航貨物船では 1 ～ 2 トン，20 万重量トン級のタンカーでは 20 トン程度となる。

錨に連結される鎖をアンカーチェーンと呼び，一般的には鋼製の鎖であり，その長さは 25 m が基準となり，これの 10 ～ 14 倍の長さのものを有する。一般的には水深の 3 倍 ＋ 50 m のアンカーチェーンを繰り出すが，荒天時には水深の 4 倍 ＋ 150 m 程度とする。そのアンカーチェーンを海底に長く這わせることによって大きな把駐力が発生し，その大きさは錨自体が出す把駐力に匹敵する。

荒天時に船体に働く外力が大きくなって，錨の把駐力を超えると，船は流される状態となり，これを走錨（そうびょう）と呼ぶ。

アンカーチェーンを巻き取って錨を引き上げるのが揚錨機（ようびょうき）（ウィンドラス）であり，船首の上甲板に設けられる。巻き取ったアンカーチェーンは，甲板下のチェーンロッカーに収められる。

錨を降ろす時（投錨という）には，揚錨機をモーターから切り離して自重で落下させ，所定の長さのアンカーチェーンが繰り出されたときにチェーンストッパーで固定する。

アンカーを船体に収納・固定するのがアンカーレセスであり，ぴったりと固定するために特別に設計されたベルマウスが取り付けられている。なお，アンカーを落とした時に水面下の船体にぶつからないようにベルマウスを船体外板より突き出すのがボルスターであり，大きな球状船首をもつ貨物船ではボルスターの突出量の大きい船も多い。

外観を大事にするクルーズ客船では，アンカーレセスを工夫して目立たないように船体外板内に収めている船もある。

2万個積み大型コンテナ船の右舷の錨を降ろした状態。左舷の錨はアンカーレセスに収容されている。

投錨時に錨が球状船首にぶつからないように船首外板から突出したボルスターの先に収納させたアンカー。

クルーズ客船の錨は目立たないように船体外板より内側に収納されている。

ベルマウスに固定された錨。

お洒落なイタリア客船の白いアンカーの収納状況。

図 8-31　船体に収納されたアンカーのいろいろ

8-6　貨物設備

貨物を積むスペースは貨物艙（cargo hold）と呼ばれ，前後は水密の壁，バルクヘッドで仕切られている。上部の天井部分にハッチ（hatch）と呼ばれる開口があり，航海時にはハッチカバー（hatch cover）という蓋で閉じられている。貨物の積み降ろしは船上または陸上のクレーンを用いて上下に行われるためリフトオン・リフトオフ荷役（Lift-on Lift-off）とも呼ばれる。かつてはクレーンではなく，デリックと呼ばれる特殊な荷役装置が広く使われてきた。この装置はデリックポストと呼ば

鉄鉱石運搬船の貨物艙のハッチ。ハッチカバーで覆われて雨水や海水が入るのを防ぐ。（提供：日本郵船）

れる太いマストの付根に回転するヒンジでデリックブームと呼ばれる棒が固定されており，そのデリックブームを 3 方向からワイヤで引くことにより，ブームの先端を貨物艙内にある貨物の真上にもっていき，先端から滑車を通してワイヤで貨物を上下に吊り上げてから，回転させて船外に運び出す。操作に人手がいることと，熟練の技能が必要なことから，最近は船上クレーンが多くなって

ハッチカバーを開けて鉄鉱石を荷役中の鉄鉱石運搬船（提供：日本郵船）

内航貨物船のハッチとハッチカバー

ハッチの周りにはハッチコーミングと呼ばれる構造が設けられている。

ハッチカバーを折りたたんで開口中のハッチ

図 8-32　ハッチとハッチカバー

大型貨物船では省人化のために 1 人で操作できるデッキクレーンが主流となっている。

日本近海の伊豆諸島や奄美諸島の貨客船は，岸壁の静穏度が低い港もあるため，荷役時の揺れの少ないデリックによる荷役を行っている。

図 8-33　船上クレーンと岸壁クレーン ①

いるが，港湾施設が整わず岸壁の静穏度の低い港湾での荷役をする船では，今でもデリックが装備されている。

定期航路で陸上のクレーン設備が整った港だけを使う大型コンテナ船では，船上にはクレーンを持たない。

1960 年代までの定期貨物船はたくさんのデリックを林立させていた。

図 8-33　船上クレーンと岸壁クレーン ②

RORO 船の場合には，車両を自走で積み降ろしをするための坂道（斜路）を岸壁との間に作るランプウェイ（rampway）をもち，船内には車両甲板をもつ。車両甲板には，大型車を積載できる高いデッキハイト（deck height：甲板高さ）の車両甲板や，乗用車専用の低いデッキハイトの車両甲板があり，積載車両に応じてデッキハイトを変えることのできる可動式車両甲板もある。車両甲板は船首から船尾まで全通のものが多いが，上甲板（隔壁甲板）以下には隔壁間の短い車両甲板もある。船内の車両甲板間の車の移動のために船内ランプウェイがあり，これには固定式ランプウェイと，引上げ式のランプウェイがある。

大型車両用の車両甲板

船上に畳んで収納したランプウェイ

乗用車用の車両甲板

船首にあるランプウェイと，跳ね上げられたバウバイザー（船首の覆い）

図 8-34　RORO 型船の車両甲板とランプウェイ ①

上甲板の車両甲板より下にある船倉には，船内エレベータで車両を降ろす。

船内ランプウェイ①

ランプウェイから乗船中の車両

船内ランプウェイ②

図 8-34　RORO 型船の車両甲板とランプウェイ ②

8-7　脱出・救命設備

船が事故や火災になって，船上での安全が確保されなくなった時に，船長は「総員（全員）退船」の指示をだす。この時に，乗客・乗員の生命を守るのが脱出・救命設備である。

特に客船については，脱出・救命設備に厳しい規定がある。まず，救命艇等に乗って脱出するための集合場所（マスターステーション）までの安全な脱出経路の確保が義務付けられている。この脱出経路は，各水密区画・防火区画ごとに最低 2 系統設置しなければならない。この脱出経路の設計時には，数値シミュレーションによる避難解析を行って，規定時間内での脱出が可能であることが確認される。

図 8-35　大型クルーズ客船での避難訓練の様子。乗客は救命胴衣の着用法を学び，緊急時信号やアナウンスについて学ぶ。

海上に投げ出された各個人の生命を守る救命胴衣（ライフジャケット）や救命浮環（ライフブイ），海上に浮かんで乗員を乗せて救助を待つための救命艇（ライフボート）や救命いかだ（ライフラフト）があり，国際規則や国内規則によってその仕様や数が規定されている。

(1) 救命胴衣（lifejacket）

乗員の各自が身に着けて，万一，海上に投げだされても浮力体によって体を支えて溺れるのを防ぐ。客船では客室に人数分のものが用意されるが，最近の大型のクルーズ客船では緊急時の集合場所であるマスターステーションに用意されていることもある。色は海上でも視認のしやすいオレンジ色等となっており，浮力体には反射板がついている他，ホイッスルや小型非常灯も付属品としてある。

客船では，非常時信号やアナウンス，救命胴衣の着用法を乗客に教育するための避難訓練の実施が義務付けられている。

(2) 救命浮環（lifebuoy）

人が海に落ちた場合に船上から投げて，つかまって救助を待つための浮き輪で，外部デッキの柵に一定間隔で設置されている。浮き輪部分には船名が表示されており，海上で人が捕まえやすいようにロープがついている。

図 8-36　救命浮環

(3) 救命艇（lifeboat）

救命艇は，船上に搭載された小型ボートで，総員退船時にはすべての乗員を乗せて本船を離れて洋上で救助を待つためのもので，ボートダビットに収納されており，そこからワイヤで海面まで降ろす。また，最近の大型貨物船では，船上の発射台のようなダビッドから乗員を乗せたまま自重で落下させ，没水した後に水面上に浮かび上がるタイプの自由降下式全閉囲型救命艇（free fall lifeboat）も多くなっている。

救命艇は，そのほとんどがFRP製であり，小型のエンジンを搭載しており，低速ながら航海ができる。また船内に空気溜もしくは浮力材を埋め込んだ区画を作り，不沈化を図ると共に，転覆しても起き上がるように重心位置を下げているものも多い。また大洋での遭難に備えて，水，食料，さらには釣り竿まで備品として積み込んでいる。

図 8-37　ばら積み貨物船の船尾に設置された自由降下式全閉囲型救命艇

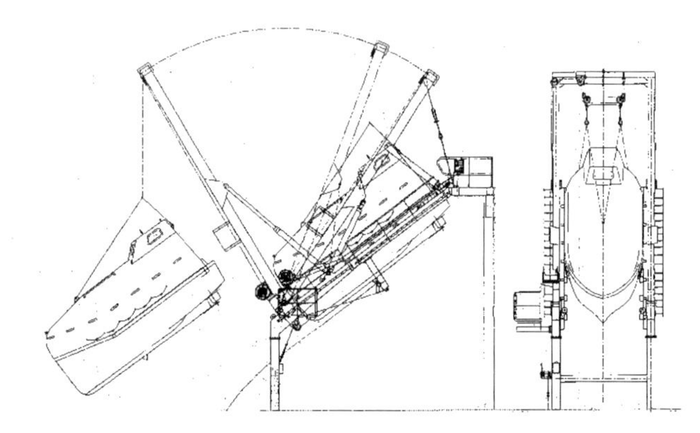

図 8-38　自由降下式全閉囲型救命艇の収納方法（出典：「SAIL TO THE FUTURE　造船工学 2」（造船技術者育成教材編集委員会編，国土交通省発行，2017 年）

客船の救命艇の最大積載人数は150人だったが，近年のクルーズ客船の大型化に伴い，2009年に登場した23万総トンの「オアシス」クラスでは350人定員の大型救命艇が搭載されている。救命艇は，片舷で総乗員数の37.5％の搭載能力が必要で，両舷で70%を収容でき，救命いかだも加えて総乗員数の125%の搭載能力をもつことが義務付けられている。クルーズ客船では，岸壁に着岸できない港で乗客乗員を上陸させるために救命艇を使うこともあり，テンダーサービスと呼ばれている。

テンダーサービスに救命艇を使用中の大型クルーズ客船「スペクトラム・オブ・ザ・シーズ」

350名が乗れる大型の救命艇（スペクトラム・オブ・ザ・シーズ）

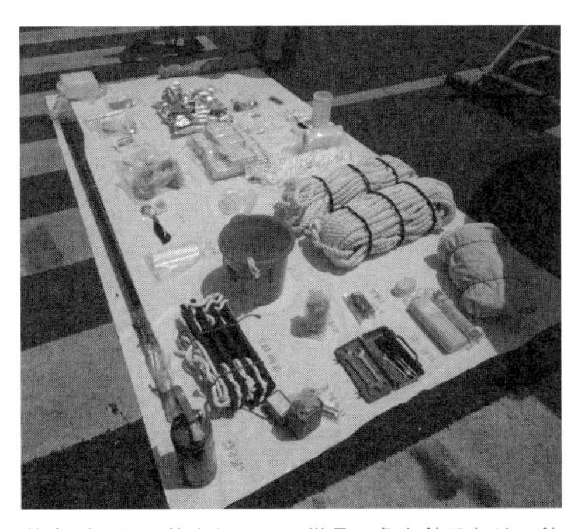

救命ボートに積まれている備品。魚を釣るための釣り竿も用意されている。

クルーズ客船「にっぽん丸」の救命艇。

図8-39　クルーズ客船に搭載される救助艇

(4)　救命いかだ（life raft）

救命いかだは，円筒状のカプセルの中に畳んで収納されていて，海面に投下すると，展開して圧縮炭酸ガスボンベにより空気袋を膨らませて海上に浮く膨張型が一般的となっている。船上からは専用のシューターによって海上の救命いかだに乗り込み，本船を離れる。

デッキに並ぶライフラフトのカプセル。緊急時には海上に落下させると自動的に開いてゴムボートになる。

ライフラフト用シューター。シューターは，海上で開いたライフラフトに甲板から人を送るための設備。

図 8-40　ライフラフトとシューター

8-8　防火・消防設備

船の火災は，洋上で発生すると外部からの消火活動ができず，自力で消火する必要があるため，陸上の建物以上に難燃性の材料の使用や各種消火設備の設置等の対策がとられている。特に大量の水による消火は船の沈没にもつながるので注意が必要となる。

火災の原因としては，貨物の自然発火，積荷の石油からのガスによる爆発，機関室内での電気系統のスパーク等による発火，乗客の火の不始末などがあり，できるだけ早期に火災を探知して初期消火をすることが大事である。このため，各種の火災探知装置が装備されている。火災が探知されると，消火器による初期消火，炭酸ガス消火装置や泡消火装置等の固定消火装置による消火が行われ，鎮火ができなければポンプで海水をくみ上げる散水消火が行われるが，前述のように大量の船内散水は船の転覆や沈没にもつながる。

外航客船では，SOLAS 条約で防火設備が厳格に規定されており，旅客が 36 名以上の場合には，船体内の長さ 40 m を超えない範囲で独立した防火構造になるように防火隔壁で船内区画を分割することが義務付けられており，この防火隔壁をまたぐ通路には防火扉が設けられている。また，各防火区画内の 1 つの甲板の面積も 1600 m^2 以下に規定されているので，これ以上広い公室も設けられない。船内の空調には防火隔壁を貫通したダクトが必要となるため，防火対策として，防火区画ごとに独立した空調システムとなっている。

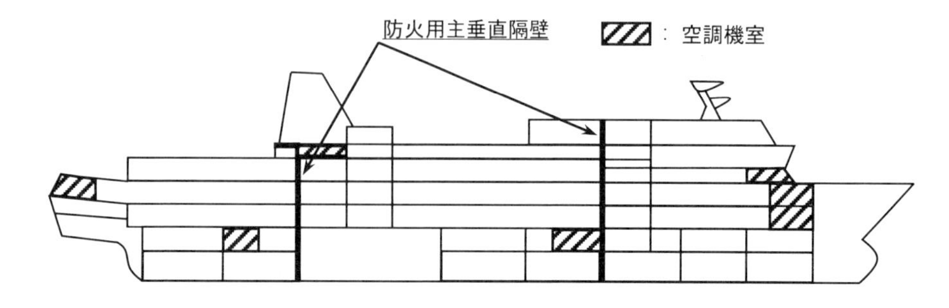

図 3-41　大型客船の防火用主垂直隔壁による防火区画と空調機室の配置例（出典：佐藤功・小佐古修士「客船の安全設計について」，日本船舶海洋工学会誌「KANRIN（咸臨）」第 27 号（2009 年 11 月））

火災探知機は二重系統になっており，集中監視されている。また，3 層以上の吹き抜け式アトリウム等では，煙探知機の設置とともに，排煙装置等も必要となる。

船上に備えられた消火栓と消火ホース

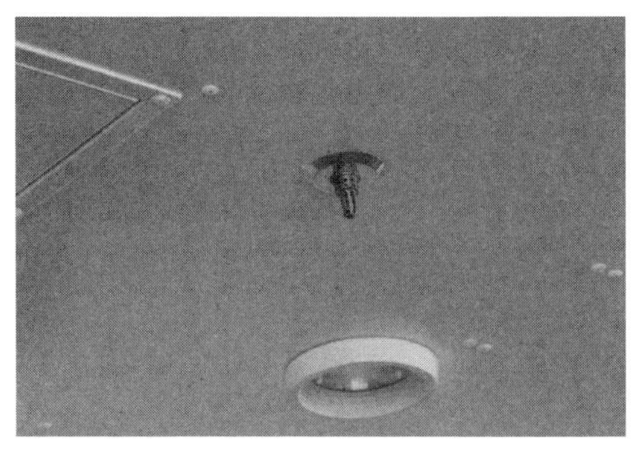

船内の天井に設置されたスプリンクラー

車両甲板に設置されたスプリンクラー

図 8-42　船上の消火設備

図 8-43　火災事故で全焼した貨物船。船の火災の消火は難しく，洋上での乗員・乗客の避難も難しい。

第9章　船の建造

9-1　日本の造船の歴史

船を建造するのが造船所（Shipyard）であり，海または川に面した水際線にある。明治時代に西洋から大型航洋船の建造技術を学んだ日本では，海軍が横須賀，呉，佐世保，舞鶴に海軍工廠を作り，主に軍艦の建造・修理を行った。一方，民間産業としての造船所は，明治時代に次のように設立されて，日本の造船産業の中心となった。

1881年（明治13年）：英国人ハンターが大阪鉄工所設立。後の日立造船。

1876年：石川島平野造船所設立。後の石川島播磨重工業。

1878年：川崎正蔵が東京に川崎築地造船所を開業し，1896年には神戸に株式会社川崎造船所を設立。後の川崎重工業。1919年にはストックボート11隻の現物出資で川崎汽船を設立して，海運業にも本格進出。

1884年：岩崎弥太郎が政府より長崎の造船所を借り受けて商船建造を開始。後の三菱造船，三菱重工業。これに先立ち岩崎は1870年に九十九商会を立ち上げ，東京～大阪～高知間の海上輸送を始め，75年には国際航路（横浜－上海）に進出し，85年には共同運輸と合併して日本郵船が誕生。

1917年：三井物産が玉野に造船部を設立。三井炭鉱の石炭海上輸送用の船舶の建造を開始。後の三井造船。

これらの造船所は，いずれも商船だけでなく艦艇建造も行い，大手造船所と呼ばれた。第1次世界大戦による海運景気により建造規模を拡大し，1917年には日本の造船業は世界第3位の新造船建造量を記録した。

しかし，第2次世界大戦によって，日本の造船業は壊滅的な打撃を受けた。戦後の日本の造船業の復活は，連合国軍最高司令部から許可の降りた28隻の小型客船の建造から始まった。1950年に発生した朝鮮戦争による新造船需要は日本の造船所に大量の船舶建造の需要をもたらし，日本の造船産業は成長軌道の波に乗った。日本政府による計画造船，輸出船振興策も追い風となり，さらに溶接やブロック建造法といった新しい技術導入による生産性の向上が，その発展に大きな寄与をした。また，世界経済の発展に伴って出現した原油タンカーやばら積み船等の専用船の大型化，高速化，自動化への対応もできた。

こうした中でかつての造船王国であった英国の造船業は次第に建造量を減らし，欧州では西ドイツ，スウェーデン，イタリア等が建造量を伸ばした。一方，第2次世界大戦中に大量の戦時標準貨物船を建造した米国は，その反動で建造量が激減して，軍艦と米国内航船の建造に特化するようになった。

日本は，1956年にはイギリスを抜いて建造量で世界一となり，1968年には世界の進水量の50%を超えた。

1965年から1975年にかけて，日本の造船各社は新しい造船所を造り，規模の拡大に邁進した。大型船用のドックが各地に造られて建造技術の近代化が一気に進んだ。また，載貨重量 100 万トンのタンカーが建造できる巨大ドックも，三菱重工の香焼，日立造船の有明，石川島播磨重工の愛知に建設された。

1965 年から 1998 年の間，日本の造船は世界シェアの 40 ～ 50% を占めて，まさに独壇場であった。

しかし，この間，1973 年の第 1 次オイルショック，1978 年の第 2 次オイルショックが，世界の産業構造を大きく変えたため，大量の船が余り，新造船の需要も急激にしぼみ，造船業界は長い不況に陥った。こうした中で韓国は 1980 年代に造船振興策を積極的に推し進め，1999 年には日本に追いつき，さらにそれを凌駕する造船量を記録した。

2000 年代になると，中国も国を挙げた造船産業の育成に乗り出し，2010 年代には中国と韓国が新造船竣工量でトップ争いを繰り広げている。日本は，新造船竣工量では中国，韓国の 60 ～ 70% 程度を保持している。

表 9-1　世界の新造船竣工量の推移

	日本		韓国		中国		欧州		その他		世界合計	
	隻数	万総トン	隻数	万総トン	隻数	万総トン	隻数	万総トン	隻数	万総トン	隻数	万総トン
2011 年	593	1,937	572	3,585	1,425	3,961	185	144	895	558	3,670	10,185
2012 年	586	1,743	474	3,158	1,448	3,900	188	134	1,000	622	3,696	9,558
2013 年	540	1,459	386	2,450	1,073	2,590	159	111	931	437	3,089	7,048
2014 年	522	1,342	343	2,259	914	2,271	166	132	1,018	458	2,963	6,462
2015 年	520	1,301	358	2,327	949	2,516	152	99	891	514	2,870	6,757
2016 年	514	1,331	359	2,503	824	2,235	165	154	681	419	2,543	6,642
2017 年	493	1,307	290	2,243	798	2,383	187	161	656	482	2,424	6,577
2018 年	458	1,453	211	1,432	811	2,315	190	187	730	396	2,400	5,783
2019 年	493	1,622	239	2,174	892	2,322	198	212	750	304	2,572	6,633
2020 年	490	1,294	219	1,826	721	2,326	167	137	729	247	2,326	5,830
2021 年 1～6月	224	601	142	1,174	436	1,440	79	63	340	103	1,221	3,380

（注）1. IHS Markit "World Fleet Statistics" による（2021 年 1 ～ 6 月は "World Shipbuilding Statistics"）
2. 対象は 100 総トン以上の船舶

9-2　造船所の施設・設備

船は陸上の船台上またはドック内で組み立てられ，船殻（hull）が完成すれば水上に降ろして浮かべ，さらに岸壁に係留して船内の艤装工事を行って完成する。かつては船台・ドックの中で船体を下から順に積み上げるように建造したが，現在は大きなブロックに組み上げた後，船台・ドックに大型クレーンを用いて搭載し，溶接により繋ぎ合わせて船体を形づくるブロック建造法が取り入れられている。このため 1 隻の船ができるまでに船台・ドックを占有する期間は 1 カ月程度とたいへん短くなり，1 つの船台で年間 8 ～ 10 隻の建造ができるようになった。

(1)　船台（building berth，building slip）

海岸線に直角方向に設けられた，傾斜のあるコンクリート製の台で，船体の総重量を支えるために強固な基礎をもつ。また，船台の先端部分が海中にまで突出していて，コンクリートで囲って水が入らないようにして，進水時に先端のゲートをあけて海水を入れるセミドック式船台もある。船台の上には船を支える進水台が設置されていて船体と一体となって進水する。進水台を滑らせて進水させるためには油を敷いたり（ヘッド進水），鉄のボールを多数使ったり（ボール進水）して摩擦力を軽減させる。大型船の場合，一度進水した船体を再び船台に引き上げることはできない。

船台と同様に，海岸線のスロープに鉄の線路を引き，台車に載せて船体を進水させたり，引き上げたりする施設を船架または引き上げ船台（slipway）と呼び，小型船の建造や修理に使われる。船を載せた船台はウィンチで引き上げることができる。日本で最初にできた西洋式の引き上げ式船台は長崎港内の小菅修船場で，今では世界遺産に登録され保存されており，ソロバンドックの名で観光名所として親しまれている。

傾斜のついた船台上で建造される大型カーフェリー（三菱造船 下関造船所）

船台を滑り降りて進水する大型カーフェリー

船台上で建造される RORO 貨物船（内海造船 因島工場）

船台上に組まれた盤木と船体を滑らせて進水するためのボール進水用船台

図 9-1　船台（building berth）

長崎・小菅のソロバンドック

漁船用の引き上げ式船台。船のメンテナンス，修理に使われる。

図 9-2　引き上げ式船台①

船台の前の水面が狭い場合には，海岸線と平行に造られた船台の上で船体を作り，横向きに進水させる横進水もあるが，日本には例がない。

また，小型船では陸上の工場内で建造して，クレーンで水面に降ろすこともある。

大型高速カーフェリーの水面下までレールを延ばし，台車で水面上に浮かばせる

クレーンによる小型船の進水

図 9-2　引き上げ式船台②

図 9-3　横進水

(2)　ドック（dry dock）

乾ドック（dry dock）とも呼ばれる海岸線の陸地を掘って回りをコンクリートで固めた施設で，海側の水密ゲートを閉じて水を排出すると空気中で船体を建造できる。底が船台のように傾斜をしていないため，船体建造が容易なうえ，海水を注入するだけで船を浮かせることができる。そのため，高度な技術が必要な進水作業がいらない。ドックの建築費用が大きいが，大型船の建造については船台建造からドック建造に変わってきている。

修繕ドック

建造ドックで建造される大型コンテナ船（提供：今治造船）

図 9-4　乾ドック

(3)　浮きドック（floating dock）

浮き沈みのできるバージ状の浮体に船体を乗せて浮上させる施設を浮きドックという。浮きドック内のタンクに注水して沈めて，中に船を引き入れてから，タンク内の水を排水して船ごと浮上させる。主に，船の修理に用いられるが，船を建造する場合に使われることもある。

浮きドック

船を載せて浮上した浮きドック

図 9-5　浮きドック

(4)　シンクロリフト

平地に造られた造船台で建造や修理をした船体を，海岸に設置したシンクロリフトと呼ばれる水中エレベーターで上下に昇降させることにより，船舶を上下架できる新しい施設で，主に小型船用に使われている。

沖縄・新糸満造船のシンクロリフト

中国・上海の造船所のシンクロリフト

シンクロリフトで上架された船舶は，船台に載せられて工場内を水平移動できる（新糸満造船）

ドイツ・キールの潜水艦用シンクロリフト

図 9-6　シンクロリフト（水中エレベーター）

この他にも，陸上の平地で建造した大型船舶の船体に，レール上を移動させ，バージに載せてから沈ませる工法などが韓国・中国の造船所等で開発されているが，あまり一般的ではない。

図 9-7　陸上で建造された大型船が，右にある台船に載せられてから，台船が沈下して船が浮上する。

9-3　建造設備

造船所での船の建造工程は，概略，次のような流れとなる。

①鋼板等の材料の搬入 → ②材料の切断・曲げ加工 → ③溶接による部材の組み立て → ④溶接によるブロックの組み立て → ⑤ブロック内の各種設備の先行取付 → ⑥大型ブロックの船台・ドックへの搭載 → ⑦大型ブロック同士の溶接 → ⑧船体の完成 → ⑨プロペラ軸・プロペラ・舵の取付 → ⑩進水 → ⑪艤装工事 → ⑫各種検査 → ⑬海上試運転 → ⑭引き渡し

各工程において独特の建造設備が必要となるが，最も，造船所に特徴的なのが林立するクレーンである。鋼鉄を主材料とする船舶では材料や部品は重く，クレーンなしでは移動ができない。このクレーンも各工程でそれぞれ独特のものが使われている。

大型の移動式ジブクレーンが，船台や乾ドックのまわりで多く使われている。ジブクレーンでは，基部にジブ（腕）が取り付けられていて，基部の回転とジブの立ち上げによって，ジブの先端に吊るす物体を任意の場所に移動することができる。このジブクレーンには，艤装用の 25 トン程度の物から，ブロック吊り上げ用の 300 トン級まである。

今治造船 丸亀事業本部の乾ドックのゴライアスクレーン

造船所に林立するジブクレーン

図 9-8　ゴライアスクレーンとジブクレーン

また大型ドックでは，ドック上を跨いで設置され，ドックに沿って走行できる門型のゴライアスクレーンがあり，1,200 トンから，最大で 1,330 トン（今治造船 丸亀事業本部）の吊り能力がある。このゴライアスクレーンは，建造用の乾ドックと，大型ブロック製造・保管スペースを跨いで設置される場合が多い。

以下，建造の各工程で使われる主要設備について順次紹介する。

①　鋼板等の材料の搬入

船体を造る材料となる鋼板は，製鉄所から鋼材運搬船やバージに積載されて造船所の水切り場に運ばれてくる。その時の荷揚げに使われるのが搬入用のマグネットクレーンである。電磁石の力で鋼材を接着させて移動させる。

造船所の水切り場に到着した鋼材運搬船と搬入用クレーン

造船所の水切り場で，製鉄所から届いた鋼板を陸揚げするマグネットクレーン

図 9-9　鋼材の運搬と陸揚げ

②　材料の切断・曲げ加工

鋼板等の材料は定盤（じょうばん）と呼ばれる台の上に置かれて，切断され，さらに加工される。

切断にはガス，プラズマ，レーザー切断機が用いられる。設計図の情報を切断機に送って，直接材料の自動切断を行う NC 切断機が広く導入されている。レーザー切断機は，熱の影響による変形が少なく，切断精度も高いため，次第に広く使われるようになってきた。

船体の一部は曲面でできているため，材料の曲げ加工が行われる。2 次元的な曲げ加工にはベンディングローラーと呼ばれる機械が使われ，ローラーを使って，その圧力で設計図通りに曲げる。また，油圧プレスと呼ばれる汎用型の曲げ機械も使われている。

3 次元的な曲げ加工は堯鉄（ぎょうてつ）と呼ばれる職人のわざで行われ，使われるのは過熱するためのガスバーナーと冷却水である。ガスバーナーでの過熱による膨張と，水による冷却に伴う収縮を利用して鋼材を設計図通りに曲げて加工する。

図 9-10　大きな鋼板を曲げるベンディングローラー

③　溶接による部材の組み立て

切断，加工された部材を繋ぎ合わせるのには，かつてはリベットが使われたが，現在は溶接が用いられている。溶接とは，2 つの部材を接続部（継手）の一部を高熱で溶かして接着するもので，アーク溶接（electric arc welding）が広く用いられている。各種の自動溶接機が導入されており，さらにロボット化も進展している。溶接の問題点は，溶接部が高温となるため部材が熱変形することで，船体外板が，内部の肋骨が外から分かるほど波打つ場合もあり，痩せ馬状態という。このため板厚に応じて溶接速度を調整して熱変形をできるだけ防ぐ。また，溶接した後で，内部の溶け込み状態等の欠陥がわからないため，X 線や超音波を使った非破壊検査も行われる。

部材を溶接してできたものをブロックという。小型ブロックは工場内で製造され，工場内の天井クレーンで移動させながら次第に大きなブロックへと組み立てられていく。

ジブクレーン

大型自走式キャリア

工場内天井クレーン

鋼板のさびを落とすショットブラスト

図 9-11　船舶の建造現場で使われる施設・設備 ①

ある程度大きなブロックになると工場を出て，屋外でさらに大きなブロックに組み立てられる。船台や建造用乾ドックの近くに行くほど，ブロックの大きさは次第に大きくなる。この時の移動には，ブロック移動用の大型自走式キャリアやジブクレーンが使われる。

ブロックはできるだけ大きくしてから，船台もしくはドックに搭載される。この時はジブクレーン，ガントリークレーン，ゴライアスクレーンが使われる。

船台もしくはドック上でのブロック同士の溶接，塗装のために，かつては船体の周りに足場が組まれていたが，今は，高所作業車が多く使われる。

不安定なブロックを支える支柱と，足場を組まずに高い位置での作業ができる高所作業車。

撓鉄作業に使われるガスバーナーと水

高所作業車。ブームの先端にあるバケットに乗って高い位置での作業が可能となる。

ゴライアスクレーンとその吊り具

図 9-11　船舶の建造現場で使われる施設・設備②

9-4　船ができるまで

造船所で船ができるまでの行程を説明する。

①　引き合い

船主が船の建造を考えると，複数の造船所に見積もりを依頼するのが一般的で，造船所では「引き合いが来る」と言う。船主は，どのような船を，いつまでに納品するのかを造船所に提示して見積もりを依頼する。

②　基本設計

造船所の基本計画部門では，船主の要望に沿った仕様の船の概略の設計をして船価を見積もる。建造実績のある標準的なタイプの船だと比較的楽だが，新しい船種，大きさの違う船だと，船の主要目（主要な寸法）から始まって，船型の開発，機関と推進器の選定，配置，安全性の検討，構造と重量，各種艤装品まで決定してコスト計算を行う必要があり，非常に手間のか

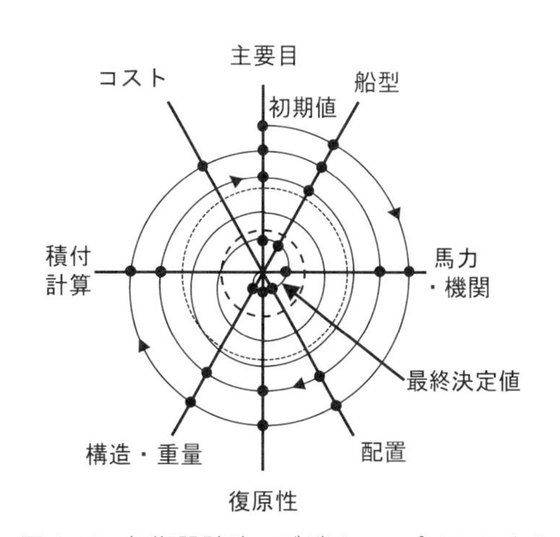

図 9-12　初期設計時のデザインスパイラル（西山浩司 他「造船業におけるデジタルものづくり」（三菱重工技報 Vol.47 No.3（2010））を基に作図）

かる作業となる。この作業ではトライアル & エラーの手法を繰り返して，最終的な設計概要が決まり，この作業過程はデザインスパイラルとも呼ばれる。この作業には多様な製図や技術計算が必要となり，3D 設計ツールとして各種の市販システムが使われている。中でも，欧州で開発された NAPA の造船用 CAE システムなどが多くの造船所で使われている。さらに，このデザインスパイラルの作業自体をコンピュータによって最適化するシステムも開発されている。

基本設計の一部である性能設計は，船の性能を決める極めて重要な作業であり，流体力学と運動力学を駆使した作業となる。船体の抵抗，推進器性能，操縦性能，復原性能，運動性能などを確認しながら，最適な船殻形状を決めていく。いずれも各造船所で蓄積された技術データが重要な役割を演ずるが，試験水槽を使った模型実験，コンピュータによる CFD 計算，各種技術計算プログラムによる計算等が行われる。

最終的な船殻の外形は，線図（lines）と呼ばれる図面で表現される。この線図は，船長方向にいくつもの横断面形状からなる正面線図（body plan），いくつもの喫水高さで水平方向に切った水平断面形を表す半幅平面線図（half breadth plan），船体を船体中心線から一定間隔で縦に切った縦断面形を表す側面線図（profile, buttock line）の 3 つからなる。これらの 3 枚の線図からなる 3 次元の曲面は，滑らかな船体表面にならなければならず，これを滑らかな曲面とする作業をフェアリング（fairing）と言う。

船舶試験水槽。細長いプールの両側にレールが敷かれ，水槽を跨ぐ台車が模型船を曳航することから曳航水槽とも呼ばれる。

波の中での船首海水打ち込み試験

使用される模型船は，パラフィン，木，FRP などで作られ，2～8 m の長さである。

回流水槽における抵抗試験

図 9-13　模型による船型試験

③　建造契約

基本計画で求められたコストをベースにして見積価格が決められ，船主に提示される。船主の合意が得られれば建造契約に至る。

④　詳細設計

実際の船の建造に必要な膨大な数の図面を作成する作業が詳細設計である。この詳細設計は，船殻設計，船体艤装，機関艤装，電気艤装に分けられる。

船殻（せんこく）とは，船体を構成する構造部材からなる構造体のことを指し，外板や甲板の板状の部材と，その強度を増すための各種骨材からなっている。船殻を構成する部材の数は，VLCC 級の大型タンカーで約 10 万点に及ぶ。

船体艤装では，係留設備，クレーン等の荷役設備，旅客や船員の居住設備等，船内に取り付けるあらゆる部品を決めて配置する設計を行う。

機関艤装では，船の主機（メインエンジン）や補機を始めとするあらゆる機械類を決めて配置する設計を行う。

電気艤装では，発電機を始めとして，配電盤，変圧器，整流器，照明，航海機器に至るまで船内の様々な電気機器の配置を決め，配線等を設計する。

これらの詳細設計にあっては，かつては紙に手書きで図面を書いていたが，現在では CAD（Computer Aided Drawing または Design）と呼ばれるコンピュータによる作図もしくは設計システムが使われている。かつては 2 次元の図面を描く CAD システムが使われていたが，現在は 3 次元の CAD システムが使われるようになっており，多角的に設計上の問題点等を抽出しやすくなっている。

造船所の設計部門のオフィス

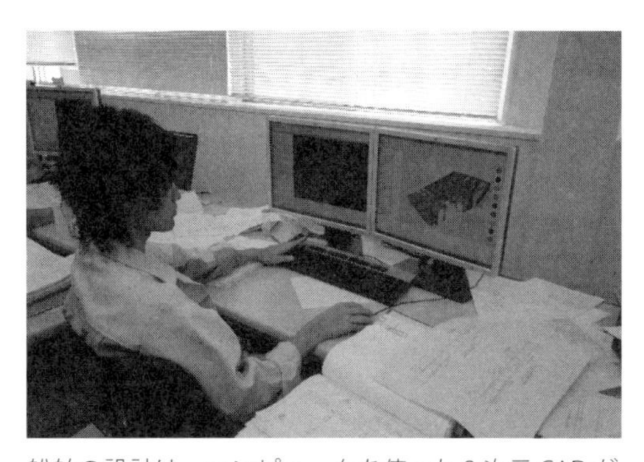

船舶の設計は，コンピュータを使った 3 次元 CAD が駆使される。

図 9-14　造船所の設計部門（今治造船）

⑤　生産設計

設計図面ができれば船がすぐ作れるわけではない。設計図面のとおりに船を作るには，購入する資材を決め，それを造船所に納品する日時を決めて注文する必要がある。特に，必要な物を，必要な場所に，必要な時間に届くように手配することは，建造の生産性に直結する。

⑥　材料の搬入

発注された鋼材は，バージや鋼材運搬船で製鉄所から運ばれてきて，造船所の岸壁の水切場と呼ばれる一画から，マグネットクレーンで揚げられる。このクレーンは電磁マグネットで鉄材を接着させて吊り上げて移動でき，鋼材に与えるダメージが少ない。

搬入された鋼材は，ショットブラストによって表面の黒皮（ミルスケール）を落としてから，塗装されて，加工工場へと移動する。ショットブラスト（図 9-11 ①参照）とは，小さな粒状の研掃材を高速で鋼材の表面にぶつけてミルスケールや錆などを取り除く装置である。

⑦ 加工

設計された各種図面が現場に送られて，材料の加工が行われる。搬入された鋼材は，コンピュータ制御された切断機によって図面通りに切断され，さらに曲げ加工が行われて，所定の部材に加工されると，組み立て工場に送られる。

また，船殻には曲面からなる部材も多く，各種の曲げ加工も必要となる。特に 3 次元の複雑な曲面の加工は，機械的な加工が難しく，過熱と冷却による材料内部の収縮を利用した蟯鉄（ぎょうてつ）作業によって行われ，職人による匠の技によるところも多い。

図面通りの部材にコンピュータ制御された切断機でカットされる。この切断には，ガス切断，プラズマ切断，レーザー切断などが使われる。

カットされた部材

3 次元的な曲がりのある部材は，ガストーチでの過熱と水での冷却によって曲げられる。この作業を蟯鉄と呼び，熟練が必要な作業である。

図 9-15　鋼材の加工

⑧ 小組立から中組立

部材同士を溶接して小さなブロック（block）となり，さらにブロック同士を溶接で繋いでいき，さらに大きなブロックへとなっていく。溶接作業を効率的に行うには，上向きの溶接を少なくすることが肝要であり，ブロックを回転させてできるだけ下向き溶接で繋ぐ。ブロックは大きくなるほど，船台やドックに近いところに移動させていく。この作業工程は，その大きさに応じて小組立や中組立と呼ばれている。

これらのブロックの製作段階で，内部のパイプや電線等の艤装品の取付を行い，これを先行艤装という。これらのブロック製作は，陸上の工場内で行うことができ，ブロック自体を反転するなどして，溶接作業や取付作業が楽になることにより工作精度も良くなる。

また各ブロックは，船の建造を行う造船所で製造されるとは限らない。ブロックだけを製造する会社もあり，場合によっては海外でブロックを製造してバージ等で運ぶ場合もある。

作業は後半に骨材を取り付けることから始まる。

平らな鋼板に骨材が溶接される工程はほぼ自動化されている。

鋼板に各種部材が溶接されてブロックができあがっていく。

ブロックは工場内で次第に大きなブロックへと組み立てられて工場を出る。

図 9-16　小組立から中組立に

図 9-17　建造造船所以外で製造されたブロックの海上輸送

⑨ 大型ブロック

中型のブロックになると，工場内から出て造船所内の屋外でさらに大型のブロックに組み立てられる。ブロックが完成すると，造船所の品質担当者，船級協会，船主監督による検査が行われる。続いて，二重底やバラストタンクの内部は，専用の塗装工場で品質管理をしたうえで塗装される。

最終的なブロックの大きさは，各造船所の船台・ドックのクレーンの能力によるが，できるだけ大きく造ると船台・ドックの占有時間を短くして造船所としての効率が向上する。造船所以外の場所で造られた大型の上部構造等の巨大ブロックがバージ等で運ばれてくることもある。

塗装工場で塗装されるブロック

船首ブロック

船尾ブロック

船尾船底部分のブロック

上部構造物のブロック

図 9-18　大型ブロックの製造

⑩ 船台・ドックへの搭載

塗装された大型ブロックは，船台もしくは乾ドックの近くで，さらに組み合わせて総組ブロックとすることもある。これらのブロックを船台・ドックに据え付けることを搭載という。搭載するブロックの大きさは，船台・ドック用のジブクレーンやゴライアスクレーンの能力により決まるが，大きくすればするほど，船台・ドックの占有期間を短くすることができ，造船所としての生産効率を向上することができる。例えば，大島造船所では最大 2,000 トンとなると公表されている。大型ブロック同士の溶接が行われて船体が完成する。

船尾部の船底のブロックから順次搭載が始まる。不安定な形状のブロックは支柱で支えられている。

ドックの底に設置する船体を支えるための盤木。昔は木製が多かったが，最近はコンクリート製が増えている。

ゴライアスクレーンによるブロックの建造ドックへの搭載

搭載された大型ブロックは溶接で繋ぎ合わされて船体を形づくる。

搭載されたブロックを溶接で接合する。活躍するのは高所作業車だ。

ドック内でほぼ完成したバルクキャリア

図 9-19　船台・ドックへのブロック搭載

⑪ 軸芯見通しとプロペラ・舵の取付

最後に，プロペラ軸が挿入され，船内の主機のシャフトと接続され，船外にはスクリュープロペラが設置される。プロペラシャフト軸は，主機の軸と正確に一直線にならなければならないが，溶接歪みによる船体の歪みや，太陽光の熱によっても微妙に船体が歪むため，温度変化の少ない時間帯に軸心をレーザー光線で計測し，これを軸芯見通しと言う。この結果に応じてプロペラ軸の内側を微細に削って，軸心が一直線になると，船体外側にはスクリュープロペラを取り付け，さらに舵等も取り付けられて船体が完成する。

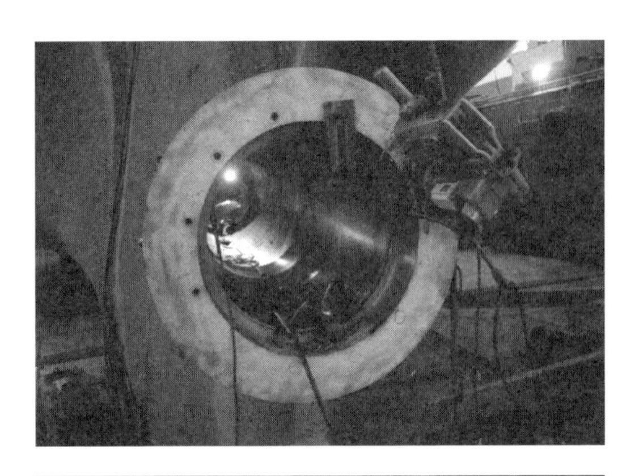

スクリュープロペラの軸は船体を貫くパイプを通して，船体内部のエンジンの軸に接続される。その軸の中心を合わせるのが軸心合わせという作業である。

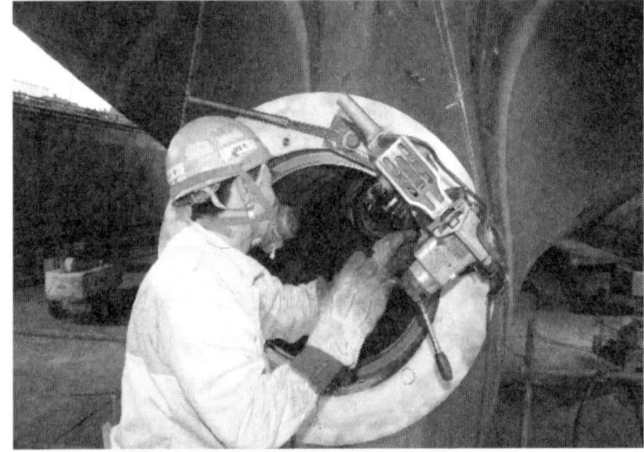

軸芯見通しの作業

プロペラと舵の取付

図 9-20　軸芯見通しとプロペラ・舵の取付

⑫ 進水

出来上がった船体は，船台の場合には滑らせて，乾ドックの場合にはドックに注水して水面上に浮かばせる。

船台進水の場合には，かつては油と軟石鹸を敷いて滑らせるヘッド進水が行われてきたが，1947年に三菱日本重工業横浜造船所で考案された，直径約 90 mm の鋼製球をたくさん並べて滑らせるボール進水方式が普及している。この「ボール進水設備」は日本船舶海洋工学会の第 3 回「ふね遺産」に指定されている。

進水式の準備が整い，参列者や見学者が見守る。

船主による命名式

鐘がならされ，いよいよ進水

支綱切断

船は船台上を滑って海上に

船台上には船を滑らせるための直径約 90m m の鋼製球が見える。

ボール進水に使われる鋼製球（出典：日本船舶海洋工学会 HP）

進水した船はタグボートによって艤装岸壁に移動する。

図 9-21　進水（三菱重工 下関造船所での海洋調査船「海嶺」の進水式（ボール進水の写真を除く））

⑬ 艤装工事

進水した船体は，まだ自ら走行することはできない。したがってタグボートによって艤装岸壁に移動させて，機械類や電気機器の据え付け，そして居住区の内装などを行って，すべてが完全に機能するように工事を行う。これを艤装工事（outfitting）という。

艤装工事は，機関艤装，船体艤装，電気艤装などに分けられるが，できるだけブロック搭載前の先行艤装および船台・ドック内で船体を組み上げる過程で行い，進水後の工事を減らしておく。

⑭ 検査

各種の検査が行われて，船のすべての機能が正常に機能することを調べる。

⑮ 海上試運転

艤装岸壁を離れて，海上でのスピード試験，停止試験，操縦性試験，錨の投錨・巻き上げ試験などの各種試験を数日かけて行う。これを海上試運転と言う。最後には，船主，運航船社，監督官庁などが乗船しての試験があり，海上公試と呼ばれている。

これらの海上試験時の船長役をドックマスター（dockmaster）または船渠長と呼ぶ。

RORO 貨物船の海上試運転（提供：今治造船）

14,000TEU コンテナ船の海上試運転（提供：今治造船）

図 9-22　海上試運転

⑯ 引き渡し

全ての試験に合格すると，各種の証書と共に船は注文した船主に引き渡され，所有者は造船所から船主に移る。こうして船は艤装岸壁を離れる。半年程度は，保証技師と呼ばれる造船所の技術者が乗

建造した造船所の社員に見送られて，船は岸壁を離れる。出港する船上から見た光景。

引き渡しする船の前で最後の記念撮影をする造船技術者たち（提供：三菱重工）

図 9-23　新造船の引き渡し

船して，初期故障等の対応にあたることもある。

最初の商業航海のことを処女航海（maiden voyage）と呼ぶ風習が残っている。

9-5　造船産業の特性

船は，鋼材，エンジン，航海機器，各種内装材等の数十万～数百万点もの部品からなる巨大でかつ複雑な製品であり，それらの部品を製造して納品する産業が必要となるため，非常にすそ野の広い産業と言われている。こうした造船所に各種の部品を納入する産業を舶用産業という。

造船所は，原材料を加工して船体を作るだけでなく，これらの部品を組み合わせて，過酷な自然の中で安全に機能する船として完成させ，船主に引き渡す。すなわち，巨大で複雑なシステムをくみ上げる総合工業であることが造船産業の最大の特徴と言える。

経営面でみると，好不況の波が極めて大きいことに特徴がある。これは海運業が好不況の波が大きいことに所以しており，海運が好況時に船の運賃が高騰して，船を造れば儲かるという状況になって大量に新造船の発注が行われ，それらの新造船が完成して活躍するようになる頃には供給過多になって海運市況が悪化して，船が余るようになり新造発注が減少するというサイクルを繰り返すことにある。こうした海運，造船業の好不況によって，船の建造価格も大きく変動する。これは船の建造には船台もしくはドック等の大規模な建造施設が必要だが，その数は限られており，しかも発注してから完成するまで 3 ～ 5 年かかるという産業特性があるためである。しかも，建造した船を，海を渡って移動させることができるので，世界中の造船業はほぼ同じ条件で戦える。すなわち，国際市場であることも，船価が変動する 1 つの要因となっている。

明治時代に，日本政府が海運と造船産業の育成に力を入れたのは，総合工業としてすそ野の広い産業振興ができることに着目したためである。日本に続いて造船国に成長した韓国や中国も同様な考え方で造船業振興に力を入れた。

一方，日本より先に造船先進国となった欧州や米国は，それぞれが高度な技術が必要な付加価値の高い船を造ることで，現在も造船産業を維持している。すなわち欧州では主にクルーズ客船，カーフェリー，調査船，海洋開発支援船，高機能漁船など，米国では軍艦や米国内の内航船の建造を行っている。また，オーストラリアのようにアルミ合金製の高速船の建造に特化して造船業を維持している国もある。

9-6　日本の造船業の変遷

本章の冒頭に記載したように，日本の大型船を造る造船業は，日立造船，石川島播磨重工，川崎重工，三菱重工，三井造船の順に明治時代に誕生し，さらに，住友重機械，佐世保重工，日本鋼管が加わって，それらの造船所が造船大手と呼ばれる時代が続いた。

また，日本各地に木造機帆船建造を発祥とし，後に鋼船を建造するようになった造船所が多数あり，1960 年代からは大型船の建造にも乗り出し，造船中手と呼ばれるようになった。大阪市内の川筋にあった大阪造船所，佐野安造船所，名村造船所，広島の常石造船，尾道造船，幸陽船渠，内海造船，四国の今治造船，来島船渠，檜垣造船，波止浜造船，九州の林兼造船，臼杵鉄工所，北海道の函館ドック，楢崎造船等である。

(1) 日本の造船業の飛躍

日本の大手造船会社の特徴は，商船と艦艇の建造だけでなく，主機や補機等の製造も手掛けており，それが次第に総合重工業に姿を変えたことである。中には各種機械に加えて，橋梁，航空機，自動車にまでその仕事を広げた会社もあり，多角経営により好不況の波の大きい造船業の仕事の平準化が図られた。また，30 万重量トンを超える大型船の建造施設を有して，1970 年代には 60 ～ 100 万トン用の超大型建造ドックを整えた会社もある。これは主に超大型のタンカー新造需要を狙ったものであった。

一方，造船中手の会社の中には，手狭な造船所敷地からの脱却を図って 1970 年代に新しい造船所の建設に着手した会社もある。佐野安船渠（元佐野安造船所）は水島（岡山県），名村造船は伊万里（佐賀県），大阪造船は大島（長崎県），今治造船は丸亀（香川県），来島どっくは大西（愛媛県），常石造船は多度津（香川県）にそれぞれ新造船所を造った。いずれも 30 ～ 40 万トンの大型船を建造できる乾ドックを有する近代的な造船所であった。

(2) 造船不況と業界再編

しかし，こうした造船施設が整った時点で未曽有の造船不況が襲いかかった。1973 年のオイルショックによる世界的な経済不況に伴って海運不況となり，その 3 年後には造船不況に陥った。1973 年にピークとなった各造船所の新造船手持工事量は 1976 年にはほぼ半減し，さらに超大型タンカー建造のキャンセルが追い打ちをかけた。

日本政府は，運輸大臣の諮問機関として「海運造船合理化審議会」を立ち上げ，1976 年に「今後の建造需要の見通しと造船施設のあり方について」の答申を得た。この答申では，1980 年における建造需要は約 650 万総トンで，それに対応する操業度は 1974 年比で 65% 程度であり，約 35% の建造能力の削減が必要とされた。政府は，この目標実現のため雇用調整，操業調整による生産規模の縮小を指導すると共に，計画造船，官公庁船の代替建造の前倒し等の需要創出を行った。国の造船設備処理は 1979 年度末まで続いた。この間，京浜，阪神，中京の基幹工業地域の造船産業が大幅に縮小し，瀬戸内海地域および九州に造船産業の中心が移った。

表 9-2 日本の主要造船所の設備処理

造船所名	設備処理内容
函館	規模を縮小し，陸上機械の製造，船舶修繕および中小船舶の新造を行う
石播・横浜	船舶修繕を行う
三菱・横浜	全面閉鎖し，跡地を都市再開発用地として売却
石播・知多	陸上機械・海洋構造物の製造及び船舶修繕
日立造船・堺	陸上機械・海洋構造物の製造及び船舶修繕
三井・藤永田	陸上機械製造。跡地の一部を商業用地として売却
名村・大阪	規模縮小し，船舶修繕。跡地は大阪市清掃工業用地等
佐野安・大阪	規模縮小し，船舶修繕。跡地は大阪市清掃工業用地等
三菱・広島	陸上機械・海洋構造物の製造及び船舶修繕

（1986 年現在，日本造船工業会「造船界」No.152, 1986.1 を参照して作成）

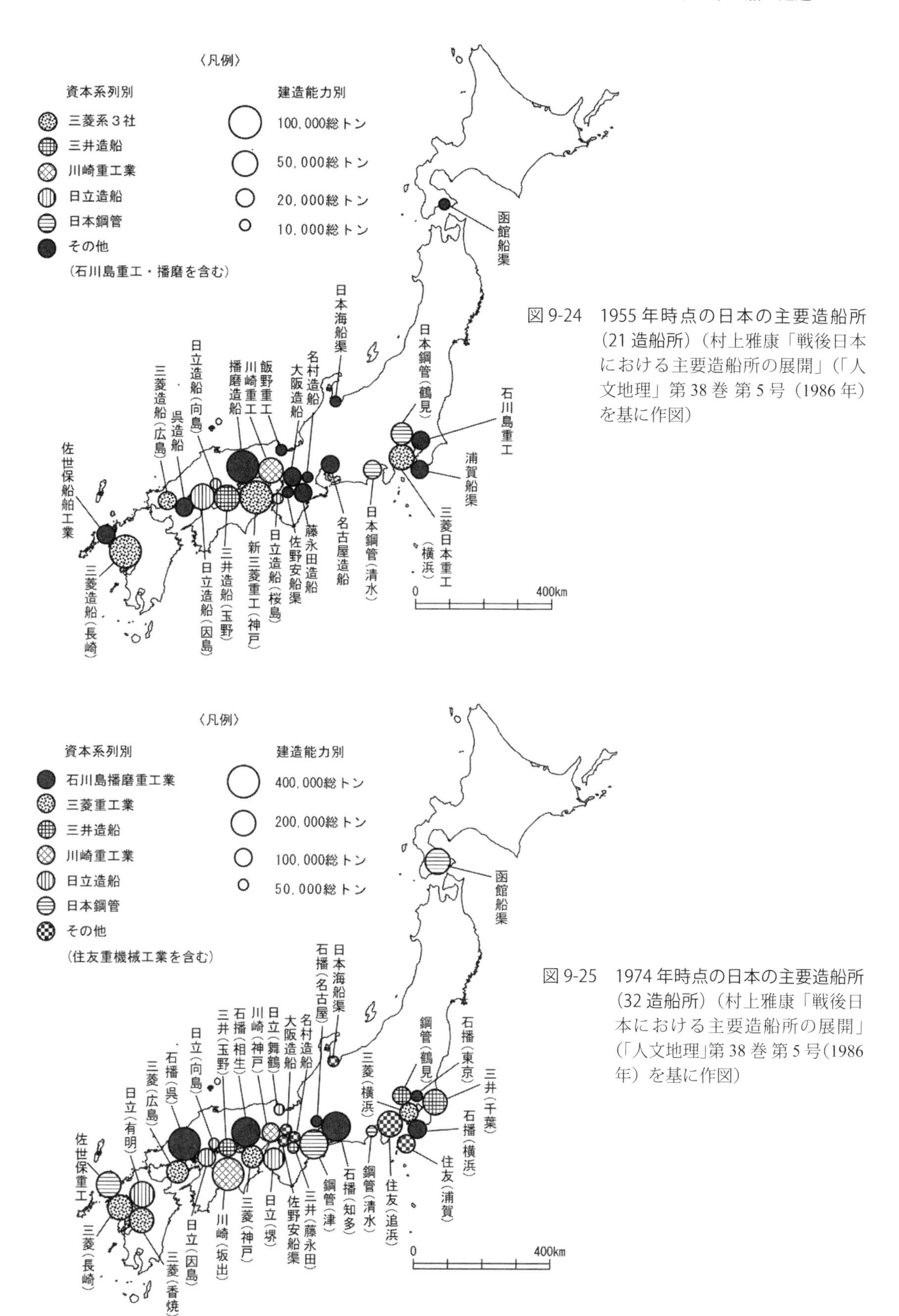

図 9-24　1955 年時点の日本の主要造船所（21 造船所）（村上雅康「戦後日本における主要造船所の展開」（「人文地理」第 38 巻 第 5 号（1986 年）を基に作図）

図 9-25　1974 年時点の日本の主要造船所（32 造船所）（村上雅康「戦後日本における主要造船所の展開」（「人文地理」第 38 巻 第 5 号（1986 年）を基に作図）

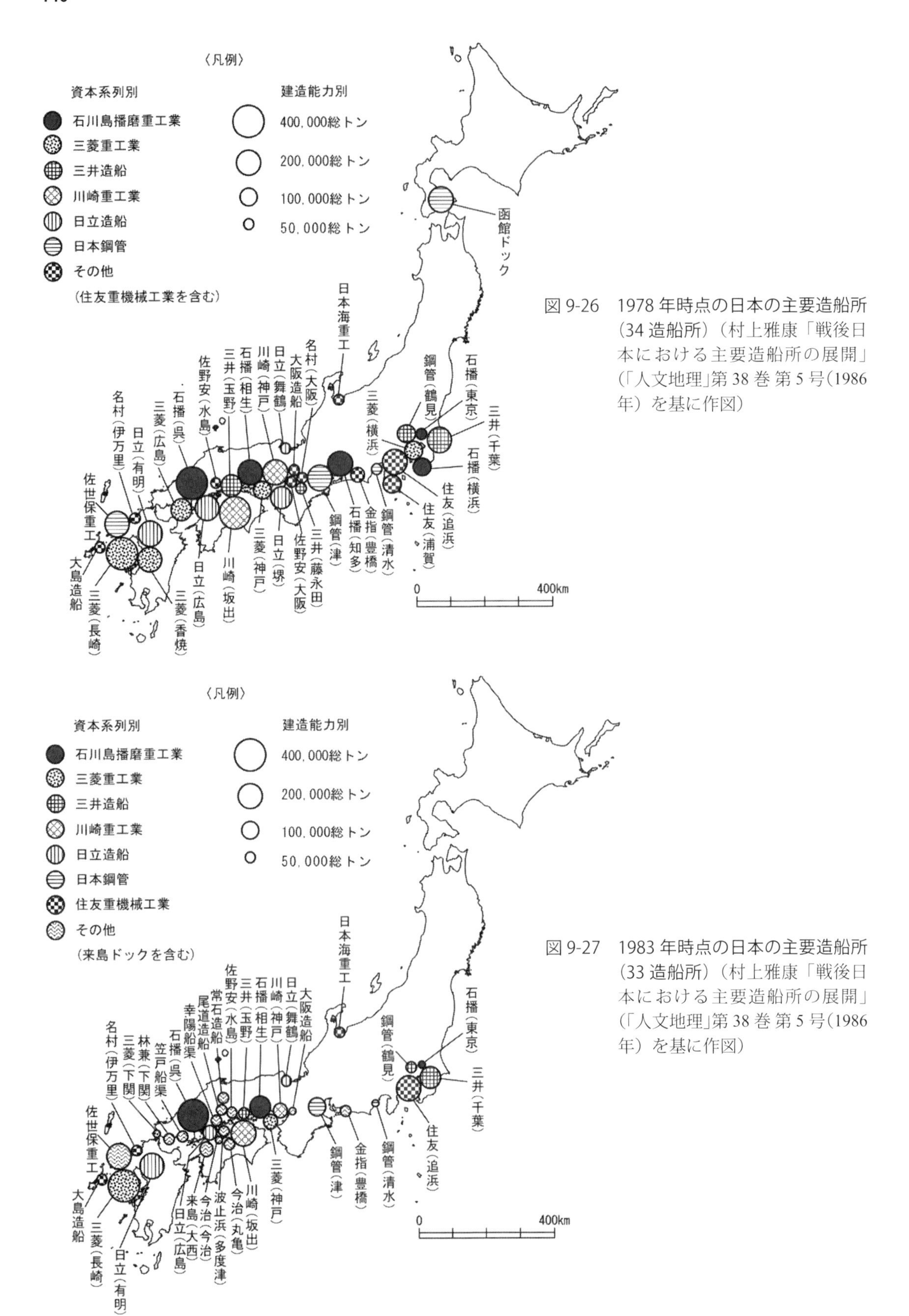

図 9-26　1978 年時点の日本の主要造船所 (34 造船所)(村上雅康「戦後日本における主要造船所の展開」(「人文地理」第 38 巻 第 5 号(1986 年) を基に作図)

図 9-27　1983 年時点の日本の主要造船所 (33 造船所)(村上雅康「戦後日本における主要造船所の展開」(「人文地理」第 38 巻 第 5 号(1986 年) を基に作図)

(3)　韓国・中国の台頭

日本の造船産業が縮小する中，急成長を遂げたのが韓国と中国の造船産業である。

2016年の世界の企業別の新造船竣工量を図9-28に示す。単位は万総トンである。韓国は，1社で400万総トンを超える会社が3社もある。韓国造船の特徴は，新しい大型の建造設備を1970年代のオイルショック後に建設して，日本の大手造船業が独占していた大型貨物船を安い人件費と新しい大規模設備で建造したことにある。例えば現代重工は蔚山（ウルサン）に10ものドックを持ち，2008年には102隻もの新造船を引き渡している。

中国造船業は100～200万総トンの会社が4社となっており，韓国企業に比べると規模が小さい。

日本では，今治造船が系列会社も含めて4位に，JMU（ジャパン・マリン・ユナイテッド）が6位に入っている。今治造船の成長については後述する。6位のJMUは，かつては造船大手であった日立造船，日本鋼管，石川島播磨重工（IHI）の商船建造部門が合併した会社である。

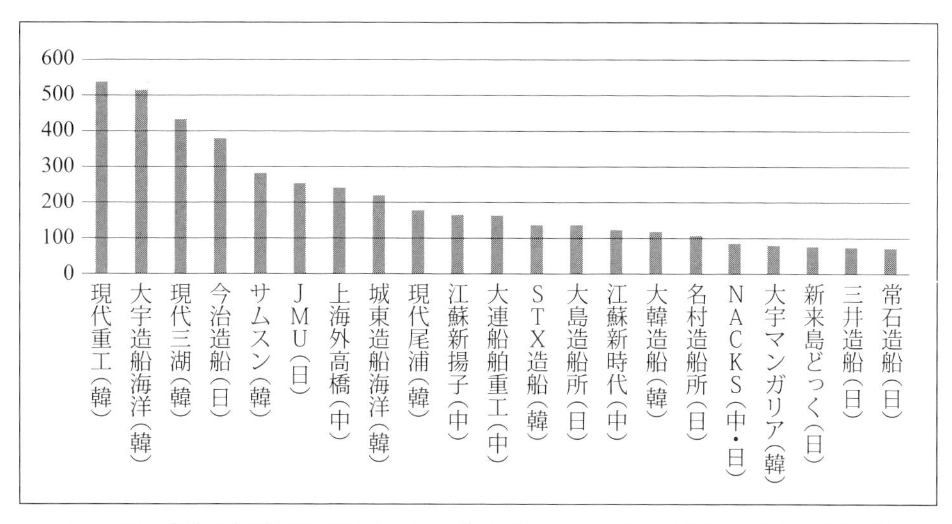

図9-28　企業別新造船竣工量ランキング（IHS Fairplay（2016年）に基づいて作成）

(4)　造船中手の躍進

1979年からは，中型タンカーやバルクキャリアを中心とした新造船建造需要の回復に伴って，新規受注量が78年をボトムにして回復し，1980年には1000万トンにまで回復した。

図9-24～9-27に示す1955年から1983年までの日本の主要造船所の場所と建造能力を見ると，この間の日本の造船の変遷が垣間見れる。図9-26の1978年と，図9-27の1983年を比較すると，造船不況とその対策が日本の造船業に大きな変化を与えたことがわかる。

一方，同様の造船不況に直面した欧州では，イギリスとスウェーデンは造船所の国有化，フランスやオランダは造船所の集約化を行った。その結果，多くの老舗造船所が姿を消した。その一方で，ドイツ，イタリア，フィンランド等では新しく成長する造船所が現れている。

(5)　合併・統合

日本の造船産業は，戦後に合併を繰り返してきた。1960年には石川島重工と播磨造船が合併して石川島播磨重工に，1964年には三菱系の3社が統合して三菱重工に，1964年には石川島播磨重工が名古屋造船を吸収合併，1967年に三井造船と藤永田造船，1968年に石川島播磨重工と呉造船，1969年に浦賀重工と住友機械，1970年に日立造船と舞鶴重工が統合されている。1970年代前半までには，三菱，石播，日立，三井，住友，川崎，日本鋼管の7系列の造船大手が造船中手と技術面で連携する体制がとられた。これによって造船中手は大型船建造の技術を吸収することができた。

三菱重工 ― 名村造船，今治造船，笠戸船渠
石川島播磨重工 ― 波止浜造船
日立造船 ― 尾道造船，内海造船
三井造船 ― 常石造船，幸洋船渠
住友重機 ― サノヤス造船，大阪造船，大島造船
川崎重工 ― 金指造船
日本鋼管 ― 林兼造船

この系列化は，資本の系列化というよりは，技術の系列化という意味合いをもち，高い技術力をもつ造船大手が造船中手の造船所の技術指導を行うというものであった。

1978年に，経営危機に陥った造船大手の佐世保重工が，「再建王」とも呼ばれた坪内寿夫氏が率いる造船中手の来島どっくの傘下に入るという逆転劇が起こった。これは造船中手が着々と技術力をつけて造船大手に迫ってきた予兆でもあった。

(6) 中手造船から強手へ

造船不況後に，日本の中で最も積極的に事業拡大を図った中手造船所が今治造船であった。今治造船の歩みを以下に示す。

図9-29　今治造船 丸亀事業本部（提供：今治造船）

1970年　丸亀工場 建設着手，1972年新造船 第1船
1979年　今井造船，西造船を系列化
1983年　岩城造船を系列化
1984年　西条市に造船用地確保
1986年　幸陽船渠を系列化
1993年　西条工場 建設着手
2000年　西条工場 大型ドック完成
2001年　㈱ハシゾウを系列化
2002年　幸陽船渠に新ドック完成，岩城造船に新ドック完成
2005年　新笠戸ドックを系列化
丸亀工場 多度津事業部設立
渡邊造船を系列化→しまなみ造船に社名変更
2008年　ハシゾウと西造船が合併して，あいえす造船に
2014年　幸陽船渠を今治造船に統合
2015年　多度津造船を系列化

2017年　丸亀事業本部に新ドック完成

2018年　南日本造船を系列化

2020年　JMUと資本業務提携，営業・設計の合弁会社として2021年に日本シップヤード設立

上記の年表から分かるように，狭隘化した波止浜（愛媛県）の造船所からの飛躍するために丸亀に新造船所を建設したのは1970年代のことで，他の造船中手企業とほぼ同じだが，1980年代に入って瀬戸内海の造船所を次々に系列化もしくは合併すると共に，西条の新ドック，幸陽船渠の新ドック，岩城造船の新ドック，波止浜の本社の新ドック，丸亀の新ドックの建設と，最新施設の整備を積極的に行った。

その結果，2020年には，国内に10の造船所を有し，年間70～90隻を建造する体制を整えた。

2021年からは今治造船とJMUで，LNG船を除く商船および海洋構造物の営業と設計を一元化して，韓国および中国の大手造船所に負けない建造能力をもつに至った。

表9-3　2000年と2016年の各企業の建造量ランキングの変遷

建造量ランキング	2000年	2016年
1	三菱重工	今治造船
2	三井造船	JMU
3	IHI	大島造船所
4	日立造船	名村造船所
5	今治造船	新来島どっく
6	日本鋼管	三井造船
7	常石造船	三菱重工
8	川崎造船	サノヤス造船
9	名村造船所	常石造船
10	佐世保重工	住友重機械
11	大島造船所	川崎重工
12	住友重機械	尾道造船
13	新来島どっく	北日本造船
14	幸陽船渠	福岡造船
15	カナサシ重工	神田造船所

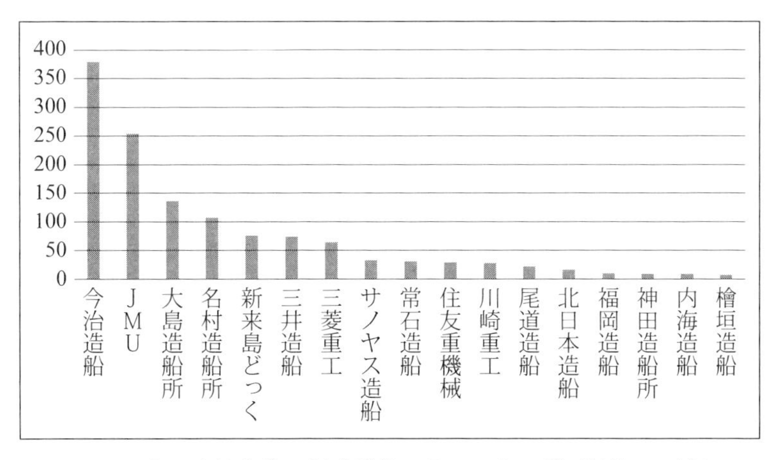

図9-30　日本の造船企業の新造船竣工量ランキング（単位：万総トン。国土交通省公表データ（2016年）より作成）

(7)　国際化に取り組む造船会社

海外に造船所を建設することで国際化を進めた造船企業もあった。

常石造船は1990年にフィリピンのセブに，2003年には中国の舟山に新しい造船所を造り，いち早く国際的な建造体制を構築した。

また川崎重工は，1995 年に中国遠洋運輸（集団）総公司（COSCO）との合弁会社 NACKS（川重 50%，COSCO 50%）を，2012 年には DACKS（川重 34%，COSCO 36%，NACKS 30%）を設立して，分担建造，共同購入などの一体経営化を進めている。

9-7　世界の造船業

世界の荷動き量は，中国をはじめとする新興国と，発展途上国の成長に伴って今後も成長していくと考えられ，それを運ぶ船舶の新造需要も増えていくことが考えられる。さらに造船業は，1970 年代のオイルショック後の造船不況の中で新しい分野として海洋開発機器の開発・建造に進出し，さらに 1980 年代からはクルーズ客船を使った海上レジャーの分野も開拓している。

したがって，これまでのように造船産業の規模を新造船建造量の総トン数だけで測るのは相応しくなく，付加価値の高い船や海洋関連機器の開発・建造へのシフトもしていかなくてはならない。

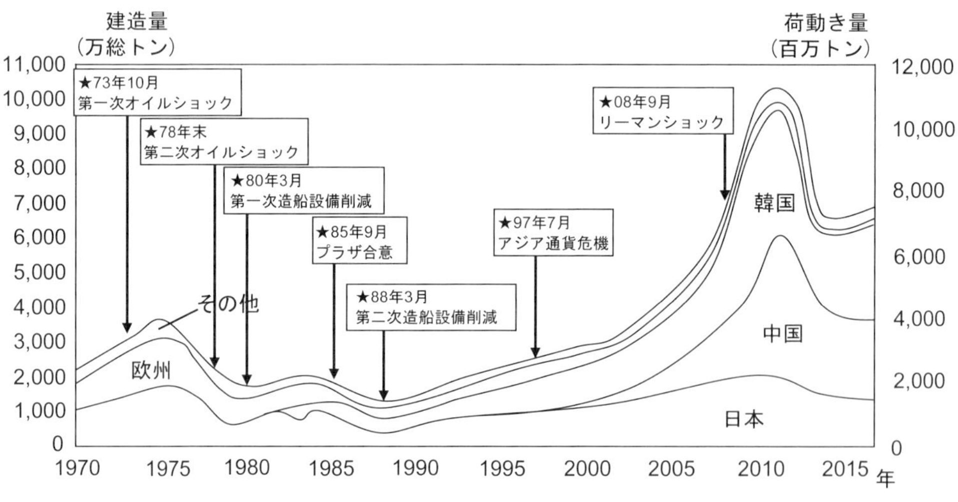

図 9-31　世界の海上荷動き量と新造船建造量の推移

第 10 章　船のメンテナンスと修繕

10-1　腐食

鋼鉄を錆びさせる塩分を含む海水に浮かび，荒れた海象の中でも運航されて大きな外力をくり返し受ける船は，常に様々なメンテナンスが必要となる。

外気や塩水に晒される船の外部は錆が発生すると腐食が起こり鋼材を痩せさせる。また，長時間運転される機器類の不具合，大嵐の中での激しい衝撃力やくり返し力による部材へのひび割れ（クラック）などにも対応が必要となる。

水面下の船体には，フジツボ等の貝類，あおさ等の海藻類等の海洋生物が付着し，腐食を発生させると同時に船の速力を落とし，その結果，燃料油がかさむ。

こうした船体の変化を見落とさずに，こまめなメンテナンスを行うことが，船員には求められており，それが健全な船舶を維持することにつながる。

(1)　鋼材の錆による腐食

特に，金属の中でも鋼鉄は空気中の酸素や水と結合しやすく，酸化鉄になる。これがいわゆる錆（さび）の発生で，材料としての鋼材の表面を侵食して腐食させる。この腐食を防止するためには，各種の塗料が塗られるが，この塗料が剥げたり割れたりすると，鋼材の表面に錆が発生して腐食が起こる。航海中にも錆の発生した部分には塗料を塗って腐食を防ぐメンテナンス作業が欠かせない。特に，旅客を乗せる客船にあっては，見栄えの問題もあるのでこまめなメンテナンスが行われている。

(2)　金属材料間の電蝕

空気や水に触れることによって生ずる錆以外にも，鋼鉄は腐食される。それが異種金属の接触による電位差によって一方の金属が腐食する現象で，電蝕と呼ばれている。船舶の場合には銅合金製のスクリュープロペラと，鋼でできた船体の間では電蝕で船体表面の腐食が進むため，亜鉛アノードと呼ばれる金属板を外板に取り付けて，そのアノードが先に腐食することで船体表面の腐食を押さえる防蝕効果を利用している。最近は流電陽極法や外部電源法と呼ばれる電気防食法も広く使われている。

(3)　エンジン等のメンテナンス

船内にある機関等については，機関部の船員によって航海中も常に点検および修理が行われている。

最近はエンジンメーカーが遠隔でエンジンの諸データを陸上で把握して，メンテナンスの必要性を判断して船員に伝えるというサービスも行われるようになっている。

(4)　造船所での定期的な修繕工事

船は定期的に造船所のドックに入って安全性の検査を受けることが義務付けられており，一般的にはこれを「入渠」または「ドックに入る」という。人間も病院へ行き健康診断することを「人間ドック」と呼んでいるが，これは船のドックでの定期検査が語源と言われている。

この時には，造船所の技術者や舶用機器メーカーの技術者による船体および船内内部の機械類の点検，修理が行われる。また船底をはじめ船全体の塗装も塗り替えられて綺麗になる。

定期検査および中間検査についての詳細は，第13章「船舶の法規」で説明する。

こうした定期検査や修理以外に，海難で損傷した船体の修理，船の改造や増築工事など，造船所では新しい船を造るだけでなく，いろいろな修繕工事を行っている。造船所の中には，修理だけを専門に行う所もあるほど重要な仕事である。

10-2　物理的な損傷

物理的な損傷としては，荒天時に波が船首のフレア部や船首船底をたたくことによる衝撃圧，船首に波が打ち込む青波によるデッキに働く水圧，岸壁等への接触，座礁，他船との衝突などによって起こる。外板や甲板に穴が開くことは少ないが，板の凹みや内部の骨材の亀裂，柱の曲がりや座屈が起こることはかなり頻繁にある。

このような状況になった時には，損傷部の調査を行って航行に危険がないのであれば一応の応急処置をしたうえで，自力で造船所まで行って修理を行う。

図10-1　船の損傷；ぎりぎりの幅のパナマ運河を通過する船舶では，閘門の壁との擦れ傷などの損傷が発生する。

10-3　海難救助（salvage）

自力での航行ができない場合には，海難救助を要請する。人命に危険がある場合には海上保安庁，コーストガード等に救命を要請することとなるが，船自体および積荷の救助は，民間のサルベージ会社が行う。自航出来なくなった船舶の曳航，沈没，転覆した船舶の引き揚げ・曳航，座礁や座洲した船舶の離礁・曳航等の作業を行い，基本的には成功報酬となっている。すなわち海難救助には「不成功無報酬の原則」（No Cure, No Pay）があり，ルイ14世の時代に難破船からの略奪を防止するために，積極的に船の救助をすることを奨励し，救助に成功した場合には報酬を与えたことに由来するとされている。

なお，人命の救助については，公的機関，民間機関共に救助費用は支払う義務はない。

座礁事故を起こしたカーフェリー

海上での貨物船同士の衝突事故（提供：海上保安庁）

座洲した大型貨物船

バラスト水の交換で横倒しになった PCC（出典：USA Coast guard HP）

座礁し横転した大型クルーズ客船（出典：IMO HP）

エンジン停止で漂流して座礁した貨物船の残骸

図 10-2　海難

図 10-3　海難救助を行うサルベージ船

第11章 船の一生

(1) 船の誕生

船の誕生はどこから始まるのか。最初のブロックを船台に載せたとき，進水した時，完成して引き渡された時と，いろいろな考え方はあるが，進水して初めて海に浮かんだ時とするのが一般的である。船には船齢と呼ぶ年齢があり，これも進水した時点から数える。人に例えると，船台で建造中は胎児であり，進水が出産，そして艤装中が子供時代で，引き渡されたときは成人ということになる。

(2) 登記と登録

図 11-1　船の誕生は進水式

造船所での工事が進み完成に近づくと，船主は船籍港を決めて管轄する管海官庁に「積量測度」を申請する。船籍とは船の国籍のことで，その国の中の 1 つの港を船籍港とし，いわば人間の本籍地に当たる港である。積量測度とは，船のトン数のうち，総トン数と純トン数を公式に計測して認定してもらうことであり，日本では国土交通省の海事局の船舶測度官によって行われ，「船舶件名書」が公布される。

なお船の総トン数については，国際的な不統一を解消するために，1969 年に新しい統一的な総トン数が定められており「国際総トン数」と呼ばれている。なお，日本国内だけで使われる船については，小型船に対する修正係数および二層甲板船に対する修正係数を掛けた国内総トン数が使われている。

図 11-2　船尾には，船名，船籍港，IMO 番号が表記されている

船主は法務局に船舶件名書を提出して所有権の登記を行い，再度，海事局で船舶原簿に，船名，船舶番号，船の要目等を登録する。これによって日本国籍が取得され，船舶国籍証書（ship's registry）が交付される。

なお，各国の規則で船の名前を船首両舷，さらに船尾には船名と船籍港を記載することが義務付けられ，IMO 規則では，外航船については，船名，IMO 番号（IMO Ship Identification Number），船籍港の表示が義務付けられている。なお IMO 番号は，海事上の安全，汚染防止，海事上の詐欺行為の防止のために，廃船になるまで変更されない。

(3) 船級と検査

船舶は船そのものも，その積荷も非常に価値の高いものなので，海難で失われると船主，運航会社，荷主に大きな損害が及ぶ。これをカバーするのが，保険会社が引き受ける船体保険と貨物保険である。かつては保険会社にとって船舶保険の割合が非常に大きく，会社名に「海上」という文字が入る場合が多かったのは，その名残である。今でも海上保険は重要だが，自動車保険や住宅保険の占める割合が増えて，会社名から「海上」の文字が消えた保険会社も多くなった。

保険会社が船の保険を引き受けるにあたって，船の安全レベルを把握することが必要となり，それを代行するのが海運先進国に設立された船級協会（Classification Society）であり，最も歴史のあるのが英国のロイド船級協会（LR）であり，日本には日本海事協会（NK）がある。船級協会は，造船所や船主から独立した第三者機関として，国際法規および各国の法規に従って検査を行い，合格すれば船級を付与する。

これがあって初めて，船は保険に入ることが可能となり，安心した営業航海ができる。

(4) 安全検査

表 11-1　世界の主要船級協会

国名	協会名	略称
日本	日本海事協会	NK
アメリカ	American Bureau of Shipping	ABS
イギリス	Lloyd's Register of Shipping	LR
フランス	Bureau Veritas	BV
ノルウェー	DNV	DNV
イタリア	RINA S.p.A	RINA
ロシア	Russian Maritime Register of Shipping	RS
韓国	Korean Register of Shipping	KR
中国	China Classification Society	CCS

船舶には国籍があり，その国の法律が適用され，これを旗国主義という。すなわち，日本籍船は，日本の船舶安全法等の国内法規によって取り締まられる。国によってはすべての検査を船級協会に委任している国もあるが，日本籍船については日本政府または日本小型船舶検査機構（総トン数 20 トン未満の小型船舶が対象）が船舶検査を行っている。検査は，船舶の安全と，環境汚染および海上災害の 2 つの視点からのもので，建造時の製造検査，航行を開始する時および船舶検査証書が満了する時の定期検査，定期検査間に受ける簡易な中間検査，改造等の時の臨時検査などがある。

なお，いずれかの船級を取得している船舶については，船級検査で行われた検査を省いた船舶検査が船籍国によって行われる。

(5) 船の寿命

船舶は水と空気に触れる環境で使われるため，船体表面は腐食して強度が弱くなる。また嵐の中などの航海で繰り返し大きな力が船体に働くことから，金属疲労等から亀裂が入りやすくなる。また，船内の機器や内装も，経年劣化で性能が落ち，各所の老朽化が進む。そして船籍国や船級の検査に合格できなくなると船の寿命がつきることになる。これがいわば天寿全うということになるが，船舶の場合にはそこまでの長寿船は珍しい。

それは船齢が増すと故障も多くなり，その修理に費用がかかる。また，新しい船との性能の格差による陳腐化によって経済的な競争力を失うと現役からの退場を迫られる。

こうした寿命を前にして経済的に競争力を失った船は売却され，第 2 の人生を過ごす船も多い。ギリシャ船主のように，こうした老朽船を大量に購入してストックし，海運の好況期に高値で売却したり，自ら運航したりすることで商売をする者もいる。

日本のような海運先進国では，減価償却を終えた船舶は売船価格が下がらないうちにできるだけ早く高い価格で売却して，高性能な船舶へと代替することにより競争力を維持する方針をとる会社が多い。日本船の場合には減価償却期間が鋼船で 15 年が一般的なので，20 年までには売却して，新造船に代替することが多い。

天寿という点では，ストックホルムのような多島海で静穏な水域や，淡水の湖で使われている小型客船には長寿船が多く，船齢 100 年を超える船もある。

(6)　損傷と修理

船の損傷には，小さなものから大規模なものまで様々ある。小さなものでは外板に取り付けられた骨材の亀裂や腐食，大きなものでは座礁，他船や陸との衝突・火災などによる大規模損傷まであり，場合によっては衝突で船体が真っ二つに裂かれるといったものまである。

小さな亀裂などの損傷は日常的に発生する可能性があり，乗組員が常に船体構造を

図 11-3　1871 年生まれのストックホルムのフェリー「グルリ」。2014 年の撮影で，当時で 143 才という長寿船だ。

船を前後に切断して，その間に新しい船体を継ぎ足すジャンボ化工事。

上部に客室を増設して定員を増やす改造をしたイタリアのカーフェリー。復原力の不足を補うために水面付近にバルジを増設している。

図 11-4　船舶の大規模拡張工事

チェックして，亀裂の進展を止めたり，まわりを補強する応急修理をしたりしておき，造船所で原因究明と修理工事を行う。船齢の高い老朽船では，腐食による板厚の減少や，局部的な深い腐食にも十分に注意しなくてはならない。

海難の場合には，自力で造船所にたどり着く場合を除くと，サルベージ会社等に救助を依頼して，タグボート等に曳かれて造船所に到着する。修理工事は，損傷の程度によって違い，損傷部分を切り取って新しく造ったブロックに入れ替えたり，船体のかなり大きな区画全体を切り取って新しくしたりすることもある。

こうした損傷修理以外に，改造工事も造船所の修理部門で行われる。大規模なものでは，社会情勢が大きく変化して船のキャパシティが不足した時に，船体を2つに切りその間に新しく造った船体を挿入して長さを増やしたり，上部構造のかさ上げをしたりという船体増築工事が行われ，ジャンボ化工事と呼ばれている。

(7) 解撤

役割を終えた船舶は，解体されて部材はリサイクルにまわされることになり，これを解撤（かいてつ）という。かつては日本でも解撤工事が行われていたが，現在は，人件費の安いバングラデシュ，インド，トルコなどの発展途上国で主に行われている。

解撤作業は，遠浅の海岸に船舶を全速で直角に乗り上げさせて，船首側から順次解体を進めるビーチング式と，岸壁等に浮かべた状態で上から解体していくアフロート方式がある。しかし，発展途上国の解撤場では油やアスベスト等の有害物質の適正処理が行われず，解体現場での海洋汚染，安全対策の不備による作業員の死傷事故が多く，2009年にはIMOでシップリサイクル条約が採択されて，解体時の環境と作業員の安全確保がなされるようになった。この条約が発効されれば，500総トン以上の全船舶に，船内にある有害物質等の概算値と場所を記載した一覧表であるイベントリの作成と維持管理が義務付けられ，管轄する当局が承認した船舶リサイクル施設でのみ解撤ができるようになる。

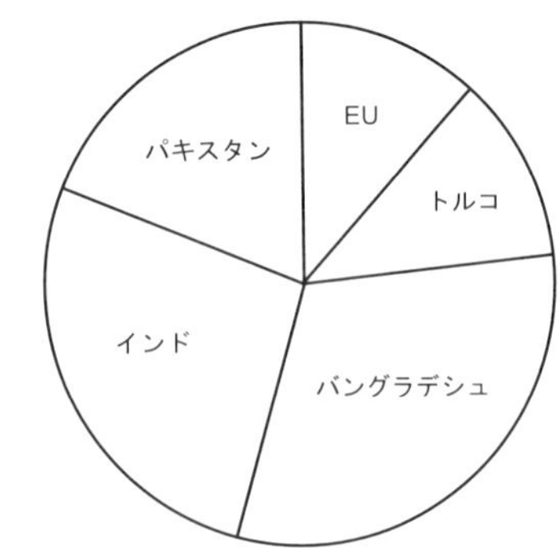

図 11-5　船舶の解撤国（出典：NGO Shipbreaking platform 2021）

解体船から搬出された機器や部品は中古品市場に売却され，鉄材は線材にリサイクル，または電気炉鋼材の原料となっている。中でも鋼材のリサイクルを行うことにより，鉄鉱石を原料にして高炉で鋼材を作るのに比べて CO_2 の排出を75%余りも削減することが可能であることが示されている。

図 11-6　砂浜に乗り上げさせて解体される船舶。危険物の拡散，海洋汚染，作業環境の悪さが問題となり，IMOを中心としてその改善が図られている。

第 12 章　船の理論

水面に浮いて移動する船舶の技術で最も大事なことは 3 つの S で表されると言われている。1 つめは Strength の S で「壊れないための強靭な強度をもつこと」である。2 つ目は Speed の S で「少ないエネルギーで効率よく速く進むことのできる能力」である。そして 3 つ目が Stability の S で「転覆せずに安定的に水面に浮かぶ能力」である。

本章では，この 3 S に従って，船舶の強度，速力，復原力と運動性能について解説する。

12-1　船の強さ

水中では，1 m 沈むと 1 平方メートル当り約 1 トンの静水圧と呼ばれる水からの圧力を受ける。水面に浮かぶ船体にも，深さに比例した静水圧がかかり，船体を押しつぶそうとする。この静水圧に耐えるために水面下の船体はたくさんの縦横に張り巡らされた骨材の外側に外板を張って水密にした構造になっている。しかし，静水圧に耐えるだけでは十分ではない。船は波の中を進むので，さらにいろいろな動的な水圧も働くからである。

(1)　縦強度

細長い船体には，内部の重いエンジンや荷物による下向きの重力が働き，船底には外側から上向きの浮力が働くが，この上下方向の力の大きさが船体の縦方向の場所によって違う。この場所による力のアンバランスが，船体を上下に押し曲げようとする力となり，この力に耐えるだけの強度が必要となる。例えば，船体の中央だけに重い荷物を積むと，中央では下向きの重力が優勢となり，船首と船尾では上向きの浮力が優勢となるので，船体は，中央を下向きに，船首尾を上向きにした凹型に撓むことになる。この撓みが大きくなると船体がへし折られることとなる。このような力に耐える強度を縦強度という。

さらに，細長い船体が波の中にある時には，船長方向の位置，すなわち船首，船体中央，船尾等の位置で波面の高さが違うので，場所によって異なる浮力が働くことになる。この波による水面変動が船を折り曲げようとする力として最も大きくなるのは，波の波長と船体の長さが同じになる場合で，波の山が船体中央に来たときには船体を凸型に折り曲げる力が最大となり，波の谷が船体中央に来たときには船体を凹型に折り曲げる力が最大となる。前者をホギング（hogging），後者をサギング（sugging）といい，ホギングの時には，船底には水平方向に圧縮力が，上甲板には水平方向に引っ張る力が働き，これらの力で材料が破壊されないだけの強度が必要となる。

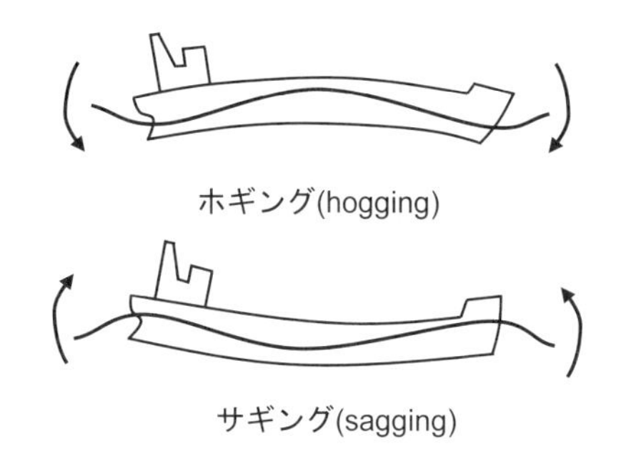

図 12-1　波の中でのホギングとサギング

この縦強度を生み出すのは，船底の竜骨（キール）をはじめとする各種の縦通材と呼ばれる骨材と，船側外板，船底外板，甲板等の板材である。しかし，むやみに縦強度を強くするために各部材を厚くすると船体は重くなり，貨物の積む量が減って不経済船となる。一般に，船が長くなるほど縦強度を増す必要があり，船体自体が重くなる傾向にある。

(2)　横強度

船体に働く水圧（静水圧および波などによる動水圧）および船内に積む荷物の重量などによって船の各横断面が変形するのを防ぐのが横強度であり，その横強度を生むのが船殻上面の甲板を支えるビーム，外板に取り付けられたフレーム（肋骨），そして船底の二重底を構成する各部材である。

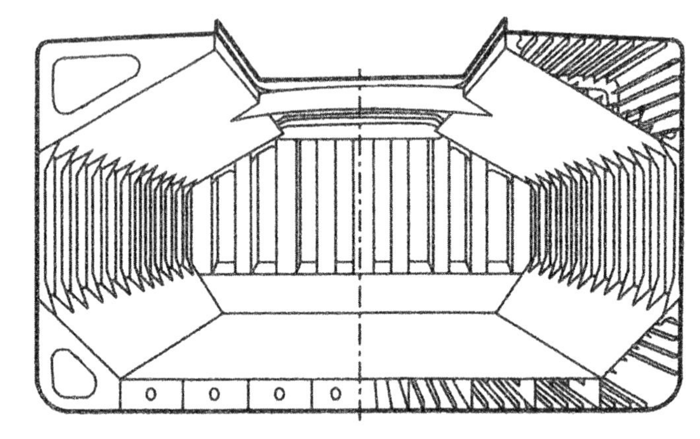

図 12-2　縦強度と横強度を保つための船体中央部の船殻構造（出典：『船舶海洋工学シリーズ⑥ 船体構造（構造編）』（藤久保昌彦 他著，成山堂書店，2012 年）（一部修正））

(3)　局部強度

船体の部分的な変形および破損を防ぐのが局部強度である。重いディーゼル機関を搭載するエンジンルームの床，推進装置の周辺，船首部，船尾の舵の周辺，波浪によるパンチングやスラミング等の衝撃的な力のかかる船首部およびフレア部，貨物倉のハッチやランプウェイなどの開口の周辺には局部的な大きな力が働くため，十分な解析をしてその力を予測し，補強をしておくことが必要となる。

(4)　強度の理論解析

かつては船体の縦強度，横強度，局部強度の解析には，梁（はり）理論といった近似的な方法を用いることしかできず，長年の経験に基づいた設計が行われてきた。そしてその経験に基づいて，国や船級協会の構造規則が定められ，それに従って構造設計が行われてきた。

しかし，コンピュータの急速な能力の向上により，様々な理論的分析が可能となり，かつての規則に基づく設計（design by rule）だけでなく，理論解析に基づく設計（design by analysis）の手法も取り入れられるようになった。この陰には，波の理論の発展，その波の中での船体運動の理論的分析手法の確立，構造部材の各部に働く応力の理論計算が可能な有限要素法（FEM：Finite Element Method）の登場と発展などの科学技術の発達がある。

12-2　船型開発

(1)　船体抵抗

船が水上を走ると，水からの抵抗を受ける。水の密度は空気の約 800 倍あるから，単純に考えても空気中の 800 倍もの抵抗を受けるので，その抵抗をできるだけ減らすとスピードも出せるし，燃料消費を減らすこともできて経済的になる。このため，できるだけ抵抗が小さくなるように水面下の船体形状を改善する研究開発が綿々と行われてきた。これを船型学という。

船が水から受ける抵抗は，摩擦抵抗，造波抵抗，粘性圧力抵抗（造渦抵抗）に分けることができる。

摩擦抵抗（frictional resistance）とは，水が船体表面を擦ることで生ずる抵抗で，水が持つ粘性すなわち粘り気によって生ずる。この摩擦抵抗によって船体表面の近くには船体の移動速度よりは遅い流れが生じ，これを境界層と呼ぶ。この境界層は，レイノルズ数（Reynolds number）という下記の無次元量に支配されており，レイノルズ数が同じだと境界層や摩擦抵抗は相似になる。

レイノルズ数＝（速度×長さ）／粘性係数

ただし，速度はm/s，長さはm，粘性係数はm^2/sの単位である。

このレイノルズ数が高くなると，境界層は層流から乱流へと変化して，摩擦抵抗も図12-4の中の①から②または③へと大きく増加することが知られている。実際の船舶では，ほとんどが乱流境界層である。

摩擦力は船体表面に働くので，船体全体に働く摩擦抵抗の大きさは水と接する船体表面積，すなわち浸水表面積（wetted surface area）に比例する。したがって，四角い断面の船よりは丸い断面の船の方が，浸水表面積が小さくなり摩擦抵抗は減少する。

また摩擦抵抗を減らす方法としては，空気の気泡を船底から出して船底を覆う方法が実用化されており，空気潤滑システムと呼ばれている。また，船底に空気溜（だまり）を設けて，その中を空気が循環することで摩擦抵抗を減らす方法も考案されているが，まだ実用化の段階には入っていない。

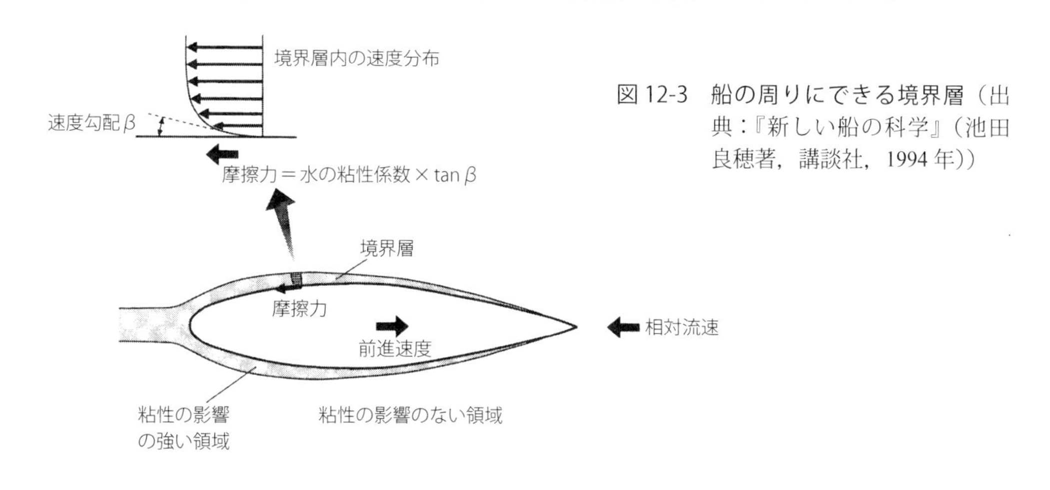

図12-3　船の周りにできる境界層（出典：『新しい船の科学』（池田良穂著，講談社，1994年））

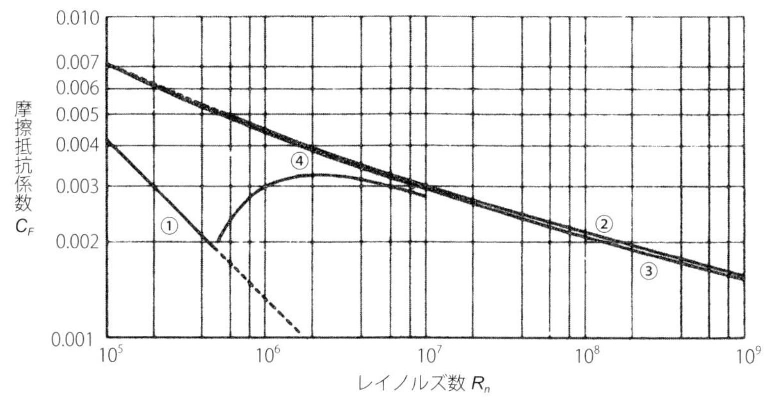

図12-4　平板の摩擦抵抗の図（出典：『造船設計便覧』（関西造船協会編，海文堂出版，1983年））

図中…
① 層流
② 乱流（Prandtl-Schlichting）
③ 乱流（Karman-Schoenherr）
④ 遷移

造波抵抗（wave resistance, wave making resistance）は，水面に波を造ることによって船体に働く抵抗で，船体表面に働く圧力が抵抗を生む。水面の波の詳細な研究した英ケルビン卿の名に因んで，水面を移動する物体が造る波はケルビン波（Kelvin wave）もしくはケルビン波系と呼ばれ，船体から八の字型に広がる拡散波（縦波）と後方に残る横波から構成されている。このケルビン波は，フルード数（Froude number）と呼ばれる下記の無次元量に支配されている。このフルード数という名は，この無次元量を発見して，船舶の模型実験のやり方を考案した英科学者ウィリアム・フルードの名に因んでいる。

フルード数＝速度／(重力加速度×長さ)$^{1/2}$

ただし，速度は m/s，重力加速度は m/s^2，長さは m の単位である。

造波抵抗は，フルード数が高くなると急激に大きくなり，船のスピードを上げることが難しくなる。これを造波抵抗の壁と呼び，フルード数がおおよそ 0.3 以上になるとこの壁が現れる。

フルード数が 0.65 以下では，船底を流れが速くなって圧力が低下して船体は若干沈むが，これをシンケージ（sinkage）と呼ぶ。この領域の船は，その重量を水から受ける静水圧すなわち浮力で支持されており，排水量型船舶と呼ばれる。

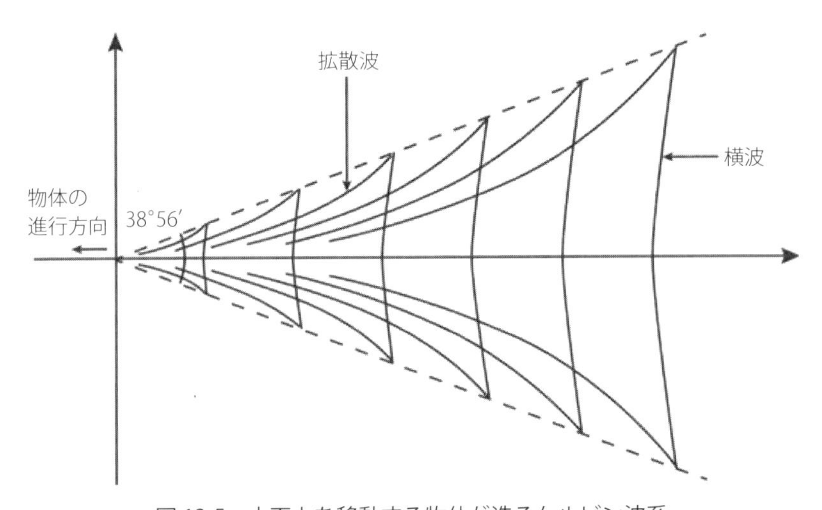

図 12-5　水面上を移動する物体が造るケルビン波系

図 12-6　船が造るケルビン波系

走航する船によって水面に生じる波は，主に船首部の肩付近から発生する船首波と，船尾から発生する船尾波から成り，それらが互いに干渉するために，その抵抗係数はフルード数が増加するに従って波打ちながら増加していく。この造波抵抗係数の波の山をハンプ，谷をホローと呼び，できるだけハンプとなるフルード数を避けて船は設計される。この波の干渉効果を利用して造波抵抗を減らすのが球状船首（bulbous bow）と呼ばれる船首で，この船首で造る波と，船首の肩部から発生する船首波を干渉させて，発生する波を小さくして抵抗を減らす。

造波抵抗係数は，フルード数が 0.5 付近になるとピークとなり，その後，減少傾向となる。このピークをラストハンプと呼び，排水量型船でこの山を越えるにはエンジン出力をうなぎ登りに上げなくてはならない。このラストハンプを超えて高速を出すため，半滑走型船や水中翼船などが開発されたのである。

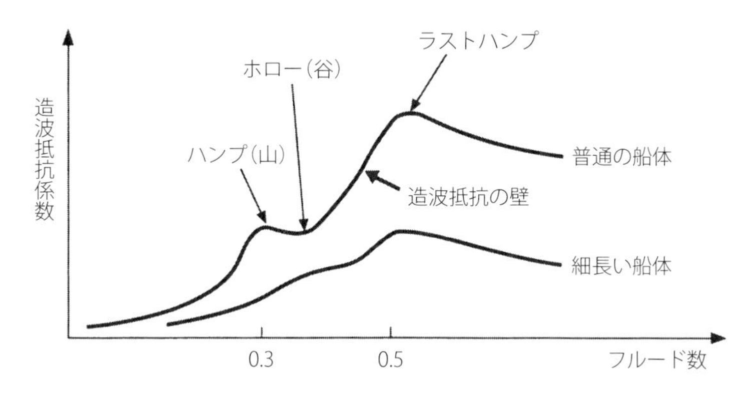

図 12-7　造波抵抗の増加（出典：『図解 船の科学』（池田良穂著，講談社，2007 年））

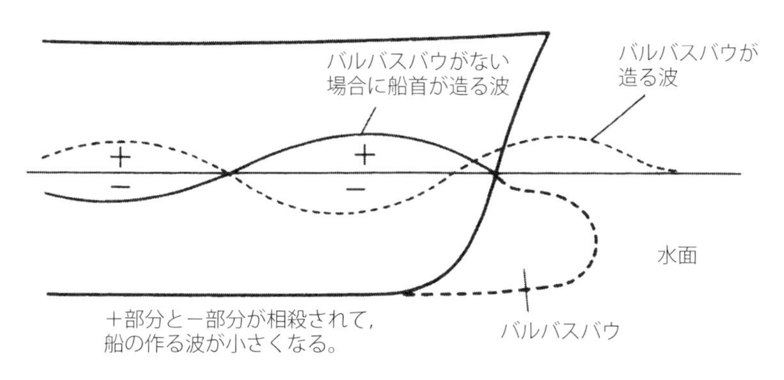

図 12-8　球状船首が造波抵抗を減らすメカニズム（出典：『図解 船の科学』（池田良穂著，講談社，2007 年））

フルード数がおおよそ 0.65 を超えると，船体は船首を上げるようになり，船底には揚力が働き，その力で船体は浮上を始める。この揚力は，図 12-9 に示すように，船底によどみ点（線）と呼ばれる圧力の高い場所が出現することによって生じ，よどみ点（線）より前方の水はスプレーとなって飛び散る。フルード数が 0.65 ～ 1.6 の範囲では，浮力（静水圧）と揚力（動的圧力）の両者が船の重量を支えており，半滑走型船舶（semi-planing ship）と呼ばれる。フルード数が高いほど揚力で支えられる割合が増加する。

フルード数がおおよそ 1.6 を超えると，船体を支える力のほとんどが揚力となり，滑走型船舶

(planing ship）と呼ばれる。

半滑走型および滑走型船舶では，船尾を垂直に切断したトランサムスターンとして，その船底から水は切れて，トランサムスターンが空中に露出する。

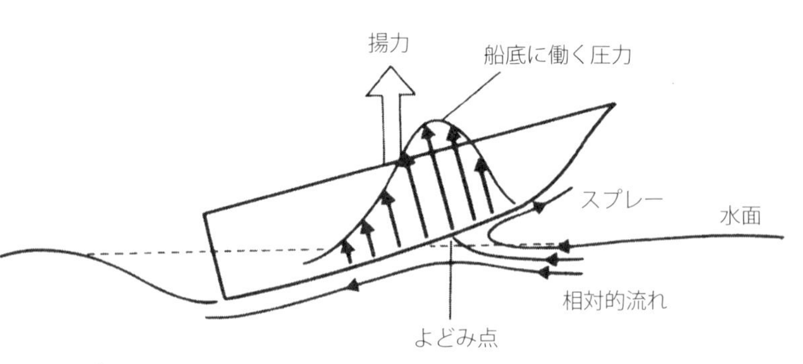

図 12-9　半滑走艇および滑走艇が浮き上がる原理（出典：『図解 船の科学』（池田良穂著，講談社，2007 年））

粘性圧力抵抗（viscous pressure resistance）は，かつては造渦抵抗とか渦抵抗（eddy making resistance）と呼ばれた成分で，船体表面の角部で流れが剥がれたり，船首から船尾に向けて発達した境界層が船尾近くで船体表面に沿って流れることができなくなって剝がれたりすると，流れの中に渦を造って，船体表面近くの圧力が低下することで生ずる。摩擦抵抗と同様にレイノルズ数に支配されることから，この粘性圧力抵抗を摩擦抵抗係数に形状影響係数（form factor）という係数をかけて表すことが一般的となっている。

図 12-10　半滑走型船の船尾はトランサムの下端で水が切れて，トランサムが空中に露出する。

この粘性圧力抵抗は，流れを剥離させないことで小さくすることができる。この流れの剥離をさせない形状を流線形（streamlined shape）と呼び，頭部は丸く，後部にいくほど細くなった形になる。水中での速力を重視する潜水艦は，涙滴型と呼ばれる流線形にして粘性圧力抵抗を低減させている。

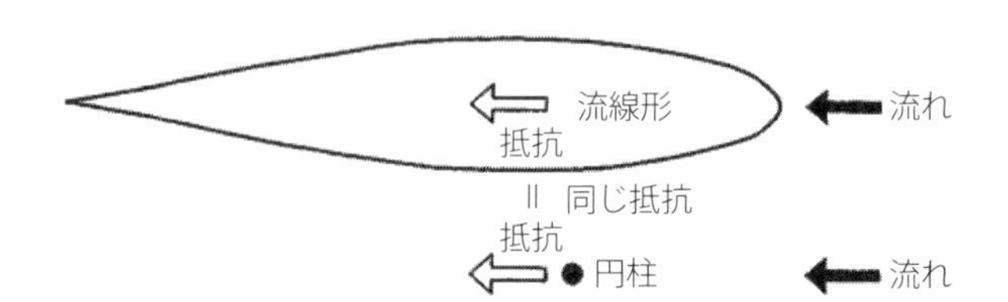

図 12-11　抵抗の大きさが同じになる流線形と円柱の大きさの比較（出典：『新しい船の科学』（池田良穂著，講談社，1994 年））

この水からの抵抗の他，水面上を航行する船体には，船が走ることによる相対的な空気流による空気抵抗と，自然風が当たることによる空気抵抗が働く。前進速度に伴う風速は，秒速にするとノット単位での船速の約 1/2 であり，20 ノットの船では約 10 m/s となり，気象予報で強風注意報が発令されるレベルとなる。また，自然風の風速は台風等の暴風になると 25 ～ 40 m/s にもなる。空気の密度は水の密度の約 1/800 であることから，船が走ることによる相対風による抵抗は，一般的には抵抗全体の 5% 以内であるが，水面上船体の大きな客船，自動車運搬船，デッキ上コンテナを満載したコンテナ船などでは，かなりの大きさとなるため，水面上船体に働く空気抵抗の削減も必要となる。この水面上船体に働く風圧力を知るためには，模型船に風を当てて働く力を測る風洞試験が行われており，最近はCFDによって計算することも可能となっている。

正面からの風の場合には，船体を船長方向に流線形にすれば風圧抵抗は最小になる。ただし，流線形は後部形状を細くして流れの剥離を防ぐが，細くなると内部空間が狭くなり，荷物を積むためには使えなくなる。そのため実際の船体では丸い頭部にして船首での剥離を押さえて，その後ろの平行部を延ばして船内体積を確保し，後端で剥離渦が広がらないように若干しぼめてから船尾端をカットすることによって，船体の積載効率向上と空気抵抗低減のバランスをとる設計が行われる。この時に参考になるのが，船尾端の角度をどの程度にして，どのくらい船尾端をカットしても抵抗の増大を招かないかというデータである。過去の実験的研究（図12-12）によると，船尾端のしぼり角度が22°が抵抗増加を招かない限界角であり，平行部の後端から船幅の0.5倍程度まで伸ばして船尾端をカットすれば，抵抗は約45%にまで減少することが分かっている。一方，上部構造の前面については，前面隅部の曲率半径を船幅もしくは高さの3%程度以上にすると，前面隅部からの剥離が抑えられ，風抵抗が約36%減少することが分かっている（図12-13）。

風はいつも正面から吹くわけではない。例えば，横風を受けても，船には大きな抵抗が働くことが分かってきた。これについては後述の12-4「実海域性能」で説明する。

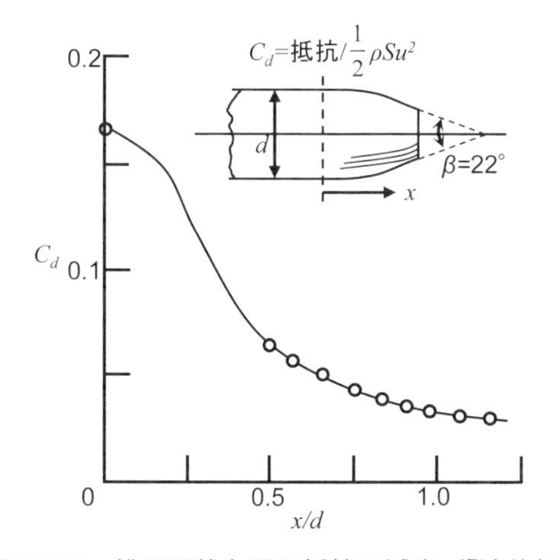

図12-12　船尾形状と風圧抵抗の減少（『流体抵抗と流線形』（牧野光雄著，産業図書，1991年）を基に作図）

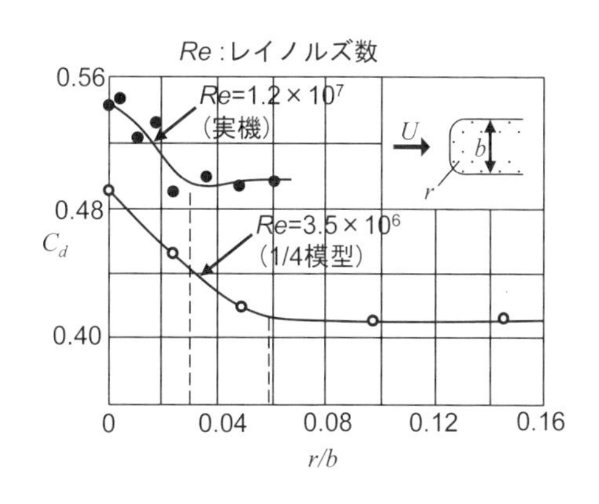

図12-13　上部構造前面の隅部の曲率と風圧抵抗の減少（『流体抵抗と流線形』（牧野光雄著，産業図書，1991年）を基に作図）

水面上の船首前端部を球形にして，流れの剥離を制御して風圧抵抗を低減させたコンテナ船「なとり」。この船型開発には風洞試験が行われた。

図12-14　流線形の船

(2) 推進効率

船の航行時のエネルギー効率を向上させるには，船体抵抗を小さくするだけでは十分ではない。それは船体抵抗と，船に推進力を与える推進器との間に相互干渉があるためである。

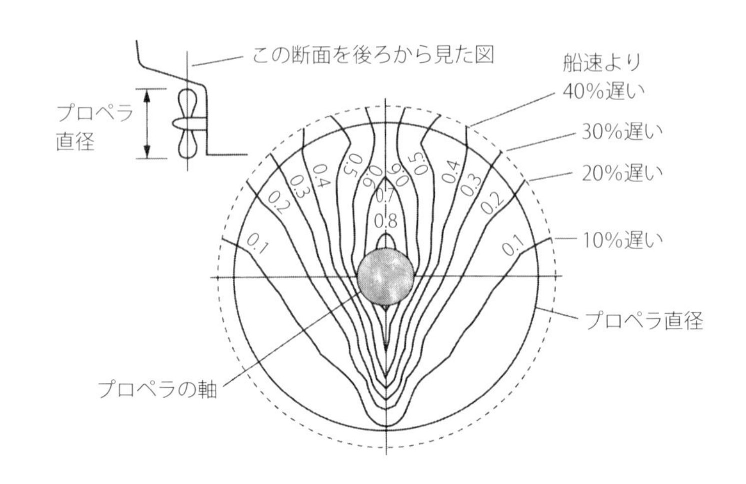

図 12-15 プロペラ位置での伴流分布（出典：『新しい船の科学』（池田良穂著，講談社，1994 年））

最も一般的な船舶の推進器であるスクリュープロペラは，一般的に船尾に取り付けられる。このため船体に働く摩擦抵抗によってエネルギーを失って，流れが遅くなった境界層によって船尾部で形成される伴流（wake）の中で，スクリュープロペラが作動することとなり，プロペラの発生する推力がより大きくなる。これを伴流利得という。一般的に 1 軸船の方が 2 軸船よりエネルギー効率が良いのには，遅い伴流の中でスクリュープロペラを作動させることができることが一因となっている。2 軸船になると，スクリュープロペラが伴流の外に出てしまい，伴流利得が得られずに推進効率が悪化する。このように船体抵抗の 1 つである摩擦抵抗はスクリュープロペラの効率に大きな影響を及ぼす。

また，船尾でスクリュープロペラが流体を加速することによって，船体表面の流れが変わり，その結果，摩擦抵抗や粘性圧力抵抗が変化する。

このように船体抵抗と推進器による推進効率には密接な相互影響があるため，船体抵抗が最小の船型が必ずしもエネルギー効率が最も良いとは限らず，船体抵抗と推進器の干渉効果を考えて船舶の高性能化を図る必要がある。

スクリュープロペラ自体の効率も，船舶のエネルギー効率を大きく左右する。スクリュープロペラの特性は，船体の大きさとスピード，伴流の形や伴流内の流速分布などによって大きく変わるので，1 隻ごとに最適なスクリュープロペラが異なるため，それぞれの船に合わせて設計，製造がされる。また，翼先端に発生するキャビテーションについても，十分な検討が行われてスクリュープロペラの形状が決まる。

さらに推進効率を上げるための様々な工夫がされている。前後に 2 枚のスクリュープロペラを配置して逆回転させる二重反転プロペラや，スクリュープロペラのボスキャップに付けた固定フィンで回転流を整流して推進効率を向上させるプロペラボスキャップフィン（PBCF）は，回転流のエネルギーを回収している。またスクリュープロペラに流入もしくは流出する流れをフィン（翼）やダクト，バルブ等で制御する方法等，たくさんの省エネ装置が開発されている。いずれも 2 ～ 5% 程度の省エネが可能とされている。

(3)　模型試験

船の抵抗性能や推進性能を実物大の船で測ることはできないので，縮尺模型を使った水槽での実験が広く行われるようになった。その試験法を考案したのがフルード数の名にも残るウィリアム・フルードであり，近代造船の父とも呼ばれている。

たいへんやっかいなのが，船の抵抗には 2 つの無次元量，すなわちレイノルズ数とフルード数が関係することである。流体の粘性によって生ずる摩擦抵抗と粘性圧力抵抗はレイノルズ数に支配され，造波抵抗はフルード数に支配されるが，模型実験では両者を一致させることはできない。当時の船舶では粘性圧力抵抗が大きな肥大船はなかったので，フルードは，摩擦抵抗は平板の摩擦抵抗の実験式を用いて求めることとした。

そして模型実験においては，フルード数を実船と同じになる速度で模型船を曳航して抵抗を計測し，その抵抗から摩擦抵抗の推定値を差し引いて造波抵抗係数を求め，それから実船の造波抵抗を算出し，それに実船のレイノルズ数に相当する摩擦抵抗係数を推定した値を足し合わせることで，実船の抵抗を求めるという巧妙な方法を考案した。

さらに，模型船にスクリュープロペラを取り付けた状態で，模型船に働く抵抗と，スクリュープロペラの回転数と発生する推力を計測する自航試験法も開発され，船体とスクリュープロペラの干渉効果も含めた船型性能の把握が模型実験によって可能となった。

日本の船舶試験水槽としては，大型水槽（長さ 200 ～ 400 m）が海上技術安全研究所，防衛庁，三菱重工，川崎重工，JMU，今治造船に，そして小型の水槽（長さ 80 ～ 120 m）が船舶系の各大学にある。コンクリート製の水槽の両脇にレールが設置され，水槽を跨ぐ形の曳航電車が模型船を曳航して，抵抗試験や自航試験を行うことができる。また，波を起こす造波装置も設けられており，波の中での船体運動の研究や，波による抵抗増加等の計測もできる。使われる模型船は 6 ～ 8 m のものが中心だが，大学等の研究用では 2 ～ 3 m の小型の模型も使われる。

また，細長い曳航水槽だけでなく，四角い形の角水槽も造られ，船舶の操縦性や耐航性能の研究や，海洋構造物の研究に用いられている。

さらに，模型船を曳航せずに，流れる水の中で姿勢等を自由にしておいて船体に働く抵抗を計測する回流水槽（circulating water channel）も開発されており，船舶性能の把握のために使われている。

(4)　エンジン出力の推定

前述の模型実験では，より良い船型と推進器の研究開発が行われているが，究極の目的は建造する船舶のエンジン出力を設計段階で精度良く推定することにある。なお，以前はエンジン馬力というように「出力」とはいわず「馬力」と呼んでいたが，馬力（horse power）という単位は次第に使われなくなっているので，以下全て，馬力は出力に言い換えている。

・制動出力（BHP）：エンジンが出力する仕事率

・軸出力（SHP）：エンジンから軸に伝達される仕事率

・有効出力（EHP, Effective Horse Power）：船体抵抗 × 船速 で定義され，船が水の抵抗に対抗してする仕事率

・伝達出力（DHP）：プロペラ軸からプロペラに伝達される仕事率

・プロペラ出力（P_D）：プロペラを駆動するのに必要な出力
・機械効率（η_M＝SHP／BHP）：エンジンから回転軸に伝達された仕事とエンジン出力との比。1より小さい分だけエンジン内でエネルギーの損失があることを表す。
・伝達効率（η_T＝DHP／SHP）：プロペラに伝達された仕事とエンジン軸に伝達された仕事の比で，1より低くなるのはプロペラ軸系でエネルギーが失われたことを表す。
・プロペラ単独効率（η_0）：船体がないとした場合にプロペラが発生する推力による仕事とプロペラに伝達された仕事の比。プロペラがどれだけの仕事を推力に変換できたかを示す。
・プロペラ船後効率（η_B）：船体がある場合にプロペラが発生する推力と，エンジンからプロペラに伝えられる力の比。
・船殻効率（η_H＝EHP／THP）：プロペラの無い状態で，船体が航走する時の仕事と実際のプロペラが発生する仕事の比。プロペラが船体の後ろにあることで，伴流利得を得ることと船体抵抗を変化させることの影響を評価するもの。
・推進効率（η＝EHP／BHP＝$\eta_M \times \eta_T \times \eta_R \times \eta_0 \times \eta_H$）：エンジン出力のどの程度が効率良く船の推進エネルギーとして使われているかを示す指標であり，η_M，η_T，η_R，η_0，η_Hのそれぞれを1に近づけることで船のエネルギー効率を向上させることができる。

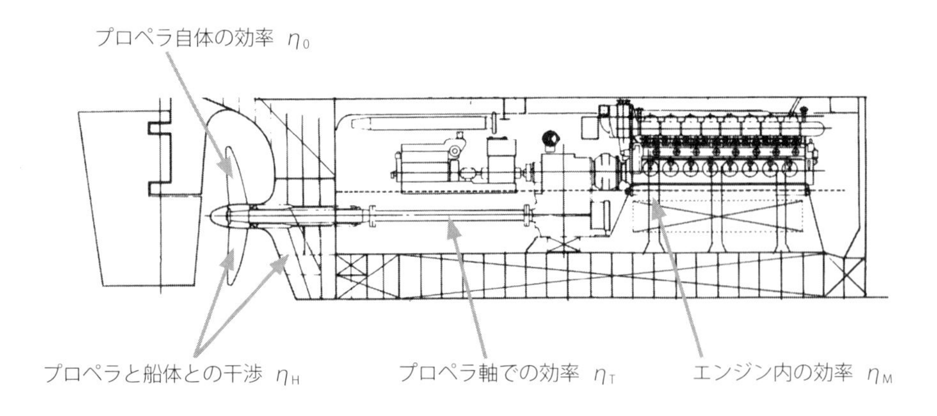

図 12-16　エンジンからスクリュープロペラまでのエネルギー損失を表す効率“η”

(5)　CFD の利用

船の抵抗および推進には，船やスクリュープロペラまわりの流体すなわち水が関係しており，その動きを分析するのが流体力学（Hydrodynamics, Fluid dynamics）である。流体には，液体と気体があるが，両者の違いは密度と粘性だけであり，いずれの場合も，その運動はナビエ・ストークス方程式（Navier-Stokes Equation）と呼ばれる偏微分方程式で表すことができる。この方程式は非線形であり解くことがたいへん難しかったが，流体を非常に微細な要素に分割して，要素間の釣り合いを数値的に求めることが可能となり，コンピュータの計算能力の発達に伴って理論的な分析が可能となった。これを CFD（Computational Fluid Dynamics）と呼び，日本語では数値流体力学と言う。現在では，各種の CFD ソフトが市販もされるようになり，造船の分野への導入も急速に進んでいる。

船の抵抗やスクリュープロペラによる流れ，旋回時の船体周りの流れ，波の中での船体運動や船体表面に働く圧力まで，CFD で計算できるようになりつつある。まだ，精度的な問題点のある場合もあるが，最適船型の開発や推進性能も含めた性能の把握も行われるようになっている。

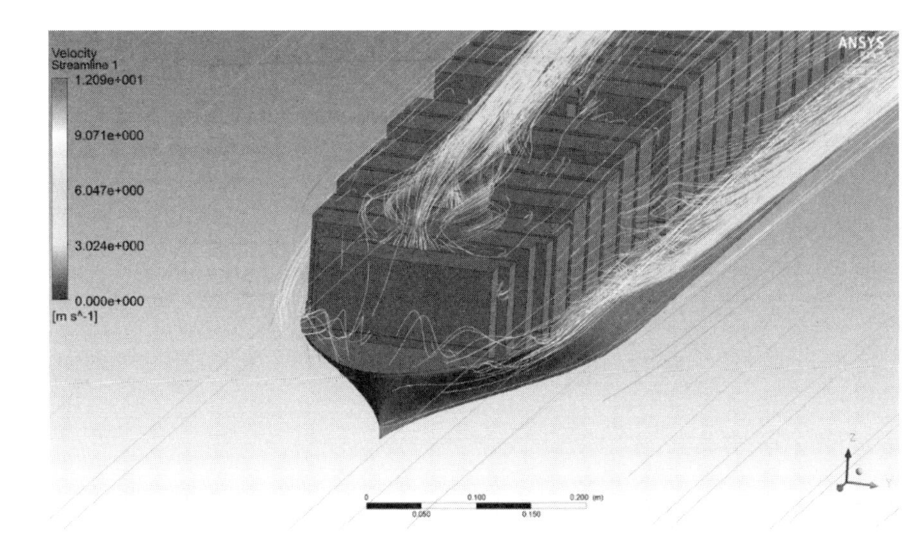

図 12-17　CFD によるコンテナ船のまわりの風の流れの計算結果（提供：大阪府立大学）

12-3　輸送効率と EEDI

船の輸送効率は他の輸送機関に比べると格段に良いが，それを示したのが図 12-18 である。この図の縦軸は輸送機関のエンジン出力を，ペイロード（運べる物の重量：船の場合には載貨重量）と速度の積で割ったもので，各輸送機関が輸送するのにどのくらいのエネルギーを使うかの指標となり，縦軸の値が高いほどエネルギー効率が悪いことを表している。

この図から，船舶は低速で大型なほどエネルギー効率が高いが，高速になるほど，また小型になるほど急激にエネルギー効率が悪くなること，時速 50 〜 300 km のスピードでは鉄道のエネルギー効率が他の交通機関より良いこと，時速 500 km 以上では航空機のエネルギー効率が良いが，時速 200 km 程度のヘリコプターはかなり悪いことなどが読み取れる。

これと同様な考え方が，国際海事機関（IMO）による船舶のエネルギー効率の評価にも取り入れられており，EEDI（Energy Efficiency Design Index）と呼ばれている。この指標では，分子にエンジン出力ではなく CO_2 排出量（g）を使い，分母には載貨重量（ton）と輸送距離（mile）を使っているが，基本的には同じ考え方である。

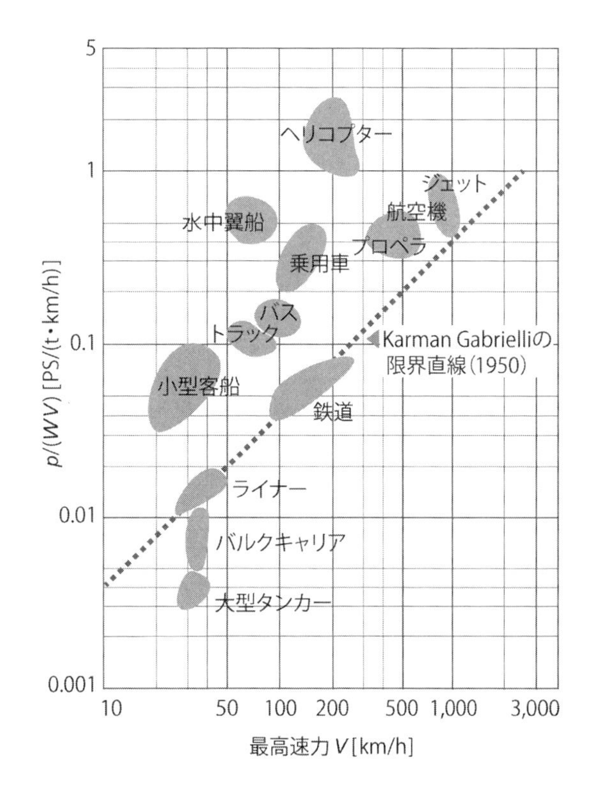

P：エンジン出力（馬力）
W：ペイロード（積載重量）
V：速度（速力）

図 12-18　各種交通機関のエネルギー効率の比較。値が高いほどエネルギー効率が悪いことを示している（出典：「基礎から学ぶ 海運と港湾」（池田良穂著，海文堂出版，2017 年）

IMO は，この EEDI を使って船舶のエネルギー効率の向上を図り，船舶からの CO_2 排出量の削減を図る政策を進めている。

12-4　実海域性能

船舶の性能評価には，古くから静水中すなわち波のない状態で航走する船舶の性能が使われてきた。試験水槽での模型実験は波のない状態で測られ，船が完成して行う海上試運転もできるだけ静かな海域で行い，船主が仕様書で要求する速力が出るかで評価がされた。

しかし，実際の船舶は，風，波，潮流のある中で使われ，想定した航海速力が維持できないこともままある。例えば，20 ノットで走っていた自動車専用船（PCC）が，風のビュフォート階級が 7，すなわち有義波高が 4 m の状態で 1 ～ 2 ノットも船速が落ちることが報告されている。そこで，実際の海の海象の中での船舶の性能の評価が行われるようになり，船舶の実海域性能と呼ばれている。

造船所にも，これまでのように静かな水面での性能だけで評価するのではなく，実海域における性能を保証しようという風潮もでてきて，さらに前述の EEDI の評価にも実海域での CO_2 排出量での評価を求める声もでてきている。

波の中で航行する船舶のスピードの低下は，船の前方からの波を受けるとき（向波：head waves）が顕著で，その原因としては，船体が縦揺れおよび上下揺れをすることによる抵抗増加と，船首部に当たった波を跳ね返すことによる波反射に基づく抵抗増加の 2 つがある。これらを波浪中抵抗増加と呼ぶ。前者は波の中での船体運動の大きい小～中型船に顕著で，波長が船長と同じくらいになると大きくなり，後者は波の波長よりも長い大型船で顕著である。波反射による抵抗増加には，船首での砕波による成分やスプレーを発生させることによる成分も含まれる。

これらの波からの抵抗増加を減らす方法としては，水面上の船首部を鋭く尖らせて反射波を減らす船首形状の開発や，スプレーを制御する付加物等の開発が行われている。

また，横から受ける強風によって，水面上船体に横流れをする力（漂流力）が働き，船が斜めに進む，す

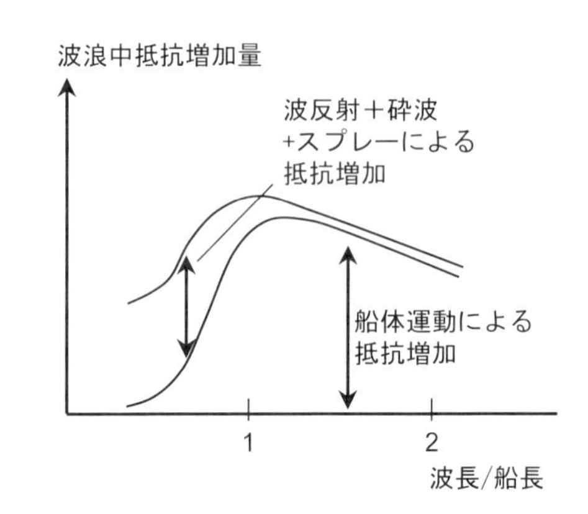

図 12-19　波浪中抵抗増加の 2 つの成分

図 12-20　荒れた実海域での航海では，船体運動および船首で波を反射することによる抵抗増加が発生する。

図 12-21　JMU が開発した，船首に当たる波の反射を減らすために喫水線上の船体を鋭くして前に出したアックスバウ。

なわち斜航することによる水面下船体に働く抵抗増加と，船を直進させるための当て舵による抵抗が大きいことも明らかになっている。この抵抗増加は，水面上の船体が大きい自動車運搬船（PCC, PCTC），クルーズ客船，カーフェリー，RORO 貨物船などで大きくなる。一方，アメリカズカップ等で使われるヨットの船型では，センターボードがない場合に斜航することによって抵抗減少することが実験的に確かめられている。

こうした実海域における船舶性能の把握のため，実際に運航中の船舶からリアルタイムでエンジン回転数，船速，斜航角等のデータを陸上に送り，それを分析する試みが進んでいる。

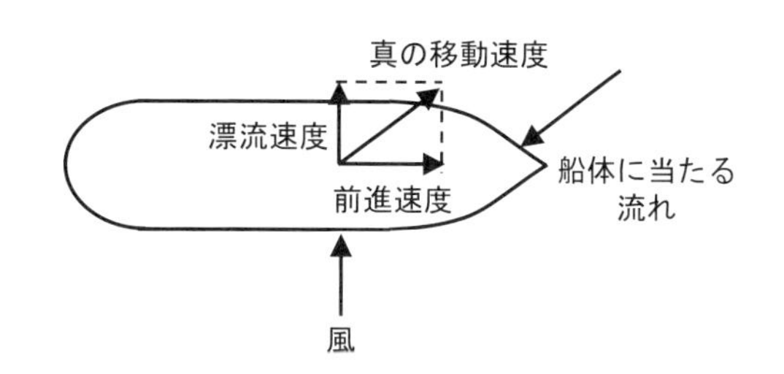

図 12-22　風によって船体が斜航するメカニズム。斜航することによって，水面下の船体に働く抵抗が増加する。

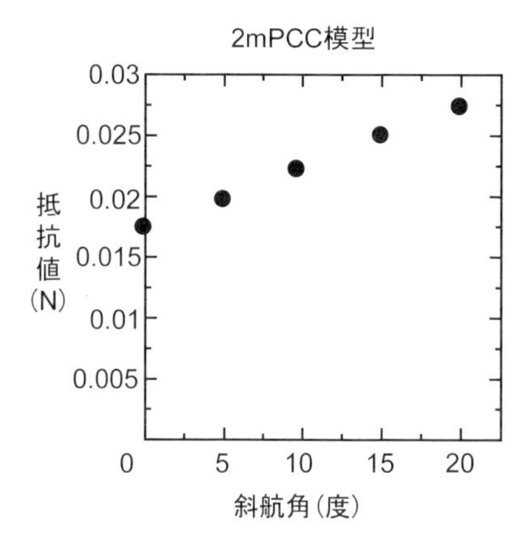

図 12-23　斜航することによる船体抵抗の増加

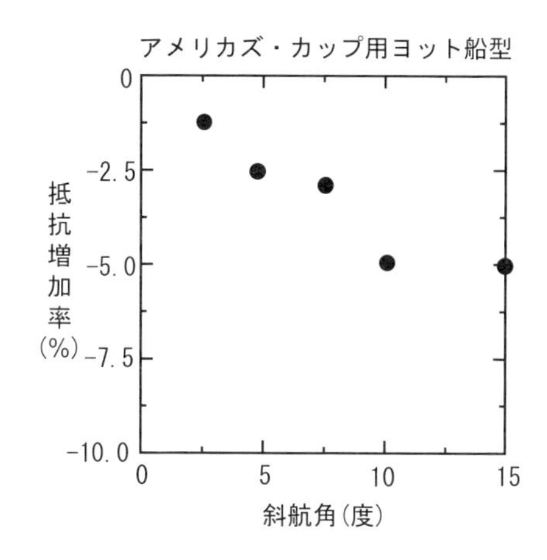

図 12-24　ヨット船型の斜航時の船体抵抗の減少

12-5　操縦性

船は自由に針路を変えることができると共に，波や風などのいろいろな外乱を受けても真っすぐに走れる能力が求められ，そのための性能を操縦性という。操縦性において最も大事な役割を演じるのが舵（rudder）であり，それを操作することを操舵（steering）と言う。舵の形状や構造については，第 6 章「船の構造」を参照されたい。

(1)　舵の原理

流れの中で舵を切る，すなわち流れの方向に対して舵を斜めにすると，舵には揚力が働く。この時の流れに対して舵が斜めになる角度を迎角（angle of attack）という。舵に働く揚力は，流れの速度の 2 乗に比例し，迎角に比例する。ただし，ある迎角以上になると，舵の周りをまわる流れが剥離して揚力が減少する現象が起こり，これを失速（stall）という。すなわち，舵は失速する角度より小さな迎角で使うのが効果的である。失速角は舵の断面形によって異なるが，一般には迎角が約 30 度を超えると失速する場合が多い。

また，揚力は流速の 2 乗に比例するので，スクリュープロペラの背後の速い流れの中に舵を置くと，最も舵に働く揚力を大きくできる。しかも，船の停止時から低速時においても，スクリュープロペラの作る流れによって揚力を得ることができるので舵効きが最も良くなる。

(2) 特殊な舵

一般的な舵の形状および構造については，第6章「船の構造」で説明しているので，ここでは種々の特殊な舵について説明する。

舵はスクリュープロペラの背後に置かれるために，回転する流れが当たる。これによる抵抗を減らすために，舵の上半分と下半分の先端をねじった構造にしたのが反動舵（reaction rudder）である。

舵の後端部にフラップを設けて，それを稼動することで舵が生み出す揚力を大きくするのがフラップ舵である。この場合，舵を回転させる機構とは別にフラップを回転させる機構が必要となる。

大角度の迎角まで大きな揚力が発生させることができる特殊形状舵として，フィッシュテール舵（fish tail rudder）があり，日本ではシリングラダーの商品名で，頻繁に出入港を繰り返す内航船を中心に普及している。舵の水平断面の後端が広がって魚の尾びれのような形をしており，約70度までの舵角をとることができる。

この他にも，舵の後端にプロペラを取り付けたアクティブ舵（active rudder），2枚の舵板からなるベクツイン舵（VecTwin rudder）や，スクリュープロペラの両側に舵を置いてダクト効果で推進効率も向上させたゲート舵（gate rudder）なども開発されている。また，スクリュープロペラのハブから発生する流れを整流するラダーバルブ，フィン等の付加物の開発も種々行われている。

推進器自体が水平方向の任意の方向に推進力をだせる場合には，舵が不要となる。フォイトシュナイダー・プロペラや，各種のアジマス推進器（azimuth thruster）がこれにあたる。

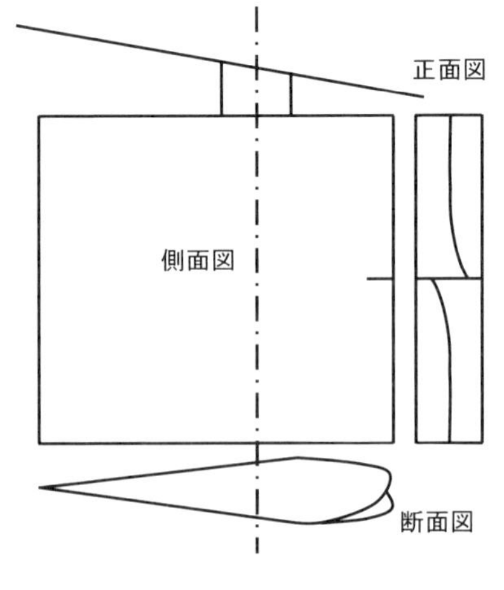

図 12-25　反動舵

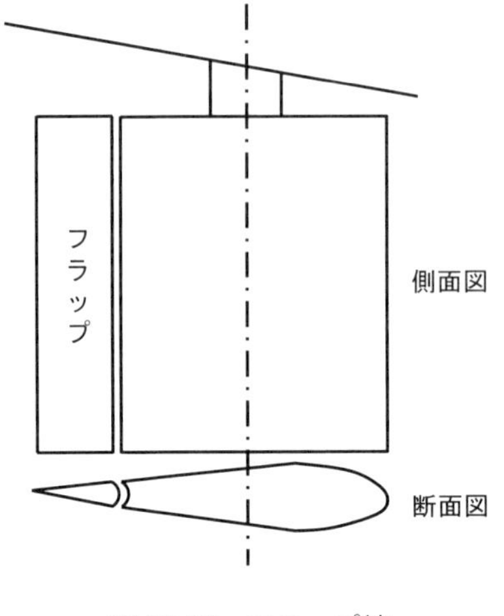

図 12-26　フラップ舵

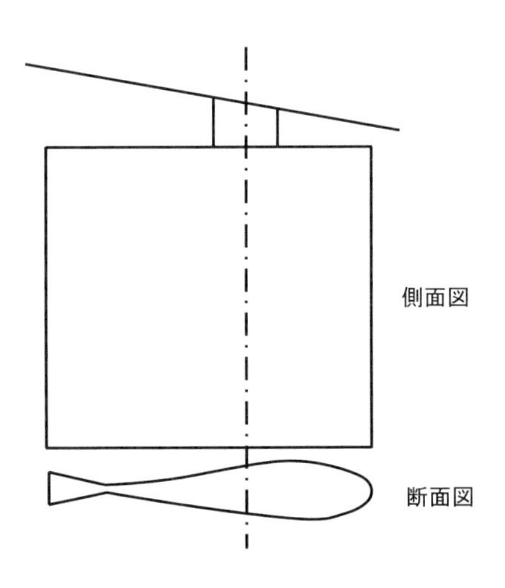

図 12-27　フィッシュテール舵

図12-28　フラップラダー（提供：ジャパンハムワージ）

図12-29　ゲートラダー（出典：かもめプロペラHP）

(3)　操縦性能に及ぼす船体の影響

船の操縦性能には，舵だけでなく，船体の重さや船体形状も大きな影響を及ぼす。船体が重いと慣性力が大きくなかなか曲がりづらいし，舵を切って船体が回りだすと，船体は斜めになって進むこととなり，舵だけでなく水面下の船体自体にも揚力が働き，それが横力と回頭モーメントを発生させる。この船体に働く揚力と回頭モーメントが，船体形状によって異なるため，舵だけでなく船体形状も船の操縦性に大きな影響を及ぼす。

(4)　操縦性能

船舶に求められる操縦性能については，旋回性能（turning ability），保針性能（course keeping ability），停止性能（stopping ability）の３つが大事になる。

・旋回性能：船舶の旋回性能は，大きく舵を切った時にどのくらいの半径で1回転できるかで評価される。この時に船体が描く円形の軌跡を旋回圏（turning circle）と呼ぶ。

舵を切ってから旋回を始めて，船が直角方向になるまでの移動距離を縦距（アドバンス）と呼び，IMOの基準では船長の4.5倍以内になることが求められている。また船が完全に反対方向になる横移動距離は旋回横距（トランスファー）と呼ばれ，船長の5倍以内になることが求められている。

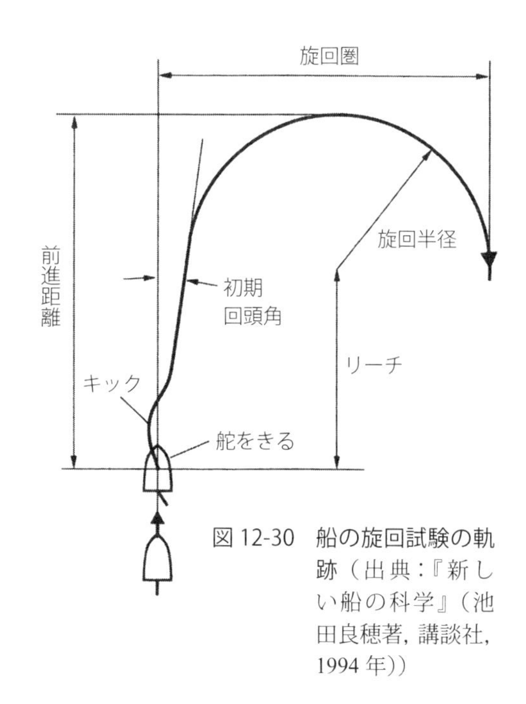

図12-30　船の旋回試験の軌跡（出典：『新しい船の科学』（池田良穂著，講談社，1994年））

・保針性能：保針性能とは，針路安定性とも言われ，外乱によって針路がふらついても，この外乱がなくなればすぐに真っすぐに走れる性能である。

この保針性能は，Z 試験と呼ばれる操縦性試験で確認される。Z 試験（zig-zag manoeuvring test）とは直進中に舵を一定の角度で左右交互に切り，船をジグザグに走らせて，その時の船の航跡を分析する。IMO 基準では，10 度 Z 試験でのオーバーシュート角によって判定されており，許容の角度以内でなければならない。

Z 試験以外に，スパイラル試験および逆スパイラル試験という試験法もある。

・停止性能：全速で走っている船を緊急停止させた時に，船が止まるまでの距離は船長の 15 倍以内と IMO 規則で決まっているが，大型貨物船については 20 倍以内までが認められている。

旋回試験と緊急停止試験の結果は，ブリッジに掲示することが義務付けられている。これを見ることによって，船員は，乗船する船が変わっても自船の基本的な操縦性能を知ることができる。

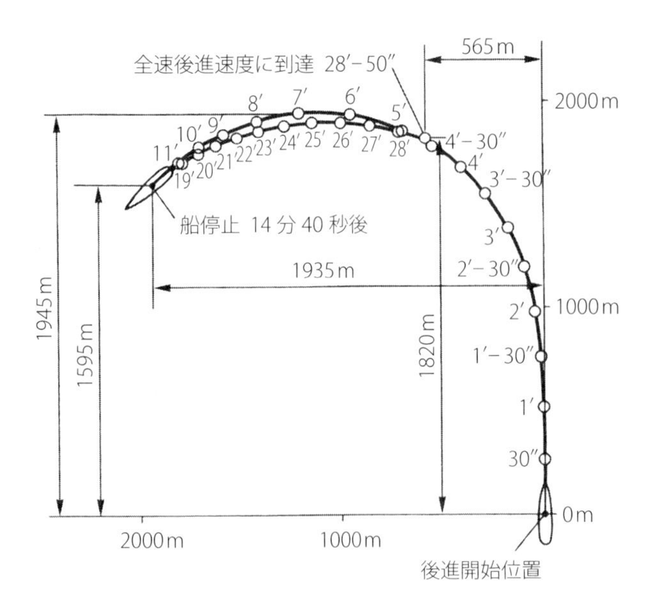

図 12-31　大型船舶の緊急停止時の航跡。前に 1.9 km に進み，横に 1.9 km ずれてようやく止まる（出典：宇田川達，操船のしくみ，応用機械工学，261 号，1982 年 1 月）

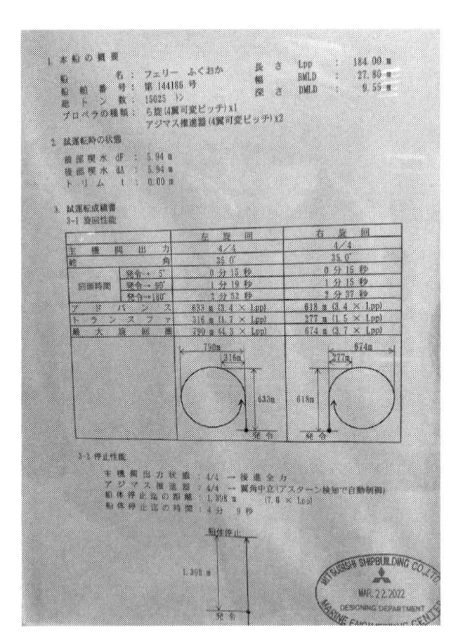

1. 本船の概要

船名：フェリー　ふくおか
船舶番号：第 144186 号
総トン数：15025 トン
プロペラの種類：ら旋(4翼可変ピッチ)x1
アジマス推進器(4翼可変ピッチ)x2

長さ　Lpp　：　184.00 m
幅　BMLD　：　27.80 m
深さ　DMLD　：　9.55 m

2. 試運転時の状態

前部喫水 dF ：5.94 m
後部喫水 dA ：5.94 m
トリム t ：0.00 m

3. 試運転成績書
3-1 旋回性能

		左旋回	右旋回
主機関出力		4/4	4/4
舵角		35.0°	35.0°
回頭時間	発令→5°	0 分 15 秒	0 分 15 秒
	発令→90°	1 分 19 秒	1 分 15 秒
	発令→180°	2 分 52 秒	2 分 37 秒
アドバンス		633 m (3.4 × Lpp)	618 m (3.4 × Lpp)
トランスファ		316 m (1.7 × Lpp)	277 m (1.5 × Lpp)
最大旋回径		790 m (4.3 × Lpp)	674 m (3.7 × Lpp)

3-2 停止性能

主機関出力状態：4/4 → 後進全力
アジマス推進器：4/4 → 翼角中立(アスターン検知で自動制御)
船体停止迄の距離：1,398 m　(7.6 × Lpp)
船体停止迄の時間：4 分　9 秒

図 12-32　フェリーふくおかのブリッジに掲示されていた操縦性能資料。旋回円は，前方に約 650 m，左右に 700 ～ 800 m の範囲，緊急停止能力は約 1.4 km と表示されている。

(5)　離着岸

船は岸壁に離着岸する時の操船も非常に大事である。それは，元来，船は横に移動することが不得意で，着岸時に船長は推進器と舵を巧みに操って岸壁に近づけるが，低速になると舵効きが悪くなり，さらに風の影響等で船が流される。従って，ある程度，船が岸壁に近づくと，係船索を岸壁に繋いで船上のウィンチで船体を引いたり，タグボートの支援を受けたりして着岸させる。

こうした船の欠点を克服するために，船を横移動できるように考えられたのがサイドスラスターで，船首または船尾の水面下に横方向にトンネルを開けて，その内部に設置したスクリュープロペラを回して，横方向の推力を発生させて船を横移動させる。船首に設置したサイドスラスターをバウスラスター，船尾に設置したものをスターンスラスターと呼ぶ。またアジマススラスター，ポッド推進器のように推進器自体が 360 度回転することができて，どの方向にも推力を発生できるものもあり，この場合にはサイドスラスターは不要となる。

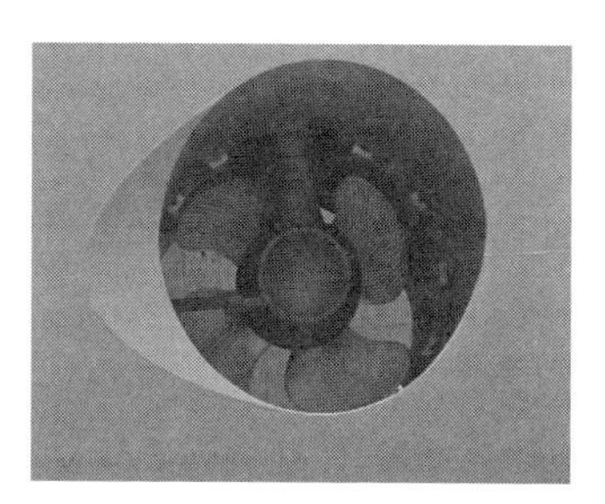

サイドスラスター

世界最大のクルーズ客船の巨大なサイドスラスター

2 万個積みコンテナ船のバウスラスター

図 12-33　船を横移動させるサイドスラスター

12-6　復原性

復原力とは，平衡状態から外れたときに，元の平衡状態に戻ろうとする力のことである。復元力とも書くが，船舶分野では復原力と書くのが一般的である。水面に浮く船舶の場合には，沈むと元の状態に戻ろうとするし，傾くと直立に戻ろうとする。これらの復原力は，水からの浮力によって生ずる。船舶では，上下の変位，縦方向の傾斜角，横方向の傾斜角に対して復原力が働く。このうち，横方向の変位すなわち横傾斜に対する復原力は，船の転覆につながるので最も重要なものであり，単に「復原力」というと，この横復原力のことを指す場合が多い。

(1)　復原力の原理

船が横方向に傾斜すると，片方の舷が沈み，その反対方向の舷は空中にでる。沈んだ舷の浮力の増加と，浮いた舷の浮力の減少が船の傾斜を戻そうとする偶力（モーメント）を生む。これが，浮力から復原力が生まれる原理である。

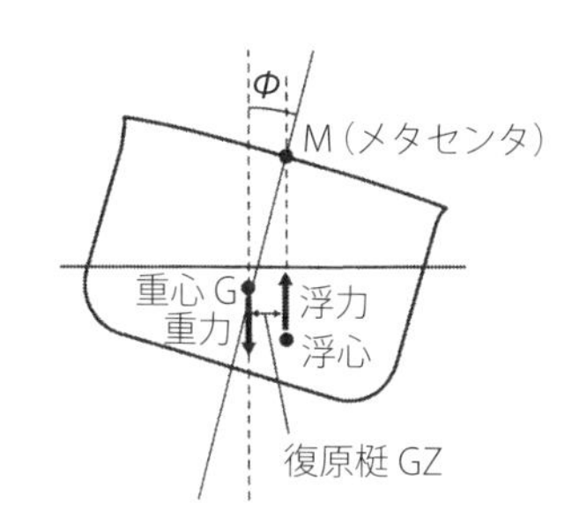

図 12-34　復原力の大きさを表す復原梃 GZ（出典：『図解 船の科学』（池田良穂著，講談社，2007 年））

この時の復原力は，数学的には，傾いた時に船の重力の下向きの作用線と，水から受ける浮力の上向きの作用線のずれの距離と，船の重量（排水量）の積で表される。作用線のずれの距離を復原梃（ふくげんてこ）といい GZ で表す。すなわち，横傾斜に対する船の復原力は，

復原力 ＝ 排水量 × GZ

で表される。GZ が正の値の時には船は傾いても中立に戻り，負の値になれば傾くとそのまま転覆に至る。排水量は船に働く浮力と同じ大きさである。

(2)　メタセンタ高さ

船の復原力は，横傾斜が小さい時には特異な性質をもつ。それは傾いた時の浮力の作用線と船体中心線との交点が，傾斜角によらずほぼ一点にあることに起因する。この交点Mをメタセンタ（metacenter）と呼び，この点と重心との距離をメタセンタ高さ（metacentric height）と言い，GM で

表す。重心がメタセンタより低い位置にある時が GM は正と定義され，船を正立に戻す復原力が働く。横傾斜が小さい時には，メタセンタ位置 M がほぼ不動のため，復原力は

$$
\begin{aligned}
\text{復原力} &= \text{排水量} \times GM \times \sin\Phi \\
&\fallingdotseq \text{排水量} \times GM \times \Phi \quad (\Phi \text{が小さいとき})
\end{aligned}
$$

で表すことができる。ここで Φ は横傾斜角（rad. 単位）である。

メタセンタの位置Mは，船体形状が決まると容易に計算ができ，水線面（船体が水面を切る水平断面）の幅が大きいほど，また排水量が小さいほど高くなる性質をもつ。すなわち，幅広で軽い船ほどメタセンタの位置は高くなる。

船の設計段階で船型が決まるとメタセンタ位置は分かるので，GM ＞ 0 にするためには，重心がメタセンタ位置よりも低くなるように船を造らなければならない。

GM が大きいほど復原力が大きく転覆しにくいが，大きすぎると波の中で激しい横揺れを起こすので乗り心地は悪くなる。一方 GM が小さな船は，風などの外力を受けると大きく傾くが，波の中での揺れは柔らかく乗り心地が良い。

このように GM は，船の復原力を簡易に評価するには良い指標だが，GM が一定値なのは横傾斜角が小さな時に限られており，傾斜角が約 15 度以上になると成り立たなくなる。その時には復原梃 GZ を使う必要がある。

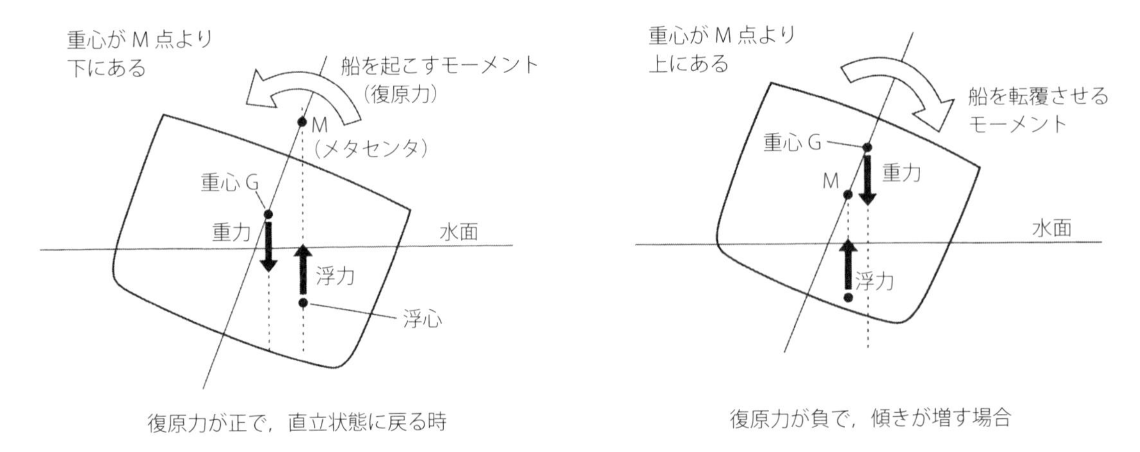

図 12-35　船の復原力のメカニズム（重心とメタセンタ M の位置によって方向が変わる復原力）（出典：『図解 船の科学』（池田良穂著，講談社，2007 年））

(3)　復原力曲線

横傾斜角に対する復原梃 GZ を計算して図示した曲線を復原力曲線（stability curve）と言い，専門家は GZ カーブと呼ぶ。船の形状が決まり，重心位置を与えると復原力曲線が計算でき，現在はコンピュータを使って求めるのが一般的である。

一般に，横傾斜角に対して山形の曲線となり，小角度での傾斜角（rad.）が GM に当たる。曲線の頂点の値 GM_{max} は船が耐えられる最大の傾斜モーメントを表し，曲線が正から負に変わる点は復原力消失角（vanishing point of stability）と呼ばれて，転覆に至る限界角を表している。また，GZ 曲線の積分値は，その傾斜角まで船体を横傾斜させるためのエネルギーを表す指標となり，動復原力

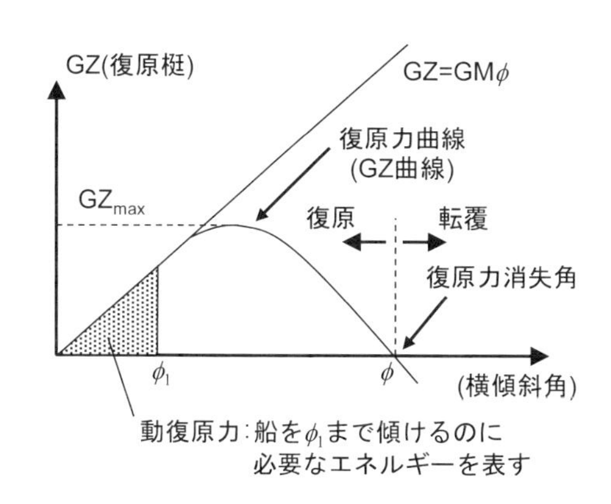

図 12-36　復原力曲線（GZ カーブ）（『図解 船の科学』（池田良穂著，講談社，2007 年）を基に作図）

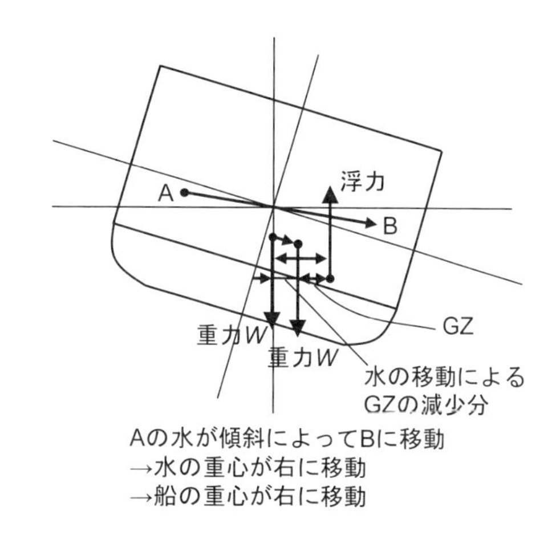

図 12-37　船内の自由水が復原力を減少させるメカニズム（『図解 船の科学』（池田良穂著，講談社，2007 年）を基に作図）

（dynamic stability）と呼ばれる。

復原力を減少させる要因の 1 つとして，船内に積んだ液体の影響があり自由水影響（free-water effect）と呼ばれている。船が傾くと液体は傾いた舷に移動して復原梃を減らす。このため，液体貨物を積載するタンカー等では注意が必要であり，また，海難時に船内に海水が流入した時にも復原力が減少することがある。

（4）　傾斜試験

造船所で船が完成すると復原性を調べる傾斜試験が行われる。静かに船を浮かべた状態で，船体中心船上に置いた錘（おもり）を片方の舷に移動させて，その時の船の傾斜角 Φ を測る。この値から下式で GM の値が分かる。

GM ＝（錘の重さ × 移動距離）／（船の排水量 × tanΦ）

ただし，これは船が造船所で完成した状態であり，いろいろな荷物を積むと GM 値は変化する。実際の航海時の復原力の確保は，船会社および船員によって常に注意深くチェックされている。

（5）　非損傷時復原性と損傷時復原性

船の復原性は，非損傷時復原性（intact stability）と損傷時復原性（damage stability）に分けて検討される。いずれも IMO の国際規則によって規定されている。

非損傷時復原性規則は，船が健全な状態，すなわち船体が壊れていない状態で十分な復原性をもっていることを規定するもので，一般復原性要件と波浪中復原性要件（Weather Criteria）からなっている。

一般復原性要件は，復原力曲線自体に関する規定で，GM の値，GZ の値，GZ の最大値となる傾斜角，GZ 曲線の面積等について所定の条件を満足することを求めている。

波浪中復原性要件は，エンジンが止まって船が推進機能を失い制御不能の状態で，横風，横波の中で漂流しながら同調横揺れをしている時に，転覆をしないだけの復原力をもつことを要求している。また，パラメトリック横揺れ等の動的不安定性に対する要件を加えた第二世代の非損傷時復原性基準も制定されている。

損傷時復原性は，船舶が他船に衝突された時に，沈没または転覆をしないように，船内の区画および復原性を確保することを要求するもので，正式には船舶区画規定と呼ばれている。元々は，客船タイタニックの沈没事故を契機として，SOLAS 条約として制定された。現在は，客船および乾貨物船については，あらゆる損傷のケースについての生存確率を計算して，その総和が要求値を上回ることを要求する確率論的な規則が用いられている。なお，日本の内航旅客船については，国際規則より若干緩和された規則が適用されている。また，タンカー等については，衝突で区画が損傷した時の浸水計算を行って，既定の条件を満足することでよいとする決定論的方法に基づく規則で判定がされる。

12-7　耐航性

船舶の波の中での運動性能を，耐航性能（たいこう）（seakeeping quality）と呼ぶ。堪航性（たんこう）（seaworthiness），凌波性（りょうは）（sea kindness）ともほぼ同意であるが，それらを包括した意味で使われる。

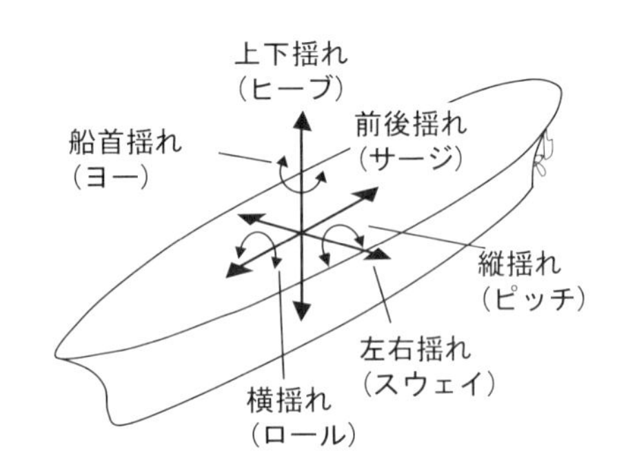

図 12-38　6 自由度の船体運動（『図解船の科学』（池田良穂著，講談社，2007 年）を基に作図）

(1)　動揺の自由度

船は，海を航行中に以下の 6 自由度（6 degrees of freedom）の運動をする。3 つは重心の前後，上下，左右の直線運動であり，残りの 3 つは前後軸，左右軸，上下軸まわりの回転運動である。直線運動は，前後揺れ（surge），上下揺れ（heave），左右揺れ（sway）で，回転運動は，横揺れ（roll），縦揺れ（pitch），船首揺れ（yaw）と呼ばれている。このうち，上下揺れ，縦揺れ，横揺れは，復原力をもち，その固有周期が波の周期と一致すると同調現象を起こして運動が大きくなることがある。特に，横揺れは同調時の運動が大きくなると荷崩れや転覆に至ることがあるので注意が必要である。

(2)　波との出会い周期

波の中での船体の運動の周期は，船の前進速度と波向きによって変化し，出会い周期（encounter period）と呼ばれる。例えば，前方から波を受ける向波中での出会い周期は波の周期より短くなり，後方からの追波中では長くなる。いわゆる音のドップラー効果と同じ現象である。この出会い周期が，各運動の固有周期と一致すると同調が起こって船体運動が大きくなる。

(3)　横揺れ

船体運動の中で最も重要なのが，転覆にも至る可能性の大きい横揺れである。横波の中では，波の表面の傾斜によって船を横に傾斜させる力が働き，これが横揺れを引き起こす主な原因である。

船の横揺れの固有周期（roll natural period）と同じ周期の波が来ると，船は同調現象を起こして激しく揺れ，これを同調横揺れという。この同調横揺れを小さくするためには，横揺れに運動に対する抵抗である横揺れ減衰力（roll damping）を増加させることが必要であり，そのためにビルジキール，フィンスタビライザー，アンチローリングタンク，ジャイロスタビライザー等の横揺れ軽減装置が取り付けられる。

また，同調横揺れを小さくするには，波から受ける横揺れ強制力を小さくする，または波の主要周期と横揺れ固有周期をずらすという方法もある。前者の，横揺れ強制力を小さくするためには水線面積を減らすことが効果的であり，半没水型船舶やセミサブ型海洋構造物，全没翼型水中翼船等がそれに当たる。後者については，船が稼働する水域で多い波周期を把握して，横揺れ固有周期を調整することによって大きな同調横揺れを避けることができる。ただし，航海中の船では，波との出会い角と船速によって出会い周期が変化するので，波の周期と横揺れ固有周期をずらしても，同調横揺れを完全になくすることはできないことに注意が必要である。

走行中の船が，後方もしくは前方からの波，すなわち縦波を受けても横揺れが発生する場合がある。特に船首船尾の船体横断面が深さ方向に大きく変化する船型の場合には，波によって復原力が周期的に変化して，ある条件になると不安定現象に基づくパラメトリック横揺れが発生することがある。この時の横揺れは，その船の横揺れ固有周期で揺れ，縦揺れはその半分の周期で揺れる。横揺れの固有周期の長い大型クルーズ客船等では，固有周期の半分の周期をもつ横波中でもパラメトリック横揺れが発生することが報告されている。

図 12-39　同調横揺れする小型船舶

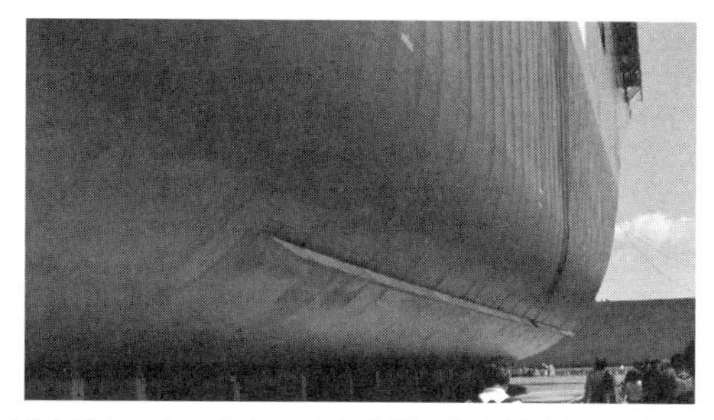

ビルジキール：船底のビルジ部に取り付けられた細い板で，横揺れ時に渦を造って横揺れを軽減させる。

アンチローリングタンク：左右の煙突内に水タンクをもち，内部の水を揺れによって左右舷に動かすことで横揺れを軽減させる。

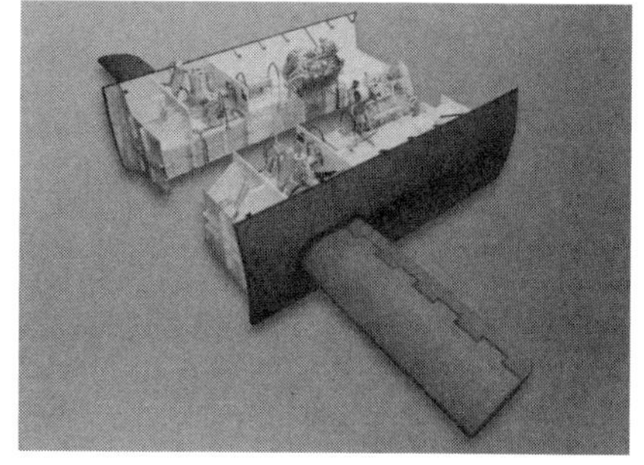

フィンスタビライザー：船底のビルジ部に格納したフィン（鰭）を，横揺れが大きくなると出して，コンピュータ制御をして横揺れを止める。（下の写真：三菱重工提供）

図 12-40　横揺れ軽減装置

(4) 縦揺れ

縦揺れは，船首船尾端が交互に上下に上がる回転運動であり，激しくなると船首甲板に海水が打ち込む青波（green water），船首船底が波面にたたきつけられるスラミング（slamming），スクリュープロペラが空中に露出して空転するプロペラレーシング（propeller racing）等の船舶にとって致命的な危険現象を引き起こす。

縦揺れは船の大きさが決まるとほぼ決まってしまうので，その軽減は難しく，海水打ち込みを防ぐために，船首部甲板の位置を高くするための船首楼の設置やシヤーをつけることが一般的な対策である。

船首や船尾にフィンを付けて縦揺れを軽減する試みも試験的に行われているが実用化には至っていない。

高速船では，船首を鋭くして波を切り裂くようにして走る波浪貫通型船型（wave-piercing）や細長型船型が開発，実用化されている。また，船底に設置したT字型のフォイルや，船尾トランサムの船底部に設置したトリムタブやインターセプターによって縦揺れを低減することができる。

(5) 不安定運動

追い波の中で復原力が減少して大きな横傾斜が発生して荷崩れ等を起こす事故や，小型高速船では波の下り斜面で加速されて危険になる波乗りやブローチング現象等の転覆を伴う危険な船体運動があり，いずれも運動方程式における非線形性によって起こる不安定現象に起因している。

船首方向もしくは船尾方向からの波を受けて航行中に，突然，パラメトリック横揺れが発生して，それが大きな横傾斜につながることがあり，大型のPCCやコンテナ船で荷崩れ事故となったこともある。これは，波によって横復原力が周期的に変動して船が不安定になったことによる。この時の船体運動は，縦揺れの周期は波の出会い周期となり，横揺れの周期はその約2倍の横揺れ固有周期と近くなる。

(6) 運航限界

船体運動に伴う加速度が大きくなると，船内で荷物が移動したり，人が倒れたりと様々な危険が発生する。この加速度は，6自由度の船体運動の合成からなり，船体の各部で大きさが異なる。例えば，向波中を航行する時には船首および船尾で加速度が大きく，船体中央よりやや船尾寄りの場所で小さくなる。また，船の速度によっても加速度は変化し，減速すると加速度は小さくなる。

表12-1　船舶の運航限界（出典：NORDFORSK, 1987）

	商船	軍艦	小型高速船
船首上下加速度（RMS）	0.275g（100m以下船） 0.05g（300m以上船）	0.275g	0.65g
船橋上下加速度（RMS）	0.15g	0.2g	0.275g
船橋左右加速度（RMS）	0.12g	0.1g	0.1g
横揺れ角度（RMS）	6°	4°	4°
スラミング回数（発生確率）	0.03（100m以下船） 0.01（300m以上船）	0.03	0.03
青波打込回数（発生確率）	0.05	0.05	0.05

表中のgは重力加速度（$=9.8\ \mathrm{m/s^2}$）

船舶にとって危険な

状態は運航限界を考えるうえでたいへん重要となる。表 12-1 には NORDFORSK (1987) で示された，上下・左右加速度および横揺れの限界値（RMS：root mean square 値）とスラミング・青波発生回数の限界値を示す。

表 12-2　船上での限界加速度および限界横揺角
（出典：NORDFORSK, 1987）

	上下加速度	左右加速度	横揺れ
軽作業	0.2g	0.1g	6°
重作業	0.15g	0.07g	4°
知的作業	0.10g	0.05g	3°
移動客	0.05g	0.04g	2.5°
クルーズ客	0.02g	0.03g	2°

表中の g は重力加速度（= 9.8 m/s²）

(7)　船酔い

船上の人間は，時として船酔いをする。この船酔いは，他の交通機関やエレベーターなどと同じく加速度が働くことで発症して，最悪の場合には嘔吐(おうと)にまで至る。これまでの研究で，上下方向の加速度が船酔い発生に最も影響が強いことが分かっており，その周期が 5 ～ 6 秒程度の時に特に船酔いが発症しやすい。

船酔いの発症の予測には，図 12-41 に示す O'Hanlon の実験結果がよく用いられる。これは，人間を上下に振動する部屋に入れ，周期と振幅を系統的に変化させて嘔吐する人の割合（%）を計測した実験結果であり，ドーバー海峡や日本沿岸航路で実証実験が行われて，実際の船酔いの結果と良く合うことが確かめられている。波の中での船体運動を予測して，この実験結果を用いると，船内のどの場所で何パーセントの人が嘔吐にまで至るかが推測できる。

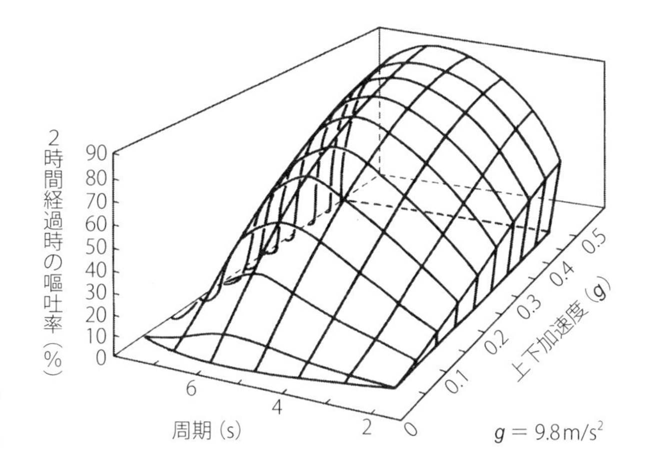

図 12-41　O'Hanlon の船酔い率の実験結果（出典：『図解 船の科学』（池田良穂著，講談社，2007 年））

船酔いが起こるメカニズムは，内耳器官が感じる加速度と，目などの他器官が認知した加速度に差異がある場合に，脳が混乱して気分が悪くなるという脳での情報混乱が原因とされている。このため，目からも動いているという情報を入れる，または目を閉じて目からの情報を遮断する等の方法が効果的である。

(8)　ウェザールーティング（weather routing）

海の気象のことを海象という。人工衛星からの気象観測や，スーパーコンピュータを使った気象予測技術が発達して，船の運航にあたっても海象予測を使えるようになっている。こうした予測に従って，安全な航路を設定したり，燃費を少なくしたりする航海を提案することをウェザールーティングと呼ぶ。気象会社等が，船会社に対してこのサービスを提供している。

12-8　振動

(1)　振動の原因

船舶には大出力のエンジンがあり，特に大口径のピストンが上下に動くディーゼルエンジンでは，船内の振動の原因すなわち起震源となる。また，スクリュープロペラ等の船外で作動する推進器が起震源となり軸系自体の振動（捩り・縦・横振動）や，水中で稼働するプロペラの作る乱流流れが船体に伝播して起震源となることもある。

(2) 振動の軽減法

ロングストロークの2ストロークディーゼルエンジンは，燃費が良いが振動も大きいため，振動を嫌う客船や調査船では，より振動の小さい4ストロークディーゼルエンジンを使うことが多い。またエンジンの支えに振動を吸収するラバーマウントを入れることも振動軽減に効果的である。

最近のクルーズ客船では，ディーゼル・電気推進にすることで振動を軽減させている。これはディーゼル発電機で電気を発生させて，電気モーターでスクリュープロペラを回すもので，ディーゼル発電機をラバーマウントで防振することで起振力を低減させている。

スクリュープロペラの振動については，プロペラの翼形にスキューを付けた形にすることで軽減することが可能である。

12-9 水密区画

(1) 水密区画の役割

船体の内部は，万一の浸水に備えて多数の水密区画（watertight subdivision）に分けられている。この区画を分ける壁を水密隔壁（watertight bulkhead）と呼ぶ。これらの隔壁には，浸水の拡大を防ぐ役割だけでなく，横強度を増強する役割もある。

水密隔壁にドアを付ける場合には，閉じると完全水密となりかつ防火もできる特殊な水密扉とする必要があり，万一の場合にはブリッジから自動的に開閉のできる機能をもっている。また，パイプや電線を水密隔壁に通す場合には，貫通部に水密性をもたせることが要求されている。

(2) 区画決定の方法

船内の水密区画は，IMOのSOLAS条約または日本国の船舶安全法の中の船舶区画規程（損傷時復原性と呼ぶことも多い）の要求を満たすように造船所で決定する。

客船および乾貨物船では，船内のあらゆる区画の浸水確率と生存確率の積を合算した値（attained index）が，規程の要求する値（required index）を上回るように設計することになるが，この作業は船舶の基本設計の中でもかなりの工数を要すると言われている。

タンカー等の液体貨物を運ぶ船では，決定論に基づく規程に基づいて区画が決定される。

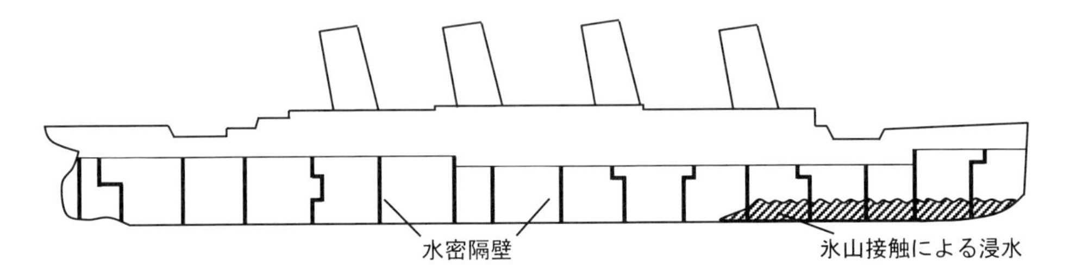

図12-42　タイタニックの水密隔壁。氷山との接触で6区画に浸水して沈没した。

第 13 章　船舶の法規

船舶に関する法規は非常に多岐にわたっている。海運・水運，船舶，船員，港湾，海上の安全および治安の確保，海難の審判，水産，関税，検疫などが挙げられる。また，外国との間に運航される船舶については国際的な法規の統一も必要となる。

(1)　国際法規

船舶は世界中で使われるので，国際的に統一されたルールが必要であり，国連の中の海事専門機関である国際海事機関（IMO：International Maritime Organization）があり，国際的な航海を行う船舶の安全確保や海洋汚染防止等の観点からのルール作りを行っている。同機関の本部はロンドンにあり，加盟国（2021 年現在 174 の国・地域）の代表が集まり，条約の審議を行う委員会で条約案および改定案の審議が行われ，国際法規として発効される。

ロンドンにある IMO 本部ビル

IMO 本部ビル内の会議場

図 13-1　IMO（国際海事機関）本部

IMO で作成された主な条約は以下の通りである。

①　船舶の航行の安全およびトン数の測度に関するもの

- 1974 年海上人命安全条約（SOLAS 条約）
- 1966 年の満載喫水線条約（LL 条約）
- 安全コンテナ条約（CSC 条約）
- 1972 年の海上衝突予防条約（COLREG 条約）
- 1969 年の船舶のトン数の測度に関する国際条約（TONNAGE 条約）
- 海洋航行不法行為防止条約（SUA 条約）

②　船舶に起因する汚染の防止に関するもの

- 船舶汚染防止国際条約（MARPOL 73/78 条約）
- 船舶防汚方法規制条約（AFS 条約）

③　船員の資格等に関するもの

・1978年の船員訓練，資格証明及び当直基準条約（STCW条約）

④　船舶の出入港に係る手続きに関するもの

・国際海上交通簡易化条約（FAL条約）

⑤　海難発生時の処置，捜索救助に関するもの

・1979年の海上捜索救助条約（SAR条約）

・油汚染事故の場合の公海上の措置条約（INTERVENTION条約）

・1990年の油汚染準備，対応及び協力国際条約（OPRC条約）

・2000年危険・有害物質汚染事件に関する議定書（OPRC-HNS議定書）

⑥　海難に係る船舶所有者の責任制限，補償等に関するもの

・1976年海事債権責任制限条約（LLMC条約）

・油汚染損害の民事責任条約（CLC条約）

・油汚染損害補償国際基金設立条約（FC条約）

・油汚染損害補償国際基金設立条約2003年議定書（SF議定書）

IMOで条約や勧告が承認されると，加盟国政府は自国の権限のある機関（日本では国会）で承認される必要があり，これを批准という。批准国が既定の数に達すると国際条約が発効される。批准国は，国際条約の内容を自国の法律の中に入れ込む必要があり，批准した国際法と抵触する法律部分の改正や廃止，必要ならば新たな法令を制定することが必要となる。

なお，IMOでの規則は，原則として，国際航海に従事する船舶に適用されるもので，国内で使われる船舶には適用されない。ただし，日本国政府は，IMOの規則と国内船のルールに大きな乖離がないように，国内船への規則も見直しをしている。

IMOが制定した法規の遵守に関する取締りは，船舶の国籍国である旗国に任されているが，便宜置籍船の増加に伴い，その遵守能力には差があるため各種の条約に非適合な船舶（サブスタンダード船）も現れるようになり，船舶が寄港した国による検査・監督ができるようになった。これをポート・ステート・コントロール（Port State Control：PSC）という。

（2）　国内法規

船舶に関する日本国内の法規としては，船舶安全法がある。同法律には，その目的として，①堪航性の保持と②人命の安全の保持の，2つを挙げている。この目的を果たすための構造および設備が法律で規定されており，船体，機関，帆装，排水設備，操舵，繋船および揚錨設備，救命および消防設備，居住設備，衛生設備，航海用具，危険物等の特殊貨物の積付設備，電気設備等多岐にわたる。

船体については，鋼船構造規定および木船構造規定の他，船舶復原性規則，満載喫水線規則が適用される。

漁船については，漁船特殊規定が適用される。

国際航海に従事する旅客船については，その防火区画に関しては船舶防火構造規定，水密区画に関しては船舶区画規定が適用される。

船の機関については，船舶機関規則が適用される。

船舶に備える設備および属具については，船舶設備規定が適用される。

(3)　船の税金と容積トン数

船舶には，各種の税金，そして運航時の港湾利用料，運河の通行料等の諸経費が発生する。こうした税金や利用料を算出するベースとなるのが船の価格と，tonnage と呼ばれる船内容積を表すトン数であり，総トン数（Gross tonnage）と純トン数（Net tonnage）が用いられる。

まず，日本の船舶に課せられる税金について説明する。

・登録免許税：船舶を登記，登録する時に課される国税で，船舶の価格が課税標準となっている。船舶の価格は，用途や総トン数，建造時点からの経過年数等を勘案して残存価値を評価して決められる。

・固定資産税：船舶法によって船舶原簿に登録が義務付けられている総トン数 20 トン以上の船舶は固定資産税の対象で，その他の船舶は「物品」と見なされている。

・トン税：海運事業による利益に対する課税は，2008 年から，安定的な海上輸送の確立，日本人船員の養成，安全保障等のため日本籍船を増やす目的で「トン数標準税制」が導入された。これは，外航海運事業者に課せられる法人税を実際の利益ではなく，船舶のトン数を基準として一定の「みなし利益」を基に算出する外形標準課税の一種である。2013 年には，海外子会社がもつ仕組船のうち，一定の要件を満たす船舶は準日本籍船としてトン数税制の対象となった。

一方，税制上の優遇処置としては下記のようなものがある。

・特別修繕準備金

・石油石炭税に上乗せされている「地球温暖化対策税」の還付措置

・日本籍船への軽油取引税の免税処置

(4)　総トン数と純トン数

同じような大きさの船であっても，船の能力は，その用途によって大きく違うが，諸課税や使用料金を決めるにあたってその能力を測るには船内容積を基準にした容積トン数が使われている。

容積トン数の歴史は古く，1347 年にイギリスのエドワード 3 世が船への税金を課するにあたって，その船の能力を積載するワイン大樽の数で測ったことに由来すると伝わっている。ワイン大樽は tun と呼ばれているが，それがいくつ積めるかで船の能力を測り，それが tunnage と呼ばれ，やがて tonnage という言葉になったという。

その後，100 立方フィート（353 m^3）が総トン数の単位となった。当初は船の安全，航海等に係る上甲板以上の空間が除外されるなど，細かい規則が国によって異なっていたため，IMO は 1969 年に船舶のトン数測度の統一を図り，その国際総トン数を明記した国際トン数証書の受有が外航船については義務付けられた。この統一をする時に，各国の従来の総トン数からの過度の乖離を防ぐため，下記のように常用対数 $\log_{10}$ を含む複雑な計算式となった。

$$\text{国際総トン数} = (0.2 + 0.02 \log_{10} V) \times V$$

ここで，V は船内の総容積（立法メートル）である。

日本は，従来の国内税制を維持するために，国内航路に就航する船舶に対しては国際総トン数を若干修正した総トン数を示す証書を発給している。この日本国内の総トン数は，小型船で若干総トン数が少なくなる（図 13-2）ほか，二層以上の甲板をもつ RORO 型船の車両甲板等の除外規定等があり，大型カーフェリー等では国際総トン数と 2 倍以上の違いがあることもある。

日本籍の外航船は，国際総トン数と国内総トン数の 2 つのトン数をもっている。

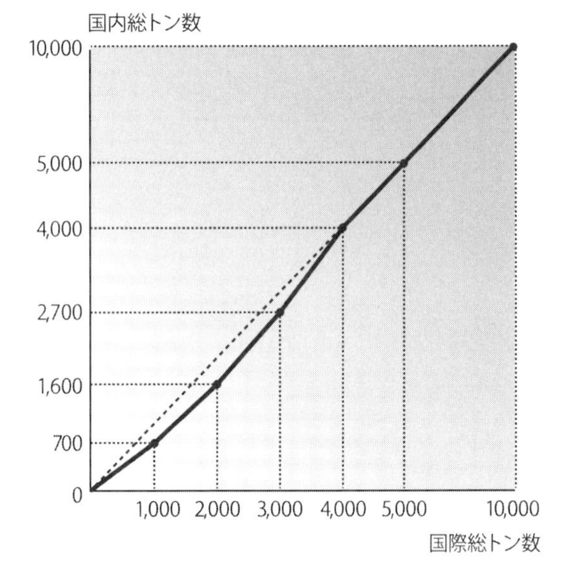

図 13-2　4,000 総トン以下の船における国際総トン数と国内総トン数の違い（出典：「基礎から学ぶ　海運と港湾」（池田良穂著，海文堂出版，2017 年））

図 13-3　二層以上の車両甲板をもつ日本籍のカーフェリーの国際総トン数と国内総トン数は 2 倍以上違う。阪九フェリーの「いずみ」の国際総トン数は 35,323 トンに対し，国内総トン数は 15,897 トンである。

また，総トン数から，船員室，機関室，バラスト水タンク等の航海に必要な空間の体積を除いたものが純トン数（Net tonnage）で，言い換えれば，旅客や貨物等を積載する空間の体積を表す指標であり，船の収益能力を表す。この純トン数は，トン税，検疫手数料等の算定基準として用いられている。

(5)　船の重さを表すトン数

前節で取り上げた船内の容積を表す総トン数は，客船や一般貨物船等ではその積載能力を表す指標として一般的に用いられているが，積荷の重さや船体自体の重さも大事である。

船体自体の重さは，大型船では実際に測ることができないので，アルキメデスの原理に基づいて水面下に沈む船体の体積から求めるため排水量（displacement）と呼び，質量の単位であるトン（ton）の単位で表す。船体の没水部の体積は船体の外部形状を表す線図のデータを用いて計算で算出し，これを排水量計算と呼び，船舶工学における最も基礎的な計算となっている。

船の排水量には以下のものがある。

- 満載排水量（full load displacement）：人や荷物を限度いっぱいに積載した時の船の重さ。この時の喫水が満載喫水線である。
- 軽荷排水量（light displacement）：荷物等を積まない状態での船の重さで，軽荷重量（light weight）とも言う。
- 基準排水量（standard displacement）：軍艦に用いられる排水量で，満載状態から燃料と予備水の重量を差し引いた船の重さ。日本の自衛艦では，さらに弾薬，食料，乗員の重さを差し引く。
- 常備排水量（normal load displacement）：軍艦に用いられる排水量で，乗員と弾薬は定数，燃料等の消耗品は 2/3 を積載した状態での排水量。

(6) 船の積み荷の重さを表すトン数

船の積荷の重さを表すのが載貨重量トン数（Dead weight tonnage）であり，単に載貨重量（Dead weight）と呼ぶことも多い。重い貨物を運ぶタンカー，鉄鉱石運搬船，ばら積み船の積載能力を表すのに多く使われる。積荷の中には，貨物，乗組員および旅客，燃料，食料，飲料水，バラスト水まで含まれるので，実際に積める貨物の重さは，載貨重量よりは少なくなる。

満載排水量，軽荷重量，載貨重量の間には下式の関係がある。

載貨重量＝満載排水量－軽荷重量

表 13-1　各種船種のトン数の比較

船の種類	満載排水量	軽荷重量	載荷重量	総トン数	純トン数
大型タンカー	357,369	44,511	312,858	160,057	106,538
中型タンカー	139,391	19,233	120,158	66,071	37,726
大型鉱石運搬船	341,201	43,617	297,584	150,834	53,573
大型コンテナ船	195,839	48,972	146,867	152,297	63,410
自動車運搬船	34,730	16,021	18,709	37,577	18,979
チップ専用船	72,372	12,012	60,360	49,715	22,036
大型ばら積み船	238,264	29,744	208,520	107,850	69,773
中型ばら積み船	105,929	13,663	92,266	50,860	28,719
LNG 船	126,979	38,302	88,677	121,981	36,594
大型カーフェリー	17,999	11,528	6,471	14,759	—
中型カーフェリー	4,261	2,747	1,514	2,620	—
中型クルーズ客船	30,862	23,314	7,548	50,444	20,536
小型クルーズ客船	14,563	10,367	4,196	22,472	7,955
貨客船	8,360	6,630	1,730	11,035	—

(7) 満載喫水線

満載喫水線（full load water line：LWL）とは，船が積載して安全に航海ができる限界の喫水の高さことで，その喫水から上甲板までの高さを乾舷（freeboard）と言い，この高さを超えて甲板に海水が打ち込まないように十分な高さにすることが規則で求められている。なお乾舷は乾玄と書くこともある。外航船については，IMO の国際法規の中の 1966 年の満載喫水線条約（LL 条約）で規定されており，その喫水位置を示す満載喫水線マークを船体中央の両舷に表示することが求められている。このマークは乾舷標（freeboard mark）とも呼ばれる。季節や航海海域で安全性が変わるため，複数の満載喫水線が表示されている。この表示は，旗国もしく

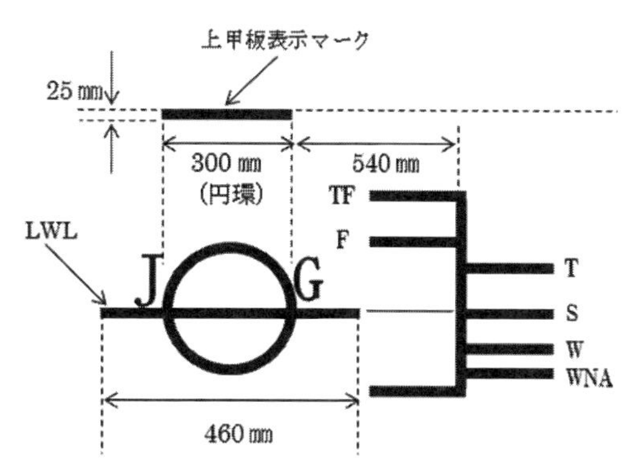

図 13-4　乾舷標マーク

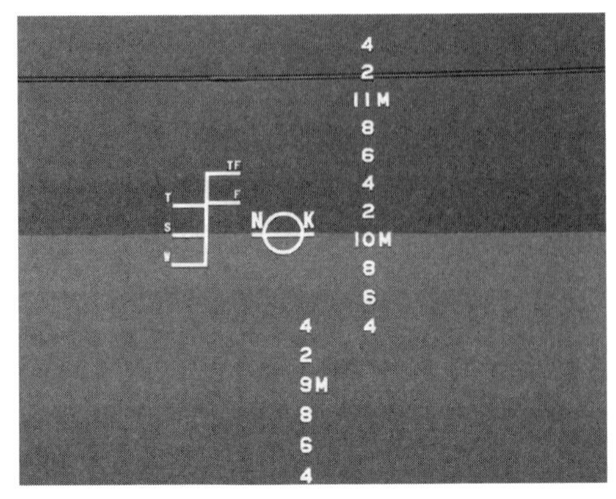

外航船の乾舷標マーク

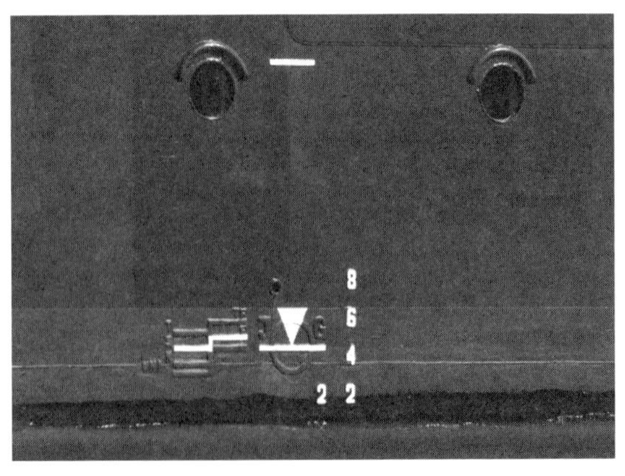
日本の内航船の乾舷標マーク

図 13-5　乾舷標マーク（満載喫水線マーク）

は船級協会によって検査を受ける必要があり，日本国政府の場合には JG，日本海事協会の場合には NK 等と刻印されている。

日本の内航船については，遠洋，近海区域を航行する船舶の他，沿海区域を航行する長さ 24 m 以上の船舶，総トン数 20 トン以上の船舶に満載喫水線の表示が義務付けられている。そのマークは，国際航路船に比べると単純で，満載喫水線の上に逆三角形のマークが付いた表示となっている。

(8)　航行区域

船の航行区域によって，船に要求される構造および設備が異なっている。この航行区域は，平水，沿海，近海および遠洋の 4 区域に分かれている。申請に基づいて監督官庁が検査を行い，各船の航行できる区域を決定する。

・平水区域：湖・川・港内および特定の湾内など，比較的陸に近く，平穏な水面状態の区域である。
・沿海区域：北海道，本州，四国およびそれに付属する特定の島から 20 海里以内区域，および特定の区域（朝鮮海峡，宗谷海峡等）。
・近海区域：東西は 94 度～ 175 度，南北は南緯 11 度～北緯 63 度に囲まれた区域で，東アジアから東南アジアにかけての海域。
・遠洋区域：すべての海域。

なお，ボートなどの小型船舶では，コンパス，ラジオ，海図，双眼鏡，火せん等の法定備品を備えることで平水区域を超えて沿岸区域の航海が可能となる限定沿海区域という制度もある。ただし，これは平水区域から 2 時間以内で往復できる水域に限られる。

(9)　漁船の従業制限

漁船については，一般船舶とは業態が異なることから，航行海域を限定する代わりに従業できる漁業の種類が定められる。

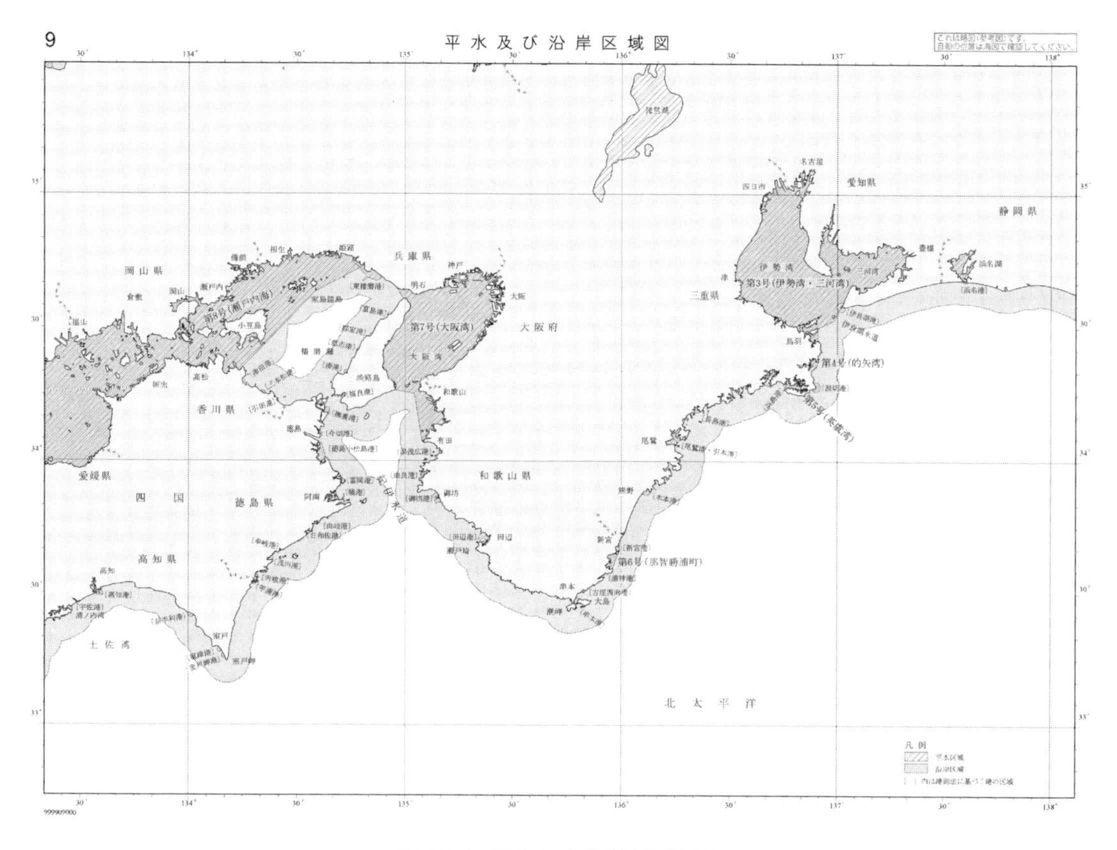

図 13-6　平水および沿岸区域図

（10）　最大搭載人員

船舶に乗ることのできる最大の人数を言い，航行区域，居室，救命設備等によって，旅客，船員，その他人員について船舶設備規定または小型船舶安全規則に基づいて審査を受けた上で決定される。

（11）　旗国による船舶検査

第 10 章および第 11 章でも説明した通り，船舶は建造時の製造検査から始まり，運航時にも定期的に旗国による検査（inspection）を受ける義務がある。日本籍船に対する日本国政府の検査には，以下のものがあり，国土交通省の各地方運輸局の検査官が行う。

- 製造検査：造船所で建造される船舶の建造過程での，船体，機関および排水設備の設計・材料・工事の検査，満載喫水線の検査が行われ，合格証明書が発行される。
- 定期検査：船舶の完成時および船種によって規定された間隔（5 ～ 6 年）での精密な検査で，船をドックに入れるもしくは上架させて，船底，舵，プロペラの検査を行う他，船舶安全法に基づく検査と，電波法に基づく検査が行われる。合格すると船舶検査証書が発行される。
- 中間検査：定期検査の間に行われる簡易な検査で，旅客船については 1 年ごと，大型貨物船ではほぼ 2.5 年ごとに行われる。内航客船は，原則として毎年入渠して中間検査を受ける必要があったが，優良・適切な保守管理がなされ，技術的妥当性を有する船体保全計画をもち，保守管理の記録を残す船舶については入渠間隔を 1.5 ～ 2 年に延ばすことが 2005 年から可能となった。これを「船体計画保全検査」と呼び，4 ～ 5% 程度の運航コストの低減につながっている。

・臨時検査：改造，修理等を行った時，航行区域や最大搭載人員の変更の時，海難時等に受ける検査。

・予備検査：船舶用機関や特定設備に対する製造者向けの検査。

・臨時航行検査：船舶検査証書のない船舶を臨時に航行させるときの検査で，海上試運転や回航時に受ける。

なお，日本では 20 総トン未満の船は日本小型船舶検査機構（JCI）が行う。検査対象は，船舶安全法に定められている船体，機関，排水設備，操舵，揚錨設備，消防設備，航海用具等で，さらに船体外観検査がある時にはドック等に入れて船体を完全に浮上させた状態にする必要がある。

(12) 検査の代行をする船級協会

船舶は国籍を持ち，その国籍国（旗国）がその安全を自国の法律に基づいて検査して担保する。ただし，船舶は国際的に運航されることが多いため，統一的な安全規則が必要であり，国際海事機関（IMO）が立法の役割を果たしている。しかし，全ての国が船の管理監督の能力があるわけではないので，その役割を船級協会（Classification Society）が担っている。旗国が認めた船級協会等（Recognized Organization）は，旗国に代わって船舶の検査を代行する。

前節で説明した船舶検査は，日本籍船に対する日本国政府による検査であるが，船級協会でもほぼ同様の検査を行うので，二重検査の弊害を避けるため，日本国政府によって認められた船級をもつ船については官海官庁の検査を受けたものとみなされる。

第14章　船の速力

(1)　船の速力の単位

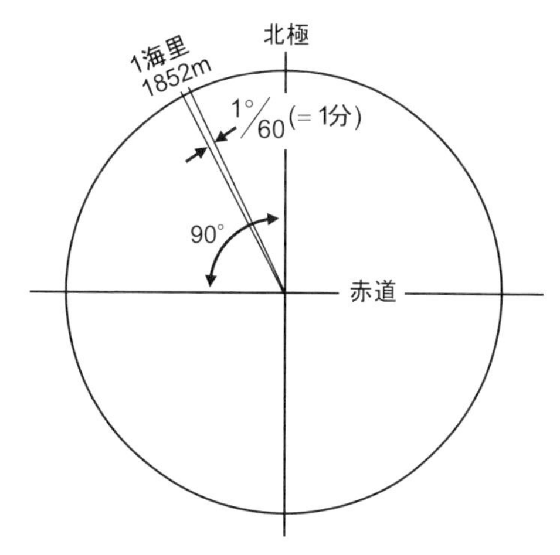

図14-1　1海里の定義

船の速度は速力とも言い，ノット（knot）という単位で表されることが多い。1ノットは，1時間に1海里（nautical mile：1.852 km）を移動する速度であり，1海里とは地球の平均的な円周のうち，中心角である緯度1分（360°の1/60）に対応する地球表面上の距離である。海図には緯度，経度が表されているので，船乗りが海図上で距離を求めるときに便利であり，17世紀から地球上を移動する船舶での速度の単位として使われてきて，航空の世界でも使われている。国際単位系（SI）としては認められていないが，海の世界では広く使われており，12海里の領海，200海里の排他的経済水域なども海里の単位で定義されている。

ノットの由来は，英語の「結び目」にあり，船の速力を測る時に用いられた手用測程具（ハンドログ）において，繰り出した測程線（縄）に一定間隔に結び目（ノット）をつけて，その数を数えることで速力を算出したことにある。

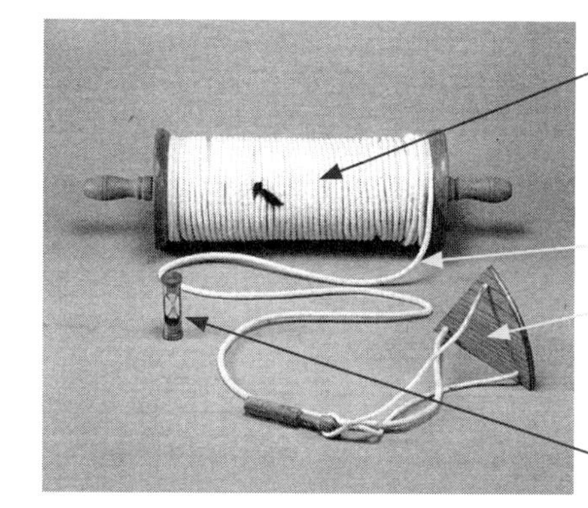

図14-2　ハンドログ（出典：日本海事科学振興財団「船の科学館ものしりシート」（2000年，日本財団図書館HP））

(2)　船の速力の計測法

船の速力の計測には，船上に取り付けられるログ（log）という測定機がある他，現在ではGPSによって求められる速度が一般的に用いられる。

ログとは元々は航海記録という意味であり，航海日誌のことをログブックと呼び，船の速力を測定する測程儀（Ship log）もログと呼ぶ。ログの語源は木片にあり，手用測程具に浮きおよび抵抗板のために木材片が用いられたことにあり，その後，プロペラ型の流速計，ピトー管式流速計，電磁石で作る磁界の中を流れる流体の誘起電圧から流速を求める電磁ログ，海底に超音波を放射して反射波の周波数変化から対地速度を得るドップラーログなどが開発されて搭載された。

かつては，建造船の試運転における船速の計測は，契約速力の確認のために高い精度を要求され，陸上に1海里の間隔をあけて建てたマイルポストを設置して，それと平行に船を走らせて通過時間を計測して船速を測った。現在はGPSによって速力を測っている。

(3) 船の速力の種類

船の速力の表示には数種類ある。

① **最大速力**（maximum speed）：その船舶のもつ能力として最大限のものであり，完成時の試運転の時に機関を最大限に回し，貨物を満載としてはいない状態での速力で，その船にとっては生涯における最高速力となる。

② **航海速力**（service speed）：機関を常用出力とし，風や波による船速低下の影響等をシーマージンとして考慮した，船が実際に使われる時の速力。最大速力の 85% 程度が一般的。

③ **制限速力**：港内や狭水道では，法律で制限速度が規定されている場合がある。一般には港湾域に入ると 12 ノット，浦賀水道や備讃瀬戸などの狭水道でも 12 ノットの制限速力が決められ，また追越しを禁じられている区間もある。

④ **安全な速力**：海上衝突予防法および港則法では，船舶に安全な速力での運航を求めている。前者は，他の船舶との衝突を避けるための適切な速力と状況に適した距離で停止できる速力での航海，港則法では他の船舶の荷役や乗下船等に危険を及ぼさない速力での航海を求めている。

⑤ **経済速力**（economical speed）：必ずしも厳格な定義はないが，商船が燃料消費を最小にして航海する速力を指すことが多い。

(4) 速力記録

① 船の速力の最高記録

船舶の最高速力は，1977 年にオーストラリアで「スピリット・オブ・オーストラリア」が樹立した時速 556 km であるが，公認記録としては同船が 1978 年に記録した時速 514.389 km であり，これは約 278 ノットにあたる。同船はジェットエンジンで進む 1 人乗りの高速ボートで，現在はシドニーにある海事博物館に展示されている。

図 14-3　船舶の最高速度記録船「スピリット・オブ・オーストラリア」

その後も，スピード記録への挑戦はあったが，このような高速で水面を滑走する船はきわめて不安定になって挑戦者の死亡事故が相次ぎ，その後，この記録に挑む挑戦者はでてきていない。

② 水中翼船（Hydrofoil）

水中翼船の開発は 1900 年代初頭から始まり，実験船ではイギリスのソーンクロフトの船が 35 ノット，イタリアのフォルラニーニの船が 36 ノット，米グラハム・ベルの開発した HD-4 が 62 ノットを記録している。

商船として実用化したのは第 2 次世界大戦後で，スイスのシュプラマルが PT シリーズを製造販売し，日本では日立造船がライセンス建造をした。また，ロシアでは河川等で使用する水中翼船の開発・建造が盛んである。

これらの水中翼船は水面貫通翼型水中翼船と呼ばれ，水中翼が水面を斜めに貫通することで横傾斜した時に復原力を発生させて安定を保つ。しかし，この復原力が波からの外力も発生させてよく揺れ

水面貫通翼型水中翼船の PT 型は 1970 年代まで日本各地でも活躍したが，現在はすべて姿を消した。

全没翼型水中翼船ジェットフォイルは日本国内で約 20 隻が稼働している。速力は 45 ノット。米ボーイング社で開発されて，川崎重工でライセンス建造がされている。

水面貫通翼型水中翼船は，ロシア製の船が欧州を中心に活躍している。

三菱重工が開発した双胴型ディーゼル駆動の全没翼型水中翼船「レインボー」。隠岐航路に就航したが，既に引退している。

図 14-4　水中翼船

るという特性があり，あまり波のある水域での運航には向かなかった。従って比較的静穏な水域での利用に限られた。

この欠点を補うために開発されたのが，全没翼型水中翼船で，ストラットで支えた水中翼を水面下に完全に沈めるタイプで，復原力の無い欠点は水中翼の揚力を常にコンピュータ制御することで補った。米国の航空機メーカーであるボーイング社が軍事用に開発し，その後，民生用の旅客船がジェットフォイルという商品名で全世界に販売された。ガスタービン機関でウォータージェット推進器を駆動して，45 ノットの高速で航走する。この民生用水中翼船は，日本の川崎重工等でライセンス建造が行われている。また，三菱重工は双胴型で船底に水中翼を装備したディーゼル機関駆動の全没翼型水中翼船スーパーシャトル 400 を開発して，隠岐航路用に 2 隻が建造されたが，それ以降の建造はない。

水中翼船タイプの旅客船は，2021 年現在，330 隻余りが世界で稼働している。また，軍事用ではミサイル艇が稼働している。帆走ヨットでも水中翼を採用して高速を出す船があり，フォイル艇と呼ばれている。

③　エアークッション船（Air-Cushion Vehicle：ACV）

空気圧で浮上して高速で航行するエアークッション船は，英ホバークラフト社で開発され，商品名のホバークラフト（Hovercraft）を一般名詞として使用することを許したため，広く，ホバークラフトという名前でも知られている。

船体周りをゴムのスカートで覆い，その中に空気を下向きに噴出することで浮上して，空中プロペラで移動する。水の抵抗がほとんどなくなるために高速航行が可能となり，水上だけでなく陸上も航走することが可能である。

日本では，1967 年から導入が始まり，天草，伊勢湾等で定期航路に就航し，その後三井造船がライセンス建造を始めたため，日本各地の航路で活躍した。しかし，メンテナンスコストが高いことなどがあり，2003 年の大分空港線の航路休止により，日本からは ACV タイプの客船は姿を消した。

ACV は，水陸両用の特性を生かして軍事用としても使われており，日本の海上自衛隊にも，米国製の，基準排水量 100 トン，40 ノットのエアークッション船が 6 隻在籍している。

水中翼船とは異なり，大型化も可能であり，かつてはドーバー海峡横断航路にはカーフェリー型のホバークラフトが 3 隻建造されて，1990 年代まで活躍した。

ホバークラフトの欠点である，耐久性に問題のあるゴムスカート，メンテナンスコストの高い航空機用エンジンと空中プロペラから脱するために，船側のゴムスカートを剛体の船体として船首尾のみをゴムスカートとし，水中で作動するスクリュープロペラで推進するタイプの ACV が開発され，サーフェース・エフェクト・シップ（SES）と呼ばれた。日本でも旅客船として導入されたが，定着はしなかった。

SES は大型化が可能なことから，1989 年から始まった日本政府主導の 50 ノット・載貨重量 1,000 トンの高速貨物船の開発プロジェクト TSL（テクノ・スーパーライナー）の 1 つとしても採用され，実用化を目指して，東京～小笠原間の高速海上貨客船「スーパーライナー・オガサワラ」として建造され，2005 年には試運転まで終了したものの，運航コストが大きいことから東京都および運航会社の判断で運航が断念され解体された。

このように ACV は，軍事用のものを除くと数を減らしており，民間の旅客船としては 2020 年時点で，全世界で 30 隻程度になっている。

かつて日本各地で活躍したホバークラフト型高速旅客船

日本の TSL プロジェクトで開発された SES 型 ACV の実験船は，改造されて静岡県の防災船「希望」として使用された。

ドーバー海峡横断航路で活躍したカーフェリータイプの大型ホバークラフト

TSL プロジェクトの成果を生かして建造された「スーパーライナー・オガサワラ」は，試運転まで行われたものの，原油価格の高騰から赤字が予測され，東京～小笠原島間の航路には就航できずに解体された。

図 14-5　エアークッションビークル（ACV）

④　半滑走型船舶（semi-planing craft）

水中翼船や ACV は，動的な流体力である翼に働く揚力や空気圧を使って船体を水面上に浮上させることで抵抗を減らして高速を得るが，排水量型の船型でも速力が上がると船底に働く動的圧力である揚力によって船体が浮上し抵抗が減少して高速が出せる。前述の船舶の世界最速記録をもつ「スピリット・オブ・オーストラリア」は，究極の滑走状態にまで速力を上げた例である。

船舶の造波抵抗係数は，フルード数が 0.3 から急激に増加して，0.5 付近でピークを迎えて，そのピークを越えると次第に減少する。造波抵抗係数が急激に増加するフルード数が 0.3 ～ 0.4 になると，船は船首を上げた姿勢になり，抵抗はさらに増える。しかし，それまで船底を流れる速い流れで船底圧力が低下して沈下していた船体は，フルード数が 0.6 以上になると船首船底に働くようになる揚力の方が大きくなって，船体は浮上を始める。

この揚力を最大限に働かせるために，船底をＶ字形にして，幅を広くし，船体の後部は柱状にして，船尾端を垂直にカットしたトランサムスターンにした船型が半滑走型高速船用に開発された。この船型では，排水量（静的浮力）と揚力（動的圧力）の両方によって船体重量が支えられていて，高速になるほど揚力の占める割合が高くなる。揚力によって船体を浮上させるため，船体は軽合金，FRP，ハイテンなどで軽く造られ，軽くて高出力の高速ディーゼル機関を搭載し，高速スクリュープロペラ，サーフェースプロペラ，ウォータージェット等の高速船用の推進器が使われる。速力としては，商用艇としては 40 ノット程度までが多いが，パトロールボートやミサイル艇などでは 45 ～ 50 ノットの高速を誇る船もある。

半滑走型高速旅客船

巡視艇

半滑走型の警備艇。トランサムによって船底から流れが切れて，船底まで露出しており，これが抵抗を軽減させている。

高速旅客船。船首に上がるスプレーが，船底に揚力が発生していることを示している。

図 14-6　半滑走型船舶

⑤　多胴船（multihulls）

高速航行時に大きくなる造波抵抗は，船体が細いほど小さくなるので，船体を幅方向に 2 つに分けて，それぞれの細長い船体（demi-hull）を平行に並べて水面上の甲板で繋いだ双胴船型（catamaran）にすると高速を出すことができる。さらにそれぞれの船底には揚力が働くようにして，船体を浮上させるとさらに抵抗は小さくできる。船体の細長さや形状，2 つの胴体の間隔，船底形状等に違いのある様々な双胴船型が開発されている。

ただし双胴船は，浸水表面積（wetted surface：水面下で水に接している船体表面積）が大きくなって摩擦抵抗が大きくなるため，造波抵抗が卓越する高速域でなければ抵抗は減らない。

双胴船の欠点には，横復原力が大きいため波の中で激しく揺れることがある。この欠点を解消するために，比較的細長い中央船体の両側に小さな船体をつけた三胴船（trimaran）も開発されており，大型の旅客カーフェリーや純客船が実用化されている。大型の高速カーフェリーでは 40 ノットを超える速力を出す。

双胴高速旅客船「シーホーク」

双胴型高速旅客船「ゆうなぎ」

図 14-7　双胴船（catamaran）

博多～釜山を結ぶトリマラン型高速旅客船「クイーンビートル」

イギリス海軍が建造したトリマラン実験艦「トライトン」

図 14-8　三胴船（trimaran）

⑥　超高速カーフェリー

35 ノット以上の航海速力のカーフェリーは超高速カーフェリーと呼ばれる。1990 年にオーストラリアでアルミ製の 74 m ウェーブピアシング型双胴カーフェリーが建造されて以来，短距離航路に就航するカーフェリーの高速化が始まった。この第 1 船はドーバー海峡横断航路用に建造され，オーストラリアからイギリスへの回航時に，ニューヨークから大西洋を横断時に平均速力 36.65 ノットを記録して大西洋横断最速記録に与えられるブルーリボンを獲得した。高速カーフェリーが開発された当初は，航海速力が 35 ノット程度だったが，次第に高速化が進み 40 ノット級の船も出現し，水中翼船やエアークッション船の速度と並んだ。

現在までの最高速の記録は，1997 年にスペインで建造され，南米で使われた「ルシアノ・フェデリコ L」で，総トン数 1,737 トン，全長 77.3 m，最高速力 57 ノットである。

双胴船が多いが，欧州では単胴の超高速カーフェリーも建造されている。超高速カーフェリーで最も大型なのは，単胴では全長 145 m，総トン数 11,347 トンの「カプリコーン」で航海速力 40 ノット，双胴船では全長 126.6 m，総トン数 19,638 トンの「ステナ・エクスプローラー」級の 3 姉妹船で同じく航海速力 40 ノットである。

最高速力 57 ノットの超高速カーフェリー「ルシアノ・フェデリコ L」はスペインのバザン造船所で 1997 年に建造され，双胴のアルミ製である。南米のラプラタ川河口の横断航路で活躍した。1,737 総トン。

スウェーデンのステナラインが建造した HSS1500 クラスの大型アルミ製超高速カーフェリーは 3 隻建造されて欧州航路で活躍したが 2010 年代の原油高騰の影響で撤退した。2 万総トン，速力は 40 ノット。

インキャット・タスマニアが建造した 112 m 型波浪貫通型双胴船「ナッチャン Rera」は，2007 年に津軽海峡航路に投入されたが燃料油の高騰のため 1 年間で撤退した。10,841 総トン，速力は 40 ノット。

豪オースタルシップ建造の 8,973 総トンのトリマラン型超高速カーフェリー「ベンチジグア・エキスプレス」はカナリー諸島内航路に就航する。速力は 40 ノット。

図 14-9　超高速カーフェリー

⑦　大型高速カーフェリー

排水量型の大型カーフェリーの高速化は，1970 年代に日本で始まった。日本高速フェリー「さんふらわあ」5 姉妹，日本カーフェリーの「高千穂丸」「美々津丸」，有村産業の「飛龍」，琉球海運の「だいやもんど おきなわ」等が，それまで 18 ～ 20 ノットだった大型カーフェリーの航海速力を 24 ～ 26 ノットに高速化して，エンジン馬力も 36,000 馬力に達した。しかし，1970 年代の 2 回のオイルショックによる燃料コストの高騰で，その高速性能を業績に反映させることはできなかった。

欧州では，1977 年に，総トン数が 2.5 万トン，航海速力が 30.5 ノット，ガスタービン機関で

75,000 馬力という「フィンジェット」が西ドイツとフィンランド間に登場した。従来 2 泊 3 日だった航海を 1 泊 2 日にして，使用船隻数の削減，大型化によって同航路の需要を倍増させた。

1990 年代に入って，日本においても再び大型カーフェリーの高速化が始まった。1992 年には，川崎と宮崎を結ぶ航路に登場した「パシフィック・エキスプレス」姉妹は，航海速力 26.2 ノットで，主機は 41,580 馬力であった。

1996 年には，新日本海フェリーの「すずらん」姉妹が舞鶴と小樽間に就航した。速力は 29.4 ノットで，主機は 64,800 馬力。1999 年には，東京と苫小牧を結ぶ RORO 貨物船「さんふらわあ とまこまい」の 3 姉妹が，速力 30 ノットで，主機が 64,800 馬力であった。

2004 年には「すずらん」姉妹の代替船として，「はまなす」姉妹が建造され，ポッド推進器を使った 1 軸二重反転プロペラを採用して，最高速力は 32.04 ノットを記録して，大型カーフェリーとしての最高記録を更新した。航海速力 30.5 ノットであり，主機は 34,262 馬力と，前船「すずらん」に比べると大幅に小さくなっている。

航海速力が 30 ノットを超えた「フィンジェット」

最高速力 32.04 ノットを記録した「はまなす」

図 14-10　排水量型の大型高速カーフェリー

⑧　コンテナ船の高速化

大洋を渡る定期客船と共に，その速力を競ったのが定期貨物船だ。例えば，横浜～サンフランシスコ間の太平洋横断航路の貨物船では，1960 年に大同海運の「ぶるっくりん丸」が平均 20.302 ノットで横断し，1967 年には川崎汽船の「伊太利丸」が 21.48 ノットを記録して太平洋のブルーリボン船と言われた。

1960 年代末からは，新造のフルコンテナ船が登場して，定期貨物船時代の 1 万総トンから，1.6 ～ 2 万総トンに大型化した。例えば最初の日本の新造コンテナ船「箱根丸」は，最大速力 26 ノット，航海速力 23.1 ノットと高速化し，さらに 1970 年代に建造された極東～欧州航路用の 5 万総トン型のコンテナ船では，主機として 8 万馬力の蒸気機関もしくはディーゼル機関を搭載して，航海速力が 27 ノットを超えた。

大西洋航路では，1971 年にシートレイン社が，31,000 総トンで 61,800 馬力のガスタービンを搭載した「ユーロライナー」級の 4 隻を建造して 26 ノットの航海速力を記録，さらに 1972 年からシーランド社が 41,000 総トンで 12 万馬力のガスタービン機関を搭載した SL-7 級のコンテナ船を 8 隻建造し，航海速力は 33 ノットであった。この SL-7 が登場した直後にオイルショックで燃料油価格が高騰して，シーランド社は経営危機に陥り，SL-7 は米海軍に売却され高速輸送艦として使われた。

1972 年に極東〜欧州航路に登場した 5 万総トンのフルコンテナ船「えるべ丸」は，総出力 84,600 馬力の 3 基のディーゼル機関で 3 軸プロペラを駆動し，最大速力 30.96 ノット，航海速力 27.48 ノットを達成した。

1972 年から 8 隻連続建造された米シーランド社の SL-7 級コンテナ船は，12 万馬力のガスタービン機関で航海速力 33 ノットを達成。このコンテナ船の最速記録はまだ破られていない。

図 14-11　高速コンテナ船

(5)　ブルーリボン

大西洋横断客船では，大西洋横断速力の競い合いがあり，新しい記録を出した船にはブルーリボンという称号が与えられ，船のマストに青いリボンを掲げた。1952 年には，米定期客船「ユナイテッド・ステーツ」が西航 34.51 ノット，東航 35.59 ノットでブルーリボンを獲得したが，1970 年代には大型定期客船が姿を消したことから，この記録は長らく破られなかった。

1990 年にオーストラリアのインキャット・タスマニアで建造された 74 m ウェーブピアシング型アルミ合金製双胴カーフェリー「ホバースピード・グレートブリテン」が，イギリスへの回航途中に，アメリカからイギリスに向けた大西洋横断東航において 36.65 ノットを記録して，38 年ぶりに記録を塗り替えた。さらに 1998 年には「カタロニア」が 38.9 ノット，そして「キャットリンク 5」が 41.3 ノットで記録を更新している。いずれもインキャット・タスマニアが建造したウェーブピアシング型アルミ合金製双胴カーフェリーであり，欧州への回航時の記録である。

大西洋横断定期客船の時代が終わった後，アルミ合金製超高速カーフェリーがブルーリボンを獲得した。その第 1 船「ホバースピード・グレートブリテン」はドーバー海峡横断航路に就航する前の回航時に，大西洋を横断した。

ブルーリボン・トロフィー

図 14-12　ブルーリボン

参考文献

<全般>
上野喜一郎『船の知識』海文堂出版（1962）
日本船舶海洋工学会会誌「KANRIN（咸臨）」各号
日本船舶海洋工学会 監修，船舶海洋工学シリーズ（全 12 巻），成山堂書店
関西造船協会「造船技術の変遷」(1992.10)
関西造船協会編集委員会 編『船 —引合から解船まで』(2007)
関西造船協会会誌「らん」各号
池田良穂『図解雑学 船のしくみ』ナツメ社（2006）
池田良穂『船の最新知識』SB クリエイティブ（2008）
池田良穂『みんなが知りたい 船の疑問 100』SB クリエイティブ（2010）
池田良穂『造船の技術』SB クリエイティブ』(2013)
池田良穂『基礎から学ぶ 海運と港湾』海文堂出版（2017）
池田良穂『基礎から学ぶ クルーズビジネス』海文堂出版（2018）
恵美洋彦『新 船体構造イラスト集』成山堂書店（2015）

<第 2 章>
日本海事広報協会編「日本の海運 SHIPPING NOW 2021-2022」

<第 3 章>
海事プレス増刊号「シップ・オブ・ザ・イヤー 2016」(海事プレス社)

<第 6 章>
池田勝『船の構造』海文堂出版（1971）
教育テキスト研究会編『商船設計の基礎知識（上巻)』(1977)

<第 7 章>
江戸浩二「舶用ディーゼル機関における電子制御技術について」日本マリンエンジニアリング学会誌，（第 46 巻 第 5 号，2011）
池田良穂『文系のための 資源・エネルギーと環境』海文堂出版（2016）
池田良穂『図解 船の科学』講談社（2007）

<第 8 章>
造船技術者育成教材編集委員会編「SAIL TO THE FUTURE 造船工学 1 ～ 3」国土交通省発行（2017）
佐藤功・小佐古修士「客船の安全設計について」，日本船舶海洋工学会会誌「KANRIN（咸臨)」(第 27 号，2009）

<第 9 章>
西山浩司 他「造船業におけるデジタルものづくり」，三菱重工技報（Vol.47，No.3，2010）
村上雅康「戦後日本における主要造船所の展開」，人文地理（第 38 巻，第 5 号，1986）

<第 12 章>
池田良穂『新しい船の科学』講談社（1994）
関西造船協会編『造船設計便覧（第 4 版)』海文堂出版（2004）
牧野光雄『流体抵抗と流線形』産業図書（1991）
宇田川達「操船のしくみ」，応用機械工学（261 号，1982）

索 引

【あ】
青波　*174*
アジマス推進器　*84, 166*
アルキメデスの原理　*2*
アルミ合金船　*43*
アンチローリングタンク　*173*
アンモニア　*75*

【い】
錨　*107*
イージス艦　*39*
1 軸船　*66*
一般貨物船　*14*
イーパブ　*107*
今治造船　*141*
インマルサット　*107*

【う】
ウェザールーティング　*175*
ウェーブピアシング型　*190*
ウォータージェット　*88*
浮きドック　*123*
運航限界　*174*

【え】
エアークッション船　*187*
液化天然ガス　*69*

【お】
押船　*33*
オートパイロット　*102*

【か】
外車　*88*
海上試運転　*136*
海図　*105*
解撤　*152*
外板　*59*
貨客船　*12*
隔壁　*68*
舵　*67*
ガスタービン　*76, 78*
家畜運搬船　*27*
滑走型　*157*
カーフェリー　*8*
可変ピッチプロペラ　*82*
貨物艙　*110*
乾舷標　*52*

【き】
機関室　*70*
機関制御室　*71*
旗国主義　*150*
艤装　*136*
基本設計　*127*
キャットリンク 5　*193*
ギャングウェイ　*100*
球状船首　*63, 157*
給水船　*33*
給油船　*33*
尭鉄　*125, 130*
局部強度　*60, 154*
漁船　*28*
巨大船　*4*
金属疲労　*150*

【く】
空中プロペラ　*89*
空調設備　*99*
グリーン水素　*76*
クルーズ客船　*7, 10*
クレーン船　*34*
軍艦　*3, 39*

【け】
傾斜試験　*171*
形状影響係数　*158*
係船索　*108*
ケーブル敷設船　*35*
ケミカルタンカー　*22*
減価償却　*151*
原子力機関　*76*
原油タンカー　*20*

【こ】
航海設備　*101*
航海速力　*186*
航海灯　*106*

航行区域　*182*
鋼船　*42*
高速カーフェリー　*13*
高張力鋼　*42*
護衛艦　*39*
国際移動通信衛星機構　*107*
国際海事機関　*6, 177*
国際信号旗　*107*
国際総トン数　*179*
国内総トン数　*180*
ゴライアスクレーン　*125*
コンテナ船　*14*

【さ】
載貨重量　*61*
載貨重量トン数　*181*
最大速力　*186*
サイドスラスター　*168*
砕氷船　*36*
作業船　*32*
サギング　*153*
サーフェース・エフェクト・シップ　*188*
サーフェースプロペラ　*86*

【し】
自航試験　*161*
実海域性能　*164*
シップリサイクル条約　*152*
自動運航船　*103*
自動車運搬船　*22*
ジブクレーン　*124*
シヤー　*48*
ジャイロコンパス　*103*
ジャンボ化工事　*152*
重量物運搬船　*26*
主機関　*76*
純客船　*7*
巡視船　*37*
浚渫船　*34*
純トン数　*179*
蒸気船　*75*
蒸気タービン　*79*
小組立　*130*
上甲板　*47*
詳細設計　*129*
商船　*3*
衝突隔壁　*62*
上部構造物　*56*
肋骨　*59*
処女航海　*137*
ショットブラスト　*130*
新型コロナウイルス　*99*
シンクロリフト　*123*
進水　*134*

【す】
推進効率　*160*
水素　*75*
水中翼船　*186*
水密区画　*113, 176*
水陸両用船　*38*
数値流体力学　*162*
スクラバー　*76*
スクリュープロペラ　*55, 77, 81*
すずらん　*192*
スラミング　*62, 174*
スロッシング　*69*

【せ】
税関監視艇　*38*
生産設計　*129*
セミアフト機関船　*56*
セメントタンカー　*25*
セルガイド　*16*
ゼロエミッション　*81*
旋回性能　*167*
船殻　*47, 59*
船級協会　*150*
船型学　*63*
船質　*3*
線図　*128*
潜水艦　*39*
船籍　*149*
船籍港　*52*
船台　*120*
船舶安全法　*178*
船舶検査　*183*
船舶国籍証書　*149*
船尾管　*65*
船尾機関船　*56*
船尾双胴型　*66*
船楼　*48*

【そ】
操縦性　*165*
造船所　*119*

造船不況　*138*
操舵装置　*101*
総トン数　*179*
造波抵抗　*54, 154*
造波抵抗の壁　*156*
走錨　*109*
損傷時復原性　*171*

【た】
耐航性能　*172*
縦強度　*60, 153*
多胴船　*190*
多目的貨物船　*17*
タンク　*69*
炭素繊維強化プラスチック　*44*

【ち】
チップ船　*25*
長距離カーフェリー　*91*
超高速カーフェリー　*190*
調査船　*35*
直立船首　*64*

【つ】
2 ストローク機関　*77*

【て】
出会い周期　*172*
定期客船　*7*
デイクルーズ客船　*10*
停止性能　*167*
ディーゼル機関　*75, 77*
鉱石運搬船　*24*
電気推進システム　*78*
電子制御　*78*

【と】
統合型ブリッジ　*103*
同調横揺れ　*173*
動復原力　*170*
特殊船　*3*
渡船　*7*
ドック　*122*
トランサムスターン　*66*
トリム　*56*
トン数標準税制　*179*

【な】
内航貨物船　*27*
内燃機関　*75*
波乗り　*174*

【に】
二元燃料　*78*
2 軸船　*66*
二重底　*59*
二重反転プロペラ　*83, 160*
日本小型船舶検査機構　*184*

【ね】
ネオパナマックス型　*18*
粘性圧力抵抗　*55, 155*

【の】
ノット　*185*

【は】
バイオ燃料　*76*
排水量　*180*
ハイスキュープロペラ　*85*
パイロットボート　*33*
舶用機器　*1*
箱根丸　*192*
ハッチ　*110*
ハッチカバー　*48*
バッテリー船　*81*
パトロールボート　*38*
パナマックス　*4*
パナマックス型　*18*
はまなす　*192*
ばら積み貨物船　*18*
パラメトリック横揺れ　*173*
バルカー　*18*
波浪中抵抗増加　*164*
半滑走型　*157*
半滑走型船舶　*189*
帆船　*73*
反動舵　*166*
伴流　*160*

【ひ】
引船　*32*
非損傷時復原性　*171*
ビルジキール　*172*

【ふ】

ファンネルマーク　*52*
フィッシュテール舵　*166*
フィンジェット　*192*
フィンスタビライザー　*173*
風圧抵抗　*159*
フェリー　*7*
フォイトシュナイダー・プロペラ　*90*
4 ストローク機関　*77*
復原力　*169*
復原力曲線　*170*
腐食　*145*
船酔い　*175*
フラップ舵　*166*
浮力　*2*
フルード数　*54, 156*
ブルーリボン　*191*
ブルワーク　*48*
フレア　*48, 62*
プロダクトタンカー　*21*
ブローチング現象　*174*
ブロック　*126*
プロペラボスキャップフィン　*160*
プロペラレーシング　*174*

【ほ】

防火区画　*113, 116*
補機　*70*
ホギング　*153*
補助機関　*77*
保針性能　*167*
ポッド推進器　*84*
ホバークラフト　*187*
ボール進水　*134*

【ま】

曲げ加工　*125*
摩擦抵抗　*55, 155*
マリナー舵　*67*
満載喫水線　*181*
満載排水量　*61*

【む】

無人化船　*103*

【め】

メタセンタ　*169*

【も】

木材運搬船　*26*
木造船　*41*

【ゆ】

有限要素法　*154*
ユナイテッド・ステーツ　*193*

【よ】

溶接　*61, 126*
揚錨機　*109*
横強度　*60, 154*

【ら】

ライフジャケット　*113*
ライフボート　*113*
ライフラフト　*113*
ラバーマウント　*176*

【り】

リチウムイオンバッテリー　*76*
竜骨　*59*
流線形　*50*
両頭船　*87*

【れ】

レイカー　*19*
冷蔵・冷凍物運搬船　*25*
レイノルズ数　*155*
レーザー切断機　*125*
レーダー　*104*
練習船　*31*

【ろ】

ログ　*185*
ローターセール　*74*

【わ】

渡し船　*8*

【アルファベット】

CAD　*129*
CFD　*162*
ECDIS　*104*
EEDI　*163*
FRP 船　*44*
GPS　*101*
GZ カーブ　*170*

HSC コード *6, 96*
IMO *6, 49, 177*
IMO 番号 *52*
JCI *184*
JG *45*
LNG 運搬船 *23*
LOLO 型 *12*
LPG 運搬船 *23*
PCC *22*
RORO 型 *12*
RORO 貨物船 *19*
SES *188*
SL-7 *192*
SOLAS 条約 *176, 177*
SOS *107*
TEU *15*

【著者紹介】

池田 良穂（いけだ よしほ）

1950年北海道生まれ，港町，室蘭育ち。1973年大阪府立大学工学部船舶工学科卒業。1979年同大学大学院博士後期課程を修了し工学博士。同大学助手，講師，助教授，教授，工学研究科長を経て2015年定年退職，同大名誉教授。大阪公立大学客員教授。専門は船舶工学・海洋工学・クルーズ客船等。多数の学術論文，船舶に関する書籍を出版。雑誌，新聞等への寄稿も多い。趣味はシップ・ウォッチング，船に関する調査，乗船。年間40隻以上の客船に乗船している。

カバー・表紙デザイン原案
　中山 美幸

本文中の図の作成
　絹笠 瑞基
　小倉 魁一

ISBN978-4-303-12130-3

船の基本

2023年10月20日　初版発行

著　者　池田良穂　　検印省略
発行者　岡田雄希
発行所　海文堂出版株式会社

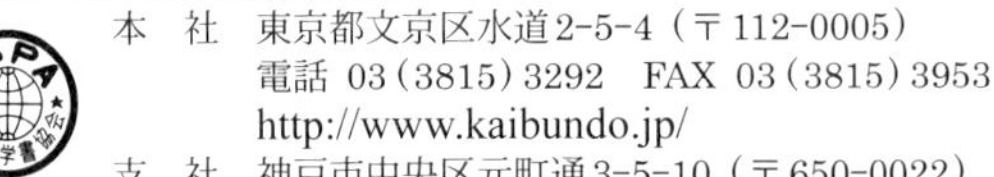

本　社　東京都文京区水道2-5-4（〒112-0005）
電話 03（3815）3292　FAX 03（3815）3953
http://www.kaibundo.jp/
支　社　神戸市中央区元町通3-5-10（〒650-0022）

日本書籍出版協会会員・工学書協会会員・自然科学書協会会員

PRINTED IN JAPAN　　印刷　ディグ／製本　誠製本